KB249181

물리를 잘하게 되는 책

즐거운 물리 탐구 여행

후지이 키요시
나까고메 하찌로오 지음
문 형 준 옮김

太乙出版社

옮긴이의 말

이과과목(理科科目) 중에서 가장 어려운 과목을 지목할 때, 대부분의 학생들은 '물리(物理)'를 든다. 물리는 '과학(科學)'의 대명사이다. 그런 만큼 '물리'과목은 사실 어렵다. 물리학(物理學)의 테두리 속에서도 가장 핵심이 되는 분야는 역학(力學)이다.

역학은 모든 과학의 기초가 되는 부문이다. 물론 역학(力學)의 발전 이전에, 기초학문으로서 '수학(數學)'이 존재하지만, 발전 과학의 부문에서는 단연 역학이 그 기초를 형성하고 있다.

인류에게 도움이 되는 학문일수록 그 연구과정은 복잡하고 어렵다. 과학 역시 '생각하는 힘'이 없이는 정복하기 어려운 학분이 아닌가 한다.

이 책은 '물리'가 싫어지는 학생들에게 물리를 보다 쉽게 정복해갈 수 있는 비결을 가르쳐 준다. 학생의 신분이 아닌 일반 독자에게는 물리학에 있어서의 역학(力學)이 우리 인류에게 미친 영향과, 우리의 삶에 있어서 물리가 얼마만큼 필요한 학문인가를 인식시켜 주고 과학의 힘을 다시한 번 믿을 수 있게 해 준다.

제아무리 까다롭고 복잡하게 보이는 학문일지라도 관심을 가지고 주의깊게 살펴보고 연구해 나간다면 누구나 다 그 학문을 정복하고 마스터할 수 있다는 평범한 진리를, 독자 여러분은 이 책을 통해서 깨닫게 되리라 믿는다.

어렵고 딱딱한 학문의 내용을 이만큼 재미있게 풀어서 엮어나 갈 수 있다는 것은 지은이로서 대단한 역량이 아닐 수 없다. 모름지기 옮긴이로서 지은이에게 다시 한 번 경의를 표하는 바이다.

아울러 이 책을 손에 쥔 독자 여러분에게도, 이 책으로 말미암 아 과학, 특히 물리에 대한 인식이 새롭게 바뀌고, 생각하는 능력이 배양되어 보다 재미있는 물리과목이 되기를 진심으로 바라마지 않는다.

독자 여러분의 앞날에 건강과 행복이 늘 함께 하길 빈다.

옮긴이 씀.

지은이의 말

최근에는 비전문가들을 위한 물리학 해설서가 수없이 등장하게 되었다. 이는 자연과학, 특히 물리학 이해자들의 시야를 넓히는 의미에서 여간 다행스런 일이 아닐 수 없다. 책마다 각각 구성이나 내용에 머리를 짜내 우리들이 부담없이 읽어보아도 즐거운 것이다.

지금, 그 유서(類書)에 새삼스럽게 이 책「물리를 잘하게 되는 책」을 첨가시키는데 즈음해서, 우리들은 감히 교과서 스타일을 채용 해 보기로 했다.

그렇다면 아마도 읽으려고 마음 먹었다가 뒤로 빼거나, 읽을 투지를 잃게 되는 독자가 많지는 않을까. 그 정도로 지독하게, 어느 레벨에 대해서도 우리나라 교과서는 평판이 나쁘다. 특히, 고교이하의 교과서는 확실히 해설해 주지 않으면 절대로 이해할 수 없게 쓰여졌다고 그릇된 추측을 하고 싶어질 것 같은 것도 있다. 거기에 비하면 외국의 텍스트는 구성은 어찌되었든 내용으로써는 즐거운 읽을 거리인 경우가 많다.

현 상태에서 우리 교과서를 곧 그와 같은 모습으로 바꾸는 일은 여러가지 상황으로 보아 불가능에 가까운 지금, 우리들은 이 블루 빽스(BLUE BACKS)의 장을 빌려서, 즐거운 물리 교과서에 도전해 보고 싶다고 생각했다. 문제삼은 내용은 고등학교 학습 수준에 그쳤지만, 이것은 이 수준까지를 충분히 이해할 수 있다면, 현대

과학 기술의 기초로써 빼놓을 수 없는 역학의 근본은 파악하고 있다고 생각하기 때문이다.

다행히 여기에는 학습 지도 요령에 따른 제약도 없기 때문에, 조리를 세우기 쉽고, 화제를 풍부하게 하는데 유효하다고 생각하는 제재도 아울러 도입했다. 또한 수학적 취급에 대해서도 그 편이 전망이 확실하다고 생각되는 장면에 대해서는 주저하지 않고 채용해 보았다.

물리학은 우선 물리현상과 접하는 부분부터 시작되지만, 본서에서는 풍부한 사진을 통해서 역학현상을 보는 것부터 출발하기로 했다.

교과서 스타일이라고는 말했지만, 물론 이것을 교실에서의 교과서로 사용해 주었으면 하는 야심은 없다. 다만 현장 선생님들의 책임이랄 수 없는, 부득이한 사회적 상황 속에서 흥미없는 교과서를 강요당해, 본의 아니게 할 수 없이 이과(理科)를 싫어하고, 물리를 싫어하게 되어버린 분, 또 현재 그렇게 될 우려가 농후한 분들이 사업 상에서의 필요로 인해, 혹은 현대를 살아가기 위한 교양으로써, 또는 학교에서의 공부 보충으로써 다시 한 번 물리를 직시하고, 그 참 모습을 재인식했으면 하는 분들을 위해 도움이 되었으면 다행이다. 교과서적 구성이기는 하지만, 제1항부터 순서대로 읽지 않고, 마음에 드는 부분을 발췌해서 읽어나가 이해할 수 있도록 연구한 셈이다. 또한 여기저기에 퀴즈같은 질문을 끼워 놓았다. 계산 그 자체는 이 항에서는 전자식 탁상 계산기가 도와주기 때문에, 사고의 도근(道筋)을 스스로 확인해 보는 재료로써 활용해 주기 바란다.

♣차　례♣

옮긴이의 말 ··· 5

지은이의 말 ··· 7

Ⅰ. 운동과 운동의 법칙 ································ 13

Ⅰ-1. 무엇을 기준으로 운동을 보는가(운동과 좌표계) ········ 15

Ⅰ-2. 토끼와 거북이 중 어느 쪽이 더 빠를까(속력의 결정 방법) ··· 21

Ⅰ-3. '속력'과 '속도' ·· 27

Ⅰ-4. '속도가 변한다'고 하는 의미는 ························· 31

Ⅰ-5. 가속도가 일정한 운동(갈릴레오의 연구 자취) ··········· 42

Ⅰ-6. 무엇이 자연스런 운동인가 ······························ 51

Ⅰ-7. 힘과 가속도 ··· 57

Ⅰ-8. 관성과 질량(교통 표어 '······. 차는 급하게 멈출 수 없다!' 의 물리학적 의미) ··· 61

Ⅰ-9. 힘을 측정한다 ··· 72

Ⅰ-10. 작용이 있으면 반작용도 있다 ························· 79

Ⅱ. 여러가지 운동 ···································· 85

Ⅱ-1. 망선반에서 짐이 떨어지면(운동의 중복) ·············· 89

♣차 례♣

Ⅱ-2. 운동에 관한 '동류찾기' ·········· 99

Ⅱ-3. 원숭이와 사냥꾼 ·········· 107

Ⅱ-4. 원운동에 필요한 힘(향심력의 존재) ·········· 115

Ⅱ-5. '천상계 운동'의 비밀 ·········· 121

Ⅱ-6. 진자를 흔들리게 하는 힘 ·········· 133

Ⅱ-7. 홈런볼의 궤적 ·········· 143

Ⅱ-8. 급브레이크의 쇼크 ·········· 151

Ⅱ-9. 향심력인가, 원심력인가 ·········· 159

Ⅲ. 운동법칙의 확장 ·········· 167

Ⅲ-1. 충돌로 인해 변하는 것, 변하지 않는 것 ·········· 171

Ⅲ-2. 기계의 효과 ·········· 183

Ⅲ-3. 운동의 세력과 에너지 ·········· 193

Ⅲ-4. 역학적 에너지 ·········· 199

Ⅲ-5. 튀어오르는 공 ·········· 209

Ⅲ-6. 'T자 균형막대'와 균형 ·········· 215

Ⅲ-7. 회전운동의 법칙 ·········· 226

Ⅲ-8. '미끄러지다'와 '구르다'의 차이 ·········· 231

Ⅲ-9. 회전기의 비결 ·········· 239

♣차 례♣

Ⅲ-10. 팽이의 운동 ························· 245

Ⅳ. 변형하는 물체의 역학 ··············· 255
Ⅳ-1. 탄성과 소성 ······················· 259
Ⅳ-2. 압축하는 것을 기체, 압축하지 않는 것은 액체 ········ 269
Ⅳ-3. 정지유체와 압력 ··················· 275
Ⅳ-4. 부력의 장난 ······················· 283
Ⅳ-5. 흐름 속의 압력 ··················· 295
Ⅳ-6. 흐름과 저항 ······················· 303

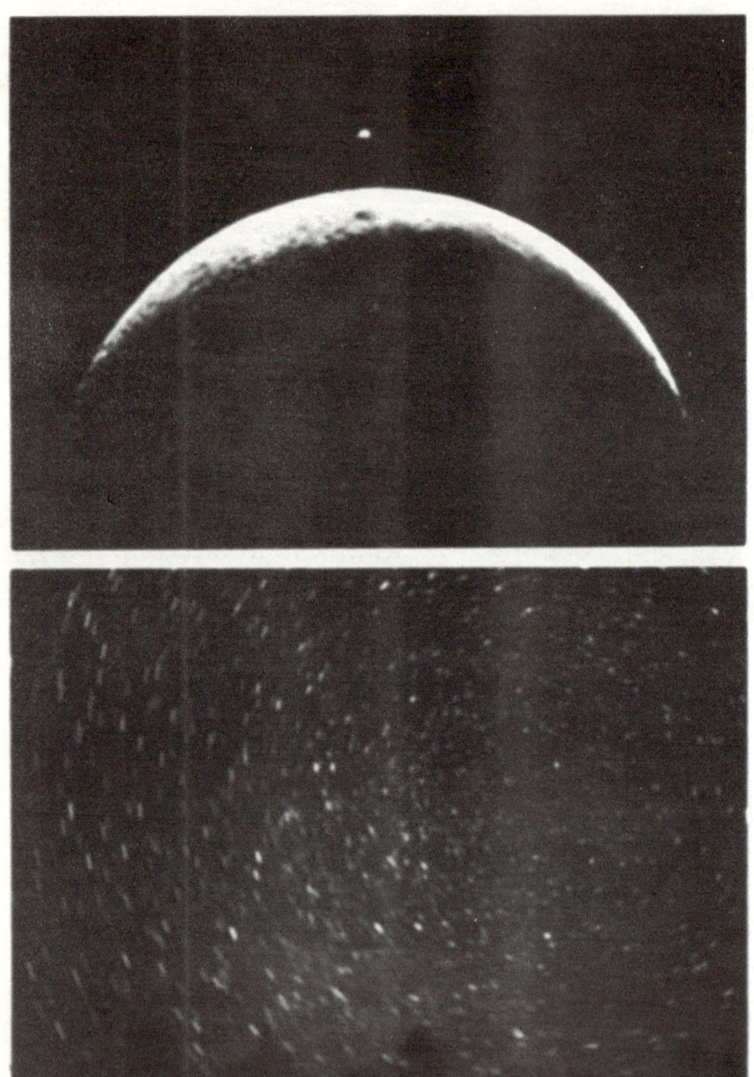

Ⅰ. 운동과 운동의 법칙

우리들 주위에서는 여러 가지 사물이 여러 가지 형태로 움직이고 있다. 물론 그 중에는 정지해 보이는 것도 있다. 이런 정(靜)과 동(動)의 차이, 또는 움직이고 있는 물체의 운동방향의 차이와 같은 사항을 구별하기 위한 약속을 정하거나, 또는 그런 차이가 생기는 원인을 추구해 가는 속에서 운동법칙은 만들어져 가는 것이다. 또한 그것을 통해서 '힘'이라고 하는 개념도 분명해져 갔던 것이다.

여기에서는 우선, 운동을 지배하고 있는 법칙에 대해서 분명하게 한 다음에, 구체적인 운동을 설명하기 위해 이들 법칙을 어떻게 적용시켜 가면 좋을까, 하는 문제와 관련한 화제를 선정해 보겠다.

(a)

(b)

Ⅰ—1. 무엇을 기준으로 운동을 보는가
—운동과 좌표계—

왼쪽 2장의 사진은 화면에 보이는 인형에서도 알 수 있듯이, 같은 상황을 포착한 마르티스트로보 다중사진이다. 그러나 화면 피사체의 촬영 방법은 각각 다르다.

실은 실험실 책상 위에 병아리인형이 놓여 있고, '움직이는 도보'와 같이 일정한 속력으로 움직이고 있는 책상 위의 판에 팬더인형이 놓여 있다.

그리고 사진 a는 실험실 마루 위에 놓인 카메라로 촬영한 것이고, 사진 b는 팬더가 타고 있는 판과 같은 속력으로 움직이는 받침대에 놓인 카메라로 촬영한 것이다. 이 사진을 보면 정지해 있다든가, 움직이고 있다고 해도, 혹은 어떻게 움직이고 있는가 하는 상황도 모두 관측자 사이의 상대적인 문제라는 점을 알 수 있다.

이렇게 해 보면, 운동에 대해서 생각할 때에는, 어떤 기준에 대한 움직임을 관측한 결과인지를 우선 분명하게 해 둘 필요가 있음을 알 수 있다. 운동을 수량적으로 나타내기 위해서도, 그 기준 위에 원점을 가진 좌표계를 설정하고, 그 좌표계 내에서의 물체의 위치나 그 변화를 조사하면 된다.

이와 같은 좌표계는 원칙적으로 어떤 상태를 선택해도 좋다. 보통은 이와 같은 좌표계로써 지면, 또는 건물의 마루나 벽을 취하지만, 그림 1-1의 사진과 같이 건물의 마루에 대해서는 움직

1-1 카메라 I 에 대해서는, C씨 이외는 모두 움직이고 있다. 카메라 II 에 대해서는, A씨 B씨 이외가 모두 움직이고 있는 것같이 찍힌다. 그러나 그 운동 방향이나 속도는, 카메라 I 가 나타내는 결과와는 다르다.

이는 보도상에 서 있는 사람이 움직이고 있는 자신을 기준으로 하는 경우도 있다. 그러나 이 새로운 기준이 마루에 대해서 어떻게 운동하고 있는지를 파악해 두면, 같은 현상을 각각 다른 입장에서 관찰한 결과라는 것을 쉽게 이해할 수 있을 것이다. 각각의 입장을 분명하게 한 다음에, 그 입장에 선 견해에서 서술한 내용을 서로 존중해서 공통의 이해를 산출해 가는 행위의 중요성은 어떠한 일도 정치세계 뿐만이 아닌 것이다.

다만 물리세계에서는 가능한 한 광범위한 자연현상을 가능한 한 단순한 법칙으로 설명하고 싶은 입장을 취하기 때문에, 운동을 설명할 때의 좌표계 선정에도 하나의 방침이 정해진다. 예를 들면, 지상에 서 있는 우리들에게는 밤 하늘의 별은 지구를 중심으로 해서 하루 낮밤에 일주하고 있는 것 같이 보인다.

그러나 아주 옛날 사람도 깨닫고 있었던 것 같이, 몇 개인가의 별은 똑같이 지구를 회전하면서도 다른 별에 대한 위치를, 바꿔 말하자면 빙빙 떠돌아 다닌다. 이것들은 수, 금, 화, 목, 토성 5개의

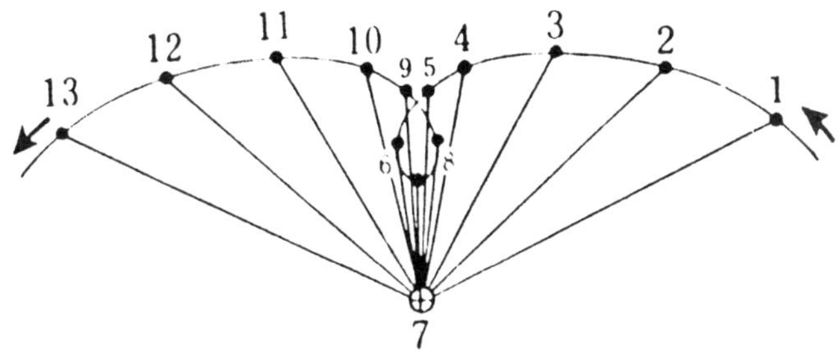

아래에 보이듯이 각각의 궤도 위를 도는 지구 (⊕)에서 본 화성(•)의
외관상 위치 변화

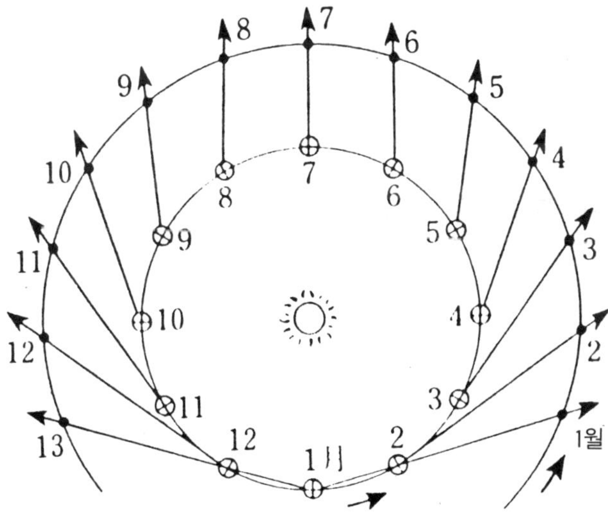

(주 : 실제는 궤도가 원이 아니고, 또 같은 평면 내에는 없기 때문에, 조금
더 변형된 형태로 보인다.)

1-2 혹성의 이름의 유래

혹성(planet)이다(Planet 이라고 하는 영어는, 떠돌아 다니는 물체라고 하는 의미의 그리스어가 원어다). 이 움직임을 설명하기 위해서 트레미, 그 외의 사람들은 혹성은 지구를 중심으로 하는 원 궤도상을 움직이는 작은 원을 따라서 돌고 있다고 생각했다. 그러나 한 번 견해를 바꾸어, 지구도 태양을 중심으로 한 궤도를 돌고, 그 움직이고 있는 지구를 기준으로 해서 똑같이(물론 궤도 반경과 주기는 다르지만) 태양을 도는 형제별을 보고 있다고 생각하면 설명은 매우 쉬워진다. 이것이 현재 우리들이 채용하고 있는 지동설적(地動說的) 해석이다. 그리고 그 예민한 대체가 이윽고 지구상의 물체 운동도 천체 운동도 하나의 법칙으로 설명할 수 있는 이론체계의 완성으로 이어져 갔다.

이 화제는 뒤에서 문제삼기로 하겠다.

〈마르티스트로보〉

크세논가스를 가득 채운 방전관을 충전된 콘덴서로 발광시키는 장치의 상품명이 스트로보이다.

스트로보에는 단일 발광밖에 할 수 없는 것과, 연속적으로 발광 시킬 수 있는 것이 있어, 전자를 스트로보, 후자를 마르티스트로보라고 부른다.

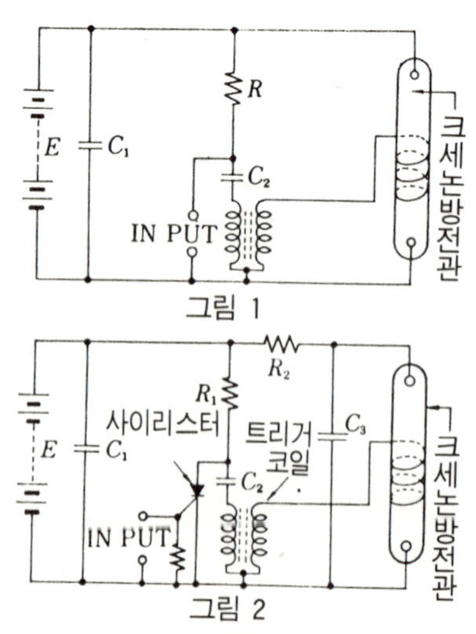

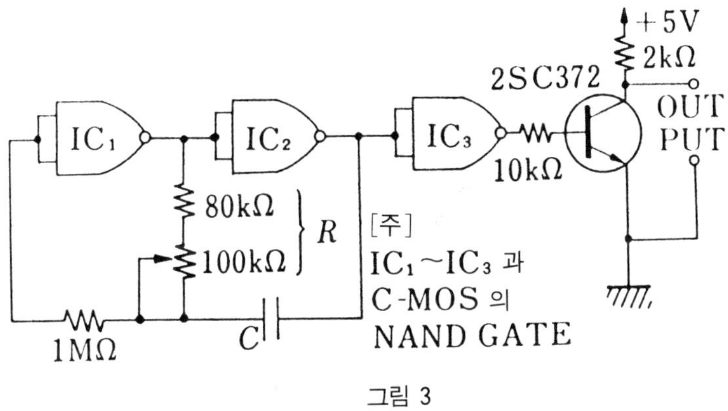

그림 3

우리들이 흔히 사진을 촬영 할 때에 이용 하는 것이 스트로보인데, 그 회로는 그림 1과 같이 되어 있다. 그림1에서 E는 350~500V의 직류 전원, C_1, C_2는 콘덴서, R는 전기저항이다. IN PUT를 카메라의 싱크로 접점에 연결해서 셔터를 누르면 C_2의 전기가 방전되어 트리거 코일에 고전압을 일으켜 방전이 시작된다. 게다가 이 때 방전관을 흐르는 것은 C_1에 모여 있는 전기이다.

마르티스트로보에서는 그림2와 같은 회로를 사용한 IN PUT 에 수 볼트의 양전류(펄스)를 주면 C_2의 전기방전으로 인해 고전압을 일으키는 방전이 시작된다. 더욱이 이 때 방전관을 흐르는 것은 C_3에 모여 있는 전기이다.

그림3은 방형파(方形波)의 발진기(發振器)로, 예를 들면 C가 0.22μF일 때, 11~24Hz의 양 방형파를 발생시킨다. 그래서 OUT PUT를 그림 2의 IN PUT에 접속하면 방전관(放電管)은 연속 발광을 한다.

20

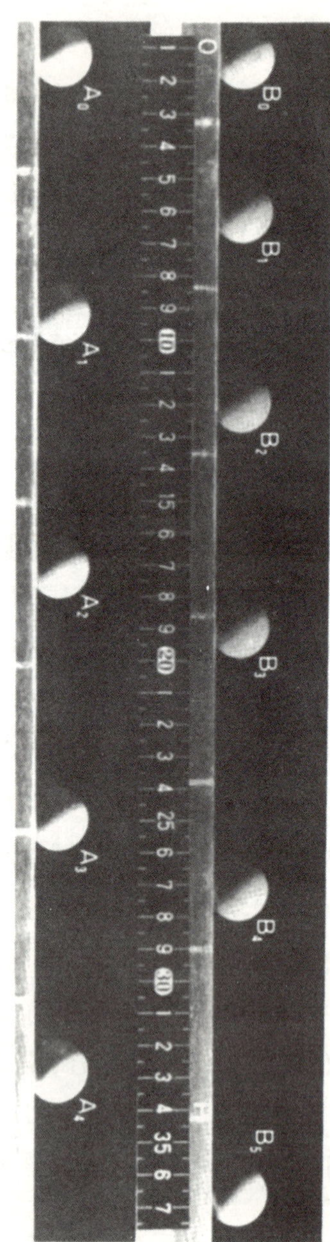

위가 사진 1 아래가 사진 2

Ⅰ—2. **토끼와 거북이 중 어느 쪽이 더 빠를까?**
— 속력의 결정 방법 —

확실히 옛날 동화 속에 나오는 거북이는 동시에 출발한 토끼보다도 빨리 결승점에 도달했기 때문에 토끼보다 빨랐다고 말할 수 있다. 즉, 출발과 결승점 사이의 같은 거리를 토끼보다 짧은 시간에 다 달렸기 때문에, 전체 이동거리÷전체 소요 시간으로써 구한 '속력'의 값은 거북이 쪽이 크다.

그러나 이 동안 거북이는 사진2의 공A와 같이 시종 변함없는 속도로 계속 달렸다고 계산되고 있다. 여기에 반해서 공B는 마르티스트로보에 의한 이동사진을 보면, 출발선에 해당하는 점O를 A와 동시에 통과한 직후 1/25초 사이에 통과한 거리는 A보다 짧기 때문에, 이 시간대에서는 공A보다도 느리다. 그러나 결승점에 해당하는 점P에 도달하기 직전 1/25초 사이에 움직인 거리를 보면 B쪽이 길며, 따라서 이 시간대에서는 공B쪽이 빠르다고 말해도 좋다.

다만, 사진에서 알 수 있듯이, 공B는 점점 속력을 내서 A를 추월해 갔지만, 공A쪽이 순간 빨리 결승점에 해당하는 점P에 도착하고 있기 때문에 결국은 토끼와 같이 A에게 지게 되어, 'A보다 B는 느렸다'고 말하는 표현도 성립하게 된다.

그러나 옛날 동화에서의 토끼는 잠 속에 빠져 들어 전연 움직이지 않았던 시간이 상당히 길었기 때문에, 달리고 있던 상태에서는

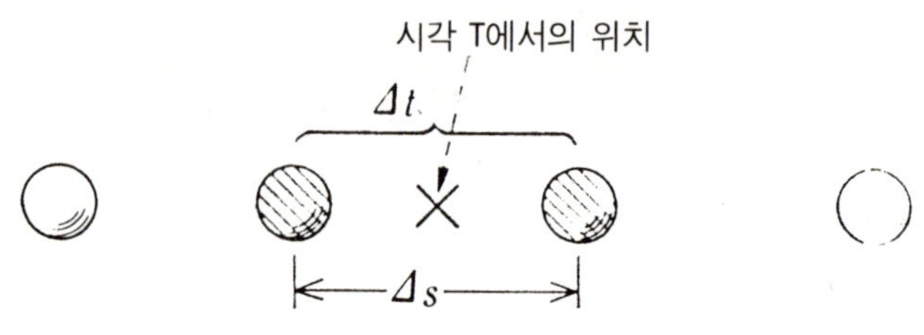

1－3 '시각t에서의 속도'　　$v = \dfrac{\varDelta s}{\varDelta t}$

자만하고 있었던 대로 틀림없이 '거북이보다는 빨랐다.'

　이와 같은 언어상에서의 혼란이 생기지 않도록 물리학 속에서, 운동을 생각할 경우는 전과정을 이동하는 동안에 대해서 구한 '평균 속력'과, 어느 순간에 이동한 가능한 한 짧은 시간 $\varDelta t$(델타 t라고 읽는다. t에 관한 매우 사소한 값이라고 하는 의미) 내에 이동한 거리 $\varDelta s$에 대해서 구한 '순간의 속력'과는 구별해서 생각한다. 앞으로는 단순히 '속력'이라고 말하면, 이 '순간의 속력'으로써 생각한 값을 가리키는 것으로 하고, 필요하다면, 시각 ○○에서의 속력, 혹은 점X를 통과하는 순간의 속력이라고 하는 것처럼 표현한다.

　사진2의 공A와 같이, 어느 순간에 대해서 구한 속력도 모두 같은 값을 갖은 운동의 경우, 그 속력은 긴 시간에 걸쳐 구한 평균 속력과도 일치한다. 그러나 일반적으로 속력은 변화하고 있는 것이 예상되기 때문에, 원칙적으로 각 순간 순간의 속력을 확인해 둘 필요가 있다.

　이런 운동의 내용을 전체적으로 파악하기 위해서는 마르티스트

로보에 의한 다중사진 등으로 촬영한 각 순간의 위치를 세로축에
는 원점에 대한 거리, 가로축에는 시각을 잡은 그래프로써 나타내
는 것이 보다 알기 쉽다.

　앞서 나온 사진 상의 공A, B의 운동은 점O를 원점으로 하고,
그래프로 나타내면 그림1—4와 같이 된다. 속력이 항상 일정한
공A의 경우에는 직선그래프가 되는 것이 특징이다. 이것에 반해
서, 속력이 시시각각 변화하고 있는 공B의 경우는 곡선그래프가
된다. 이 경우, 차츰차츰 속력이 증가하고 있는데, 그것은 곡선의
기울기가 점점 급해지고 있는 것으로 나타나고 있다. 실은 위치대
시각의 그래프상의 각 점에서 곡선에 대해 그어진 접선의 기울기
각의 크기는, 그 물체의 그 시각에서의 운동 속력에 대응하고

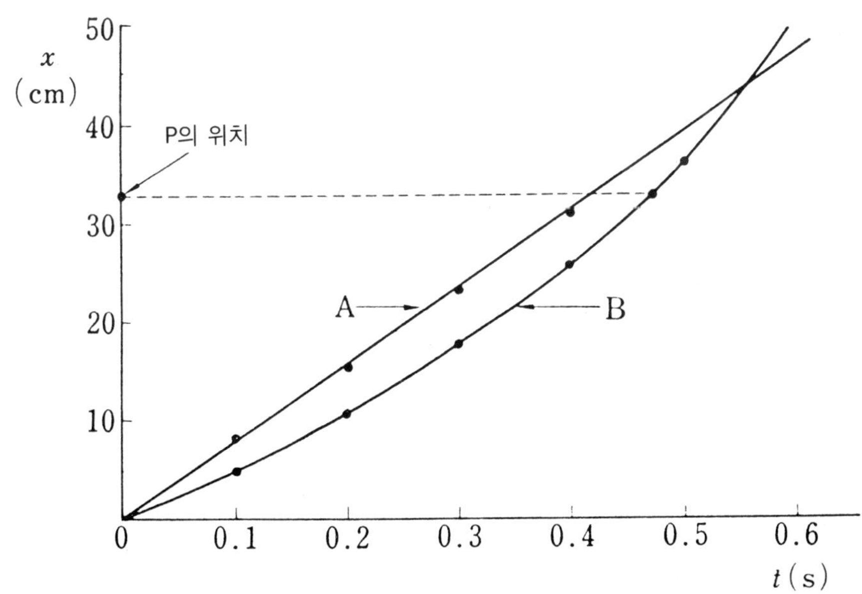

1—4 사진의 x—t 그래프(원점을 O라고 한다)

있다.

이것을 염두에 두고, 다시 그림1—4의 그래프를 보면, 공B는 처음에는 A보다도 느리지만, 도중부터는 A보다 빨라지고 있음을 확실하게 읽을 수 있다. 그러나 A가 점P에 도달한 시각까지의 B의 이동거리는 A보다 조금 짧기 때문에 B는 '졌다'고 하는 것이다. 여기에 옛날 토끼와 거북이의 경주를 상상해서 그래프로 나타내면 그림1—5와 같이 될 것이다. 토끼가 자고 있는 동안은 위치 변화가 없기(속도가 0) 때문에 그래프는 수평인 채 변화하지 않는다. 눈을 뜨고 달리기 시작했을 때의 속력은 단연 빠르다고 해도 경주에서는 지고 있다.

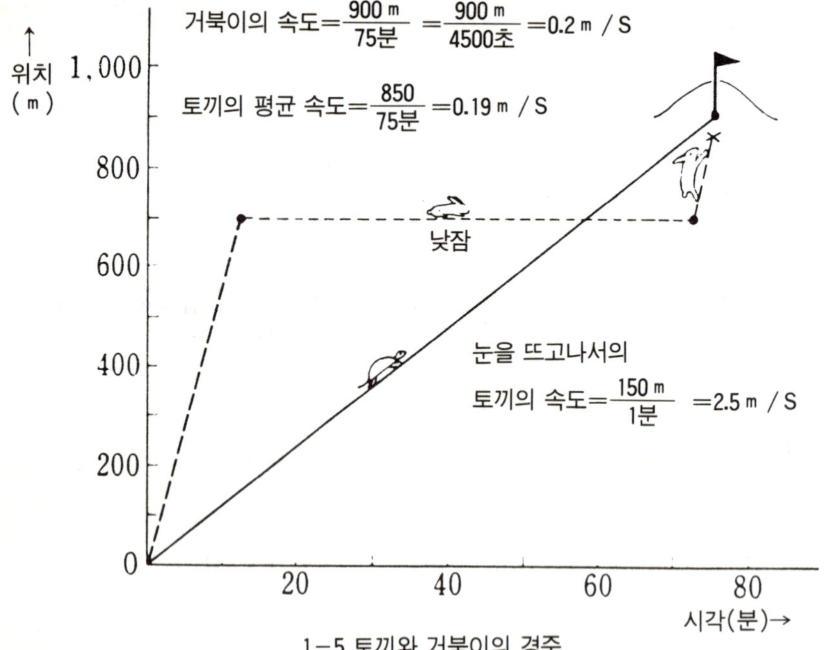

1—5 토끼와 거북이의 경주

〈시그널컨트롤러〉

마르티스트로보를 이용해서 다중사진을 촬영할 때, 19페이지와 같은 발광회로만으로는 크세논 방전관이 발광하는 시각을 자유로이 선택할 수 없다. 그래서 철구(鐵球)를 전자석(電磁石)으로 매달아 두고 자유낙하시킬 때, 철구가 전자석을 떠난 순간에 방전관을 발광시켰지만 따로 회로를 첨가할 필요가 있다. 이것이 시그널컨트롤러인 것이다.

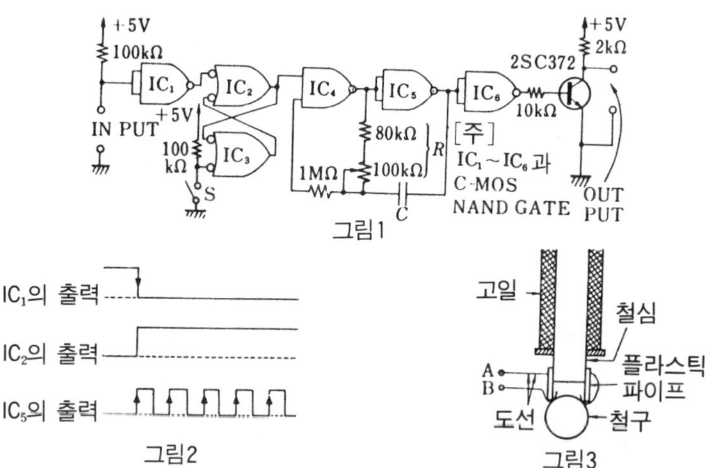

그림1의 회로에서 IN PUT에 그림 3의 A, B를 접속해서 그림1의 스위치를 ON한 후에 OFF로 하면, IC₁의 출력은 H가 된다. 다음에 전자석 코일의 전원을 OFF로 하면, IC₁의 출력은 L, IC₂의 출력은 H가 되어 IC₄와 IC₅에서 이루어진 방형파(方形波)의 발진기가 동작을 시작해 IC₅의 출력이나 OUT PUT에서는 그림2와 같은 방형파를 발생시킨다. 그래서 이것을 18페이지 그림2의 IN PUT으로 넣어주면 마르티스트로보의 발광 순간을 컨트롤할 수 있게 된다. 이것이 시그널컨트롤러의 원리이다.

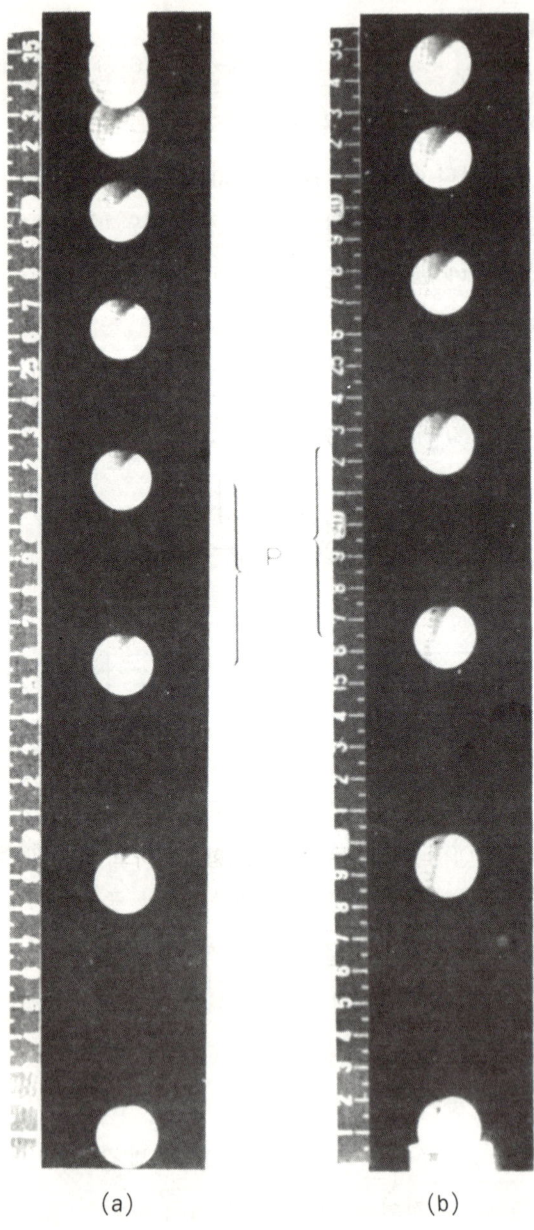

(a)   (b)

Ⅰ−3. '속력'과 '속도'

　이 두 장의 마르티스트로보 사진을 언뜻 보았을 때, 당신은 각각의 경우의 구(球)의 운동을 바르게 알아 맞힐 수 있을까. 이 사진은 발광 간격이 모두 30분의 1초인 마르티스트로보에 의한 다중사진으로, 예를 들면 화면 중앙 부근의 점P를 통과하는 전후의 속력을 계산하면 완전히 같은 값이 된다.

　그러나 왼쪽의 사진a의 경우는 화면 상단 부근에서 던져진 공이 자유낙하하고 있고, 오른쪽의 사진b는 화면 상단에 보이는 통 속에서 바로 위로 내던져진 공이 상승 중인 상태를 포착한 것이다. 따라서 점P를 통과한 후에, 좌측a에서는 공이 아래 방향으로

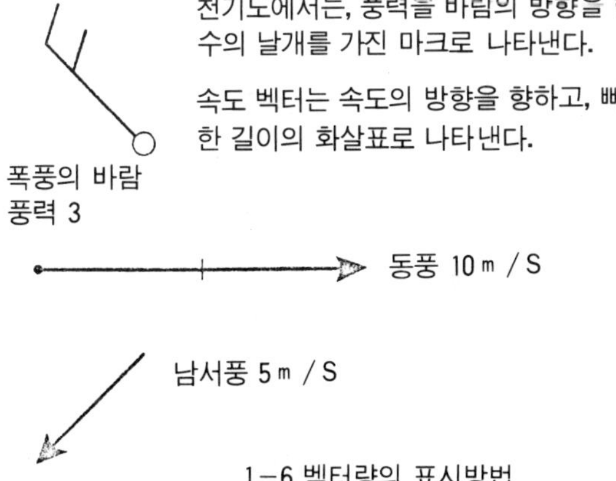

1−6 벡터량의 표시방법

이동하고 있지만 우측의 b에서는 지금 잠깐은 윗방향으로 이동을 계속해 나가고 있는 것처럼, 완전히 별개의 위치에 도달해 버린다.

　이 사실에서도 알 수 있듯이, 운동하고 있는 물체의 상태를

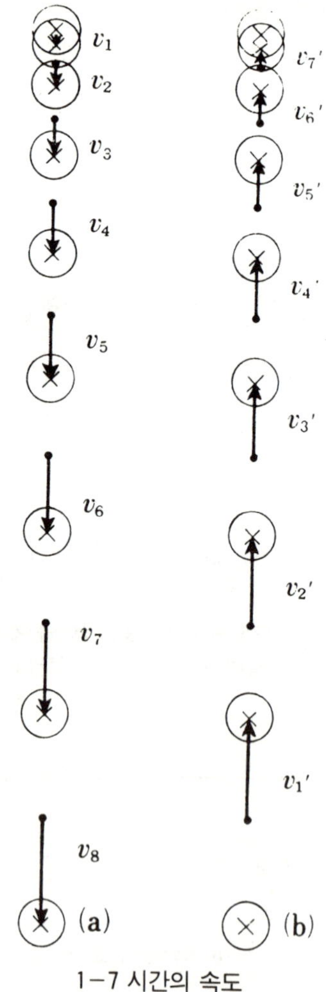

1-7 시간의 속도

정확하게 나타내기 위해서는 각 순간의 '속력(스피드＝Speed)'을 아는 것만으로는 불충분하고, 운동하고 있는 방향도 동시에 파악해 둘 필요가 있는 것이다. 그래서 '속력과 그 방향을 포함한 양(量)으로 이 내용을 나타내기로 하고, 이것을 '속도(velocity)'라고 부르기로 한다. '속도'의 크기만을 생각한 것이 '속력'에 해당한다.

일상 언어 속에서는 속도(速度)와 속력(速力)은 완전히 똑같은 의미로 사용되고 있는 경우가 많지만, 물리(物理)의 세계에서는 이와 같이 구별하고 있다. 일반적으로 방향과 크기를 겸해서 나타낼 필요가 있는 양을 벡터량이라 하며, 이것에 반해서, 크기만을 생각하면 되는 보통의 양을 스칼라양이라고 한다.

속도를 나타내는 문자가, 방향도 포함해서 생각하고 있는 특수한 양(量)임을 나타내기 위해서는 그 문자 위에 $\vec{v}$와 같이 화살표를 붙이거나, 인쇄에서는 $\boldsymbol{v}$와 같이 굵은 문체로 나타내거나 한다. 또 그림으로 나타내기 위해서는 속도의 방향을 나타내고, 그 크기(속력)에 비례한 길이의 화살표가 사용된다(그림1—6). 천기도(天氣圖)에서 바람의 속력과 방향을 나타내는데 사용하는 풍력기호(風力記號)도 이것과 같은 사고방식에 의한다고 말할 수 있다.

사진a,b에서의 운동에 대해서도 사진상의 공과 공 중간점을 통과하는 순간의 속도를 화살표로 나타내면 그림1—7과 같이 되어, 양자의 운동 차이도 확실하게 표시된다.

Ⅰ—4. '속도가 변한다'고 하는 의미는

이것은 일정한 회전수(回轉數)로 회전하고 있는 수평 원판의 중심에, 용수철로 연결한 공(그림1—8)의 운동을 바로 위에서 촬영한 마르티스트로보에 의한 다중사진이다. 실제 장치에서는 공은 작은 수레에 얹혀 있고, 원판의 반경 방향으로만 자유롭게 이동할 수 있게 되어 있다.

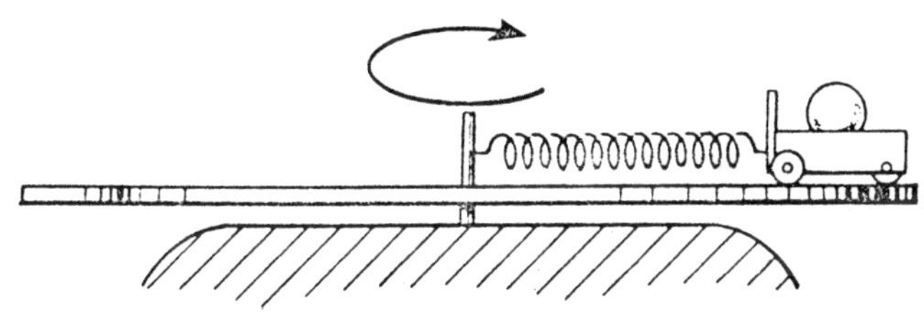

1—8 장치의 측면도

이 공의 운동은 지금까지의 사진을 통해서 본 몇 가지의 운동이 모두 직선상에서 이루어져 있었던 것에 비해서, 원(円)이라고 하는 곡선 궤도상을 움직이고 있는 점이 다르다.

이와 같은 운동에서도 속력은 이 궤도를 따라서 이동한 거리 Δs(이 경우는 원호의 길이가 된다)를 소요시간 Δt로 나누면 구할 수 있다. 더구나 이 사진의 예에서는 회전은 한결같기 때문

32

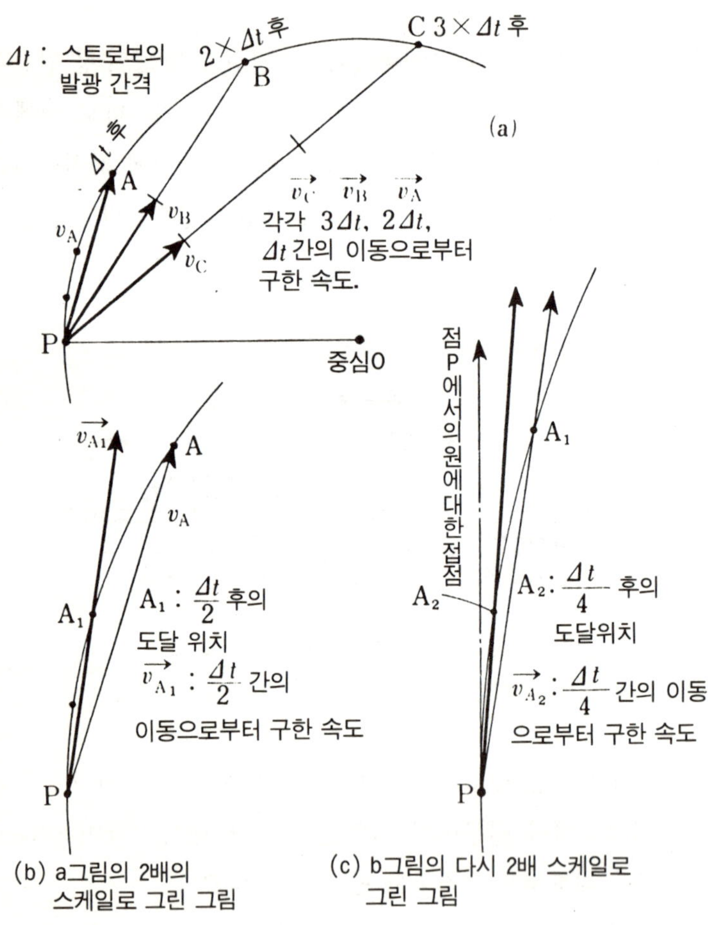

1-9 순간 속도의 방향

에, 사진상 어느 위치를 택해도 속력은 같은 값을 나타낸다.

그러나 속력, 즉 속도의 크기는 일정해도 속도의 방향, 운동의 방향은 분명하게 변하기 때문에, 이 경우에도 '속도는 변화하고 있다'고 말하지 않으면 안된다.

그렇게 되면 이와 같은 곡선 상에서의 운동체에 대해서 속도의 방향은 어떻게 표시되는가 하는 것이 마음에 걸리지만, 이것은 그 순간의 위치에서 궤도를 나타내는 곡선에 대한 접선의 방향과 일치함이 알려져 있으므로 문제될 것이 없다.

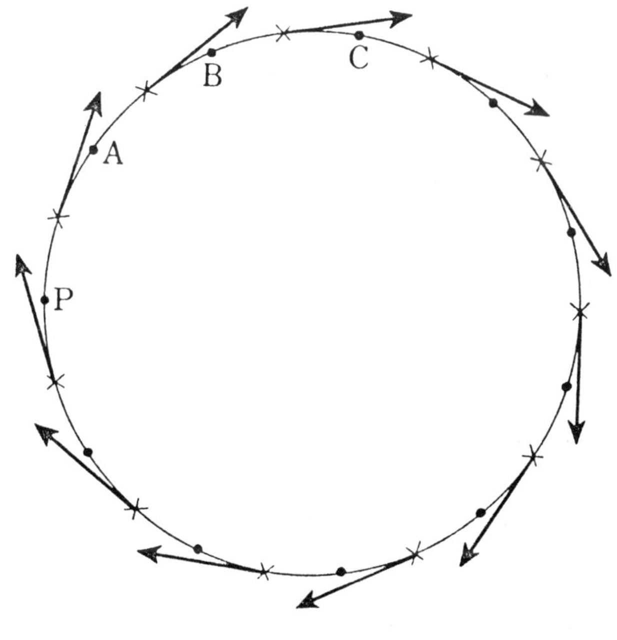

1-10

이 약속을 사진의 원운동에 대해서 확인해 보자. 앞에서 속력이
변화하는 운동에서는 가능한 한 짧은 시간 간격으로 위치의 변화
를 조사하지 않으면 올바른 순간의 속력을 구할 수 없다고 말했
다. 곡선 운동에서 이 주의는 항상 필요하다. 예를 들면 사진에서
점P를 통과하는 순간의 속도를 구하려고 스트로보의 발광 간격
Δt의 3배의 시간 후 위치와의 차이를 취했을 경우, 그 $2\Delta t$의 시간
후 위치와 비교했을 경우, 혹은 Δt 후의 위치와 비교했을 경우에
대해서 생각해 보면 된다. 속도는 각각 위치의 변화를 나타내는
화살표의 길이를 시간으로 나눈 값과 같은 크기를 가지며, 화살표
와 같은 방향을 가진다고 정해져 있다. 이 결과는 분명하게 시간

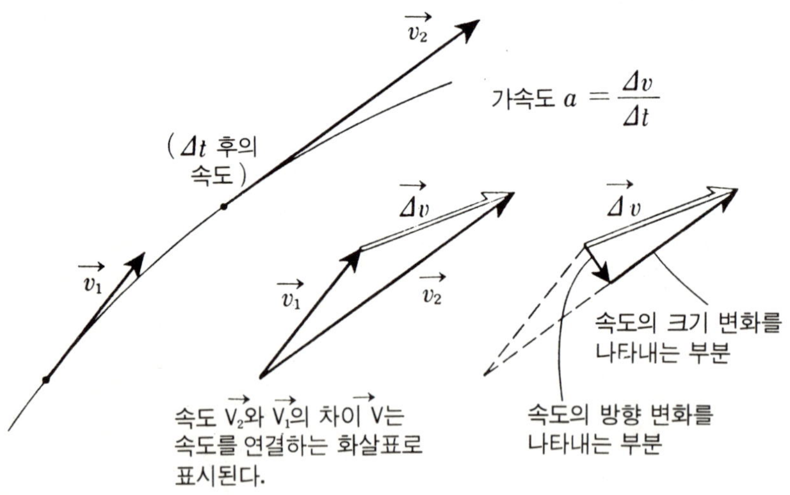

의 폭의 선택 방법에 따라서 크기도 방향도 달라진다(그림1—9 a). 그러나 다시 P를 통과하듯이 좀 더 짧은 시간 후의 위치를 구해서, 그것으로부터 속도를 나누어 가면 속력도 차츰 일정한 값에 가까와지고, 특히 방향은 점P에서의 접선 방향에 가까와짐을 알 수 있을 것이다(그림1—9 b~c).

따라서 30페이지의 원운동에 대해서 사진상에 찍혀 있는 공의 위치 중간점에서의 속도를 화살표로 나타내면 그림1—10과 같이 된다. 각 화살표는 길이는 모두 같고, 방향만 원의 접선 방향을 향해서 변화하고 있다. 여기에 반해서 앞에 나오는 a나 b의 사진과 같은 직선상 운동의 사례에서는 속도는 크기만이 변화하고, 방향은 변하지 않는다. 물론 일반적으로 속도가 변화하고 있는 경우에는 그 방향도, 크기도 모두 변화한다.

이와 같이 속도가 시간적으로 변화하고 있을 때 그 운동에는 가속도(加速度)가 발생한다고 한다.

가속도를 수량적으로 표시하기 위해서는 짧은 시간 Δt를 사이에 둔 두 개의 순간 속도 $\vec{v_1}$, $\vec{v_2}$의 차 $\vec{\Delta v}$를 구해서 가속도의 크기는 $\dfrac{\Delta v}{\Delta t}$로, 그 방향은 $\vec{\Delta v}$의 화살표 방향으로 나타내기로 한다 (그림1—11).

속도가 변화한다고 하는 의미에는 그 크기가 변한다고 하는 면과, 속도의 방향이 변한다고 하는 또 하나의 면이 있음을 알았다. 따라서 가속도 역시 속도의 크기 변화를 나타내는 부분과 방향의 변화를 나타내는 부분으로 나누어 생각할 수 있다.

〈'X'와 가위의 취급방법〉

머리말 등에서도 언급했듯이, 이 책에서는 그다지 수학적인 면에는 깊이 들어가지 않겠지만, 수학은 물리학에 있어서는 빼놓을 수 없는 도구이며, 그 때문에 물리학은 정밀과학으로써의 특색을 발휘할 수 있다. 그러나 또한 그 점이 많은 사람들에게 물리학을 친숙해지기 어려운 상대로 느끼게 하는 원인이 되고 있는 것 같다. 인간의 머리는 본래 계산과 같이 다 정해진 규칙을 실수없이 계속 적용해 가는 것을 골칫거리로 여기고 있기 때문에, 계산은 싫다= 수학은 싫다= 물리학 경원이라고 하는 관계도 그대로 성립하게 되는 것이다.

최근에는 전자식 탁상 계산기라고 하는 편리한 물건 덕택으로 계산 그 자체는 그쪽에 맡기고, 물리학을 지탱하는 이론의 의미를 수량적으로 스스로도 납득하는 것이 쉬워졌다. 원래 중요한 것은 계산 그 자체가 아니고, 그 물리 현상의 특징과 그 의미, 그것과 대응하는 이론을 이해해 두는 데에 있는 것이다. 그래야 비로소 계산의 의미도 확실해진다. 이 책에 본문과는 별도로 나온 퀴즈식의 문제도 그와 같은 의미에서 활용해 주길 바란다.

진위 여부의 보증은 없지만, 옛날 어딘가에서 읽은 에피소드를 한 가지 소개해 보기로 하겠다. 발명왕으로, 특히 전기의 실용화(實用化)에 중요한 공헌을 한 저 에디슨이 기술자를 채용하기 위해 테스트를 하던 중 한 청년에게 '자네의 장기는'하고 질문했더니, 그는 '수학입니다'하고 대답했다. 그러자 에디슨은 가까이에 있던 전구(물론, 당시는 진공식)를 집어서, '이 내부의 체적을 내 보게'하고 말했다. 청년은 재빨리, 노니우스(= 노기스)를 빌려서 여러 부분의 직경이나 길이를 측정하고, 유리의 두께나 내부 필라멘트를 지탱하고 있는 유리막대의 치수까지 추정해서, 복잡한 계산을 반복한 끝에 정말이지 1시간 가까운 시간 후에, 그러나 자신만만하게 계산 결과를 에디슨에게 보였다. 그러자 에디슨은 잠자코 그 전구를 수조 속에 넣고, 펜치로 전구 머리를 조금 부수자 진공관 내로 물이 가득 들어갔다. 그리고 물을 가까이 있는 눈금 원통에 쏟아, 그 체적을 청년에게 보였다고 한다. '이 방법밖에 없다고 믿어 버리지 말라'고 하는 교훈이기도 하겠지만, 계산 알레르기증 회복제라도 될까 해서 소개해 본 것이다.

〈시그널컨트롤러의 취급법〉

실제의 시그널컨트롤러에서는 NAND GATE나 DOWN COUNTER 과 같은 디지탈 IC를 이용해서 발광 시각을 컨트롤 할 수 있을 뿐만 아니라, 발광 회수도 자유로이 조절할 수 있게 되어 있다. 아래의 사진은 이와 같은 시그널컨트롤러를 이용해서 촬영한 다중사진이다. 이 사진은 좌우대칭으로 되어 있지만, 촬영

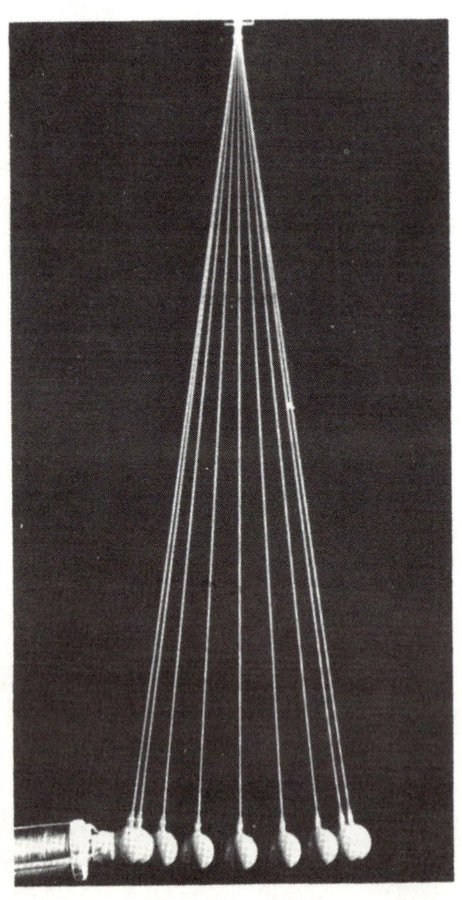

은 다음과 같이 이루어졌다.

우선 이 단진자(길이는 59.0㎝)의 주기를 정확히 측정한다. 그 값은 1.542초였기 때문에, 이때의 발광주기는,

$$\frac{1.542}{2(9-1)} = 0.0964s = 96.4ms$$

로 하고, 마르티스트로보의 발광 회수는 9회로 해서 촬영한 것이다. 단진자의 금속구로써는 철구(鐵球)를 사용해서 25페이지 그림 3의 전자석을 이용해서 발광 시각을 컨트롤하고 있다.

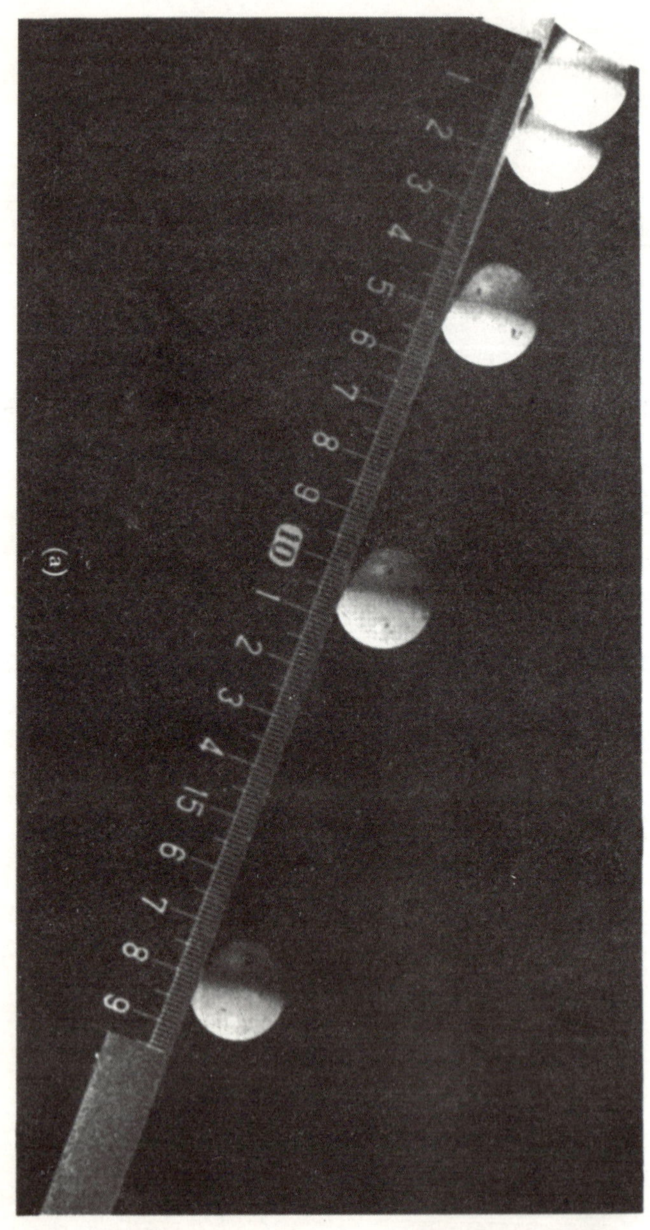

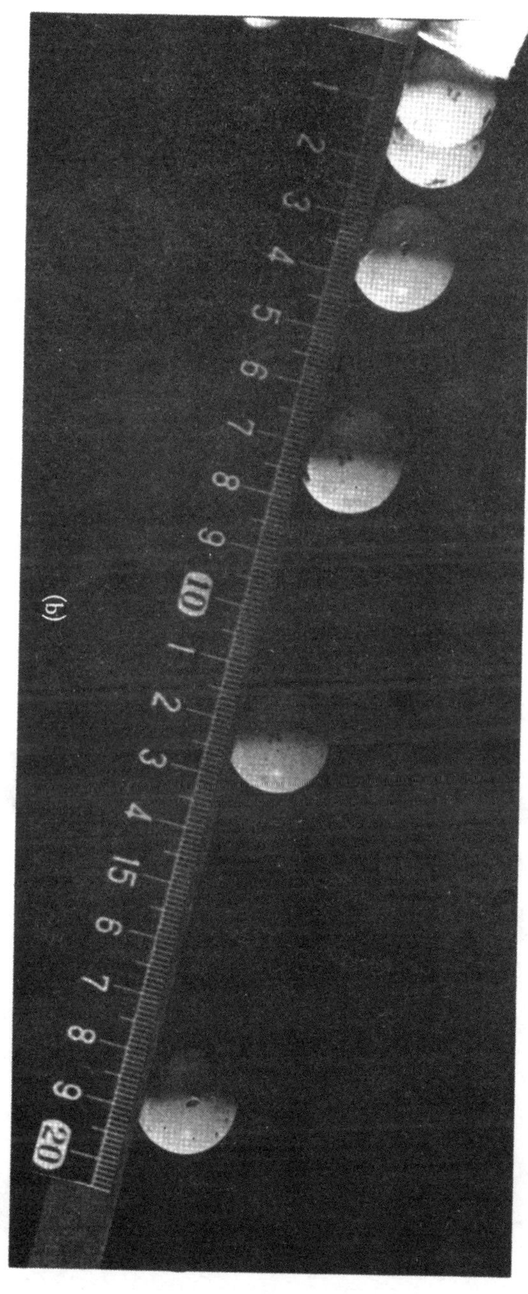
(b)

Ⅰ-5. 가속도가 일정한 운동
— 갈릴레오의 연구 자취 —

이미 몇 장의 마르티스트로보에 의한 다중사진을 보아온 독자 여러분은 앞 페이지의 사진에 찍혀 있는 공이 가속도를 가지고 경사면 위를 움직이고 있음을 틀림없이 알아차렸을 것이다.

역사적으로도 갈릴레오가 가속도가 시간적으로 일정한 운동, 즉 등가속도운동(等價速度運動)의 예로써, 경사면 위에서의 낙하운동을 이용했던 것은 유명하다. 그의 목적은 낙하하는 물체의 운동이 역시 같은 특징을 가지고 있음을 보이는데 있었다. 그러나 당시의 측정기술의 정밀도를 고려하고 경사면을 이용하므로써 등가속도라고 하는 특징은 잃지 않고, 운동을 천천히 진행시켜 측정을 쉽게 했던 것이다. 이 연구의 마지막 목적은 '낙하물체는 그 무게에 비례한 속력을 가진다'라고 주장하고 있는 아리스토텔레스의 운동론(運動論)에 대한 반증을 들어서, 갈릴레오 자신의 새로운 운동학의 정당성을 입증하는데 있었지만, 그 상세한 내용은 여기에서 깊이 다루지 않기로 한다.

갈릴레오는 낙하운동은 등가속도운동이라고 생각하고 있었지만, 그것을 시시각각 변화하는 속력 그 자체를 측정해서 확인한다고 하는 어려움을 피해서, 간단한 수학적 처리로써, 초속도(初速度)의 등가속도운동에서는 진행거리가 시간의 2승에 비례한다는 것을 이끌어내고, 그것을 경사면상의 측정으로 표시했다.

이 실험의 구체적인 내용은 갈릴레오 최후의 저작인 「신과학 대화」(1638년)중에서, 그의 대변자로서 등장하는 젊은 과학자 사루비아치의 입을 빌어 다음과 같이 서술되어 있다.

'길이 약 6cm, 폭 약 25cm, 두께 손가락 3개분 정도의 각 재료에 손가락 1개 정도 폭의 홈을 만든다. 이 홈은 쭉 곧고, 더구나 매끄럽게 손질한 다음, 다시 양피지로 내장해서 이것도 매끄럽게 닦아 둔다. 각 재료의 한 쪽 끝이 다른 쪽보다 50cm에서 1m 정도 높아지도록 지탱하면서(주 : 경사는 5~10°) 이 홈을 따라서 단단하고 부드럽고, 완전히 둥근 황동의 공을 굴린다. 이 실험을 100회 이상 반복한 결과, 각도(角度)에 관계없이 통과한 거리는 경과 시간의 2승에 비례함을 알았다.

시간의 측정은 물을 넣은 큰 용기를 높은 곳에 놓고 그 바닥에 달린 가느다란 관으로 흘려보낸 물을 공의 운동중만큼 컵에 모아서 정밀 천칭(天秤)으로 그 무게를 측정했다. 이 결과로부터 시간의 차와 비를 정확히 구할 수 있었다(신과학 대화, 해당부분의 요약).'

현대라면, 여기에서도 본 것 같은 마르티스트로보 사진을 이용하면 경사면상의 낙하운동은 각도에 관계없이 속력이 시간에 비례해서 증가하는 것도, 또한 낙하거리가 시간의 2승에 비례해서 증가한다는 사실도 직접 알아차릴 수 있다(그림1—12(A)).

갈릴레오는 그 계산의 과정을 그래프 및 수치로 설명하고 있지만, 현대식으로 수식을 사용하면, 속력 v가 시간 t에 비례하는 것을,

$$v = at \qquad a : \text{비례정수}$$

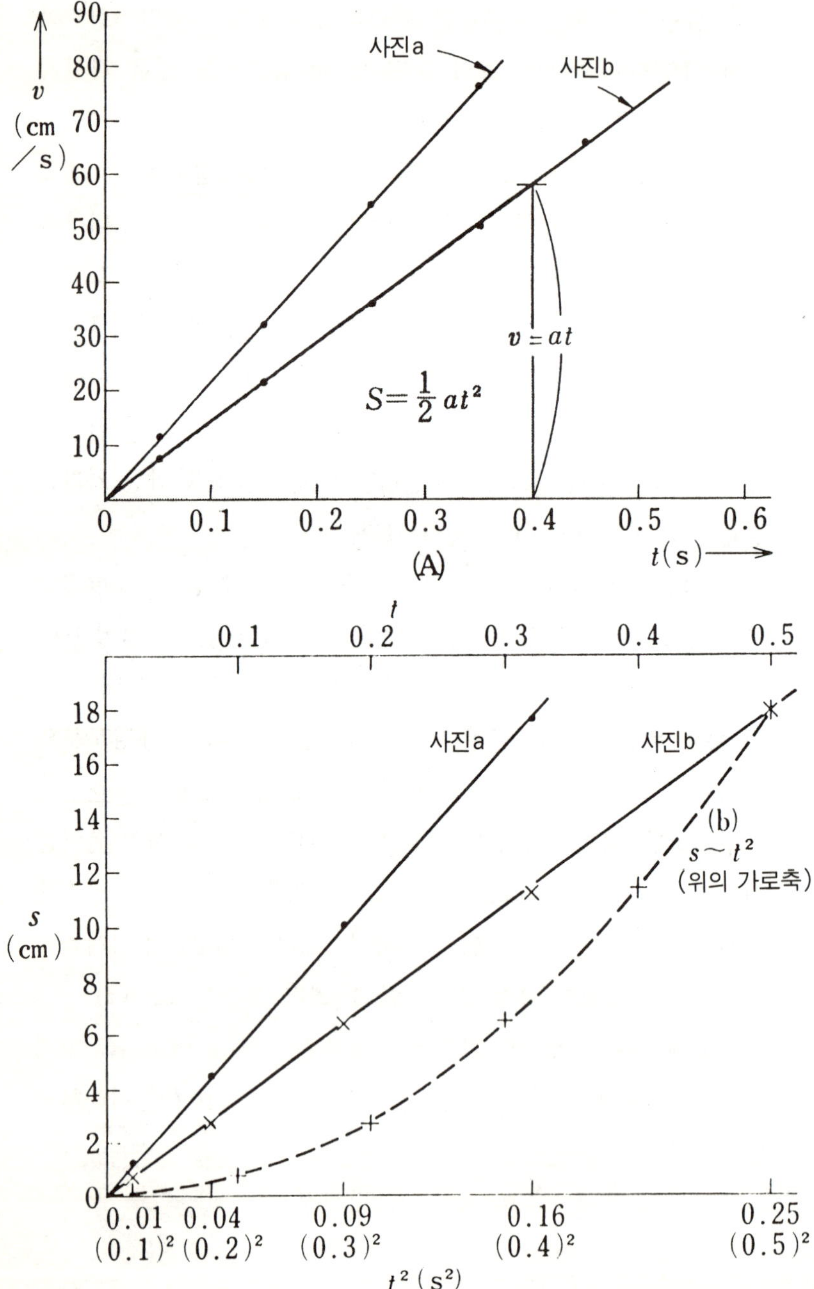
사진a
사진b
v
(cm/s)
$v = at$
$S = \frac{1}{2} at^2$
t(s)
(A)
t
사진a
사진b
(b)
$s \sim t^2$
(위의 가로축)
s
(cm)
$(0.1)^2$ $(0.2)^2$ $(0.3)^2$ $(0.4)^2$ $(0.5)^2$
0.01 0.04 0.09 0.16 0.25
t^2 (s^2)

로 표시할 때, a가 가속도에 해당하고, 그 크기는 그림 1—12
(A)의 직선그래프 기울기로 표시된다. 이와 같이 속력이 일정한
비율로 증가하면서 운동할 때, 그 진행거리 S는 그림1—12(A)
의 그래프로 설명하자면, 시간 t의 범위에서 잡은 그래프가 포함
하는 면적(직각삼각형)에 해당하고, 그 값은(밑변의 길이 t,
높이가 at이므로)

$$S = \frac{1}{2} at^2$$

으로 표시된다.

　이와 같은 관계는 낙하 운동뿐만 아니라 직선상에서 초속도
(운동을 관찰하기 시작한 시각에서의 속도)가 0인 등가속도 운동
모두에 적용된다.

〈속도, 가속도〉

　이것은 가공의 이야기이며, 또한 결국은 제한속도를 지키는
것이 유리하다고 하는 결론이 되기 때문에, 교통법칙 위반으로써
적발되지 않기를 바란다.

　나는 동료인 G군의 차를 얻어 타고 시내를 달리고 있었다. 그의
성급함은 이루 말로 표현할 수가 없을 정도였다. 마침내 내 팔목
시계는 스톱 위치가 부착되어 있었기 때문에 시험삼아 주행 상태
를 메모해 두었다. 뒤에 보이는 기록표는 그 후에 수집한 데이타
도 첨가해서 정리한 것이다. 마침 P백화점 앞에서 같은 회사의
O선배 차를 추월했기 때문에 그 때부터의 기록을 한데 모았다.
G군은 여느 때처럼 속도 제한 40km / 시의 도로를 상당히 달리고

46

있었지만, O씨는 여느 때처럼 안전운전이었기 때문에 순식간에 뒤로 처지게 되었다. 도로는 직선이었지만, P백화점 통과후 800m 앞에서 폭 50m 의 Q도로를 가로 질러, 그곳에서 750m 앞에서 다시 R도로와 교차되고 있었다(그림1—13(a)참조). 가로 지른 도로는 모두 신호기가 설치되어, 2곳 모두 완전히 동시에 5초간 노랑, 40초간 빨강, 35초간 파랑으로 바뀌고 있었던 것을 나중에 알았다. G군은 2번 모두 빨간신호에 걸려 지나치게 안달복달하면서 그 때마다 브레이크, 신호대기, 급출발을 반복하고 있었다.

그러나 그가 파란 신호로 바뀌어 R도로를 횡단하려고 출발한 순간에 어떻게 된 일인지 O씨의 차가 횈하고 그의 차를 앞질러 횡단해 갔던 것이다. 화끈화끈해 있던 G군이 알아 차렸는지 어떤지 잘 모르겠지만, 이것이 내가 다음의 표나 그래프를 정리해 봐야겠다고 생각한 원인 중 하나었다. 차의 속력이나 가속도는 모두 m, s(초)의 단위로 환산하고, 나머지는 생략했다.

표. G군 차의 주행기록

시각(S)	내용 메모
O(P점 통과)	스피드 160m / S(약60km / 시), 교통 단속용 오토바이에게는 비밀!
45	Q도로의 신호가 적색임을 알아
55	차리고 브레이크 정지선에서 정지. 그는 안달복달
60	적색에서 청색. 급출발
70	20m / S(약70km / 시). 아무리 대단한 그도 깨닫고 감속

80	간신히 약16 m / S(약60km / 시)가 된다.
95쯤	R도로의 신호가 청→황, 이윽고 적색이 됨을 알았다. 그는 혀를 찼다.
110	브레이크를 건다.
115	정지선에서 정지
140	간신히 적→청으로. 출발. 그보다 조금 빠르게 O씨의 차 통과

아래의 그래프는 그의 차 스피드와 시각의 관계를 이 기록을

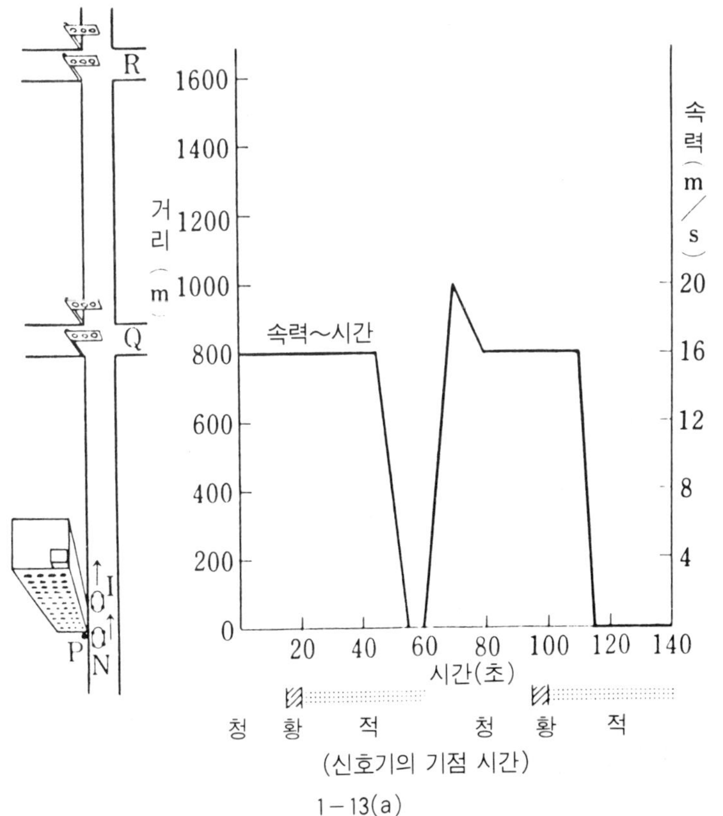

근거로 만든 것이다. 속력의 값은 오른쪽 끝의 세로축으로 읽어 주길 바란다.

그럼 이 표와 그래프를 기초로 G군의 차가 어느 시각에 어디에 있었던가를 나타내는 그래프($x{\sim}t$그래프)를 같은 그래프 위에 (혹은 따로 방안지를 준비해서) 그려 보라. 거리는 왼쪽 끝 세로축에 표시했다.

이렇게 해 보면, 결국 G군의 차의 P에서 R도로의 정지선까지 이동한 평균 속력은 어떤 위치가 될까. 또한 O씨의 차가 한 번도 변속하지 않고 P에서 R까지 달리고 있었다고 한다면, 이 차의 $x{\sim}t$그래프는 어떻게 될까. 신호기에서 멈춘 적은 없었던 것일까. 게다가 가로축 아래의 적, 황, 청이란 Q도로, R도로의 신호기가 어느 시각에 어떤 상태였나를 참고삼아 표시한 것이다.

〈답〉

거리~시간($x{\sim}t$) 그래프는 그림1—13(b)의 실선과 같다. 속력이 일정할 때는 직선으로 괜찮지만, 속력이 한결같이 변화하고 있는 경우(등가속도 운동)는 그림1—12에서 설명했듯이 곡선이 된다. 이 곡선을 그리기 위해서는 처음의 속력을 v_0, 가속도를 a, 운동이 계속되는 시간을 t라고 하면,

$$x = v_0 t + \frac{1}{2} at^2$$

으로 표시되기 때문에, 이 식에서 각 t에 대한 x의 값을 구하면 되는 것이다. 여기에서 가속도 a는 그래프에 표시되어 있는 속력 ~시간의 그래프로부터 구할 수 있다. 즉, 처음의 속력을 v_1,t초 후의 속력을 v_2라고 하면,

$$a = \frac{v_2 - v_1}{t}$$

이 되고, 만일 a가 마이너스라면 감속하고 있는 것이 된다.

이 $x \sim t$그래프를 볼 필요도 없이 평균 속력은,

$$1600^m \div 140^s = 11.4\text{m} / \text{s} \fallingdotseq 41\text{km} / \text{시}$$

가 된다.

이 평균 속력으로 계속 달렸다고 하면, 그 동안의 $x \sim t$그래프는 140초 후의 1600 m 위치와 원점을 연결하는 직선으로 표시된다 (그림1—13(b)의 — · —선). 이것을 보면 어느 신호기에서도 적신호에 걸리지 않고 통과하게 되어, O씨의 차가 이런 주행방식 으로 R도로에서 G군의 차를 막 추월해 옴을 알았다.

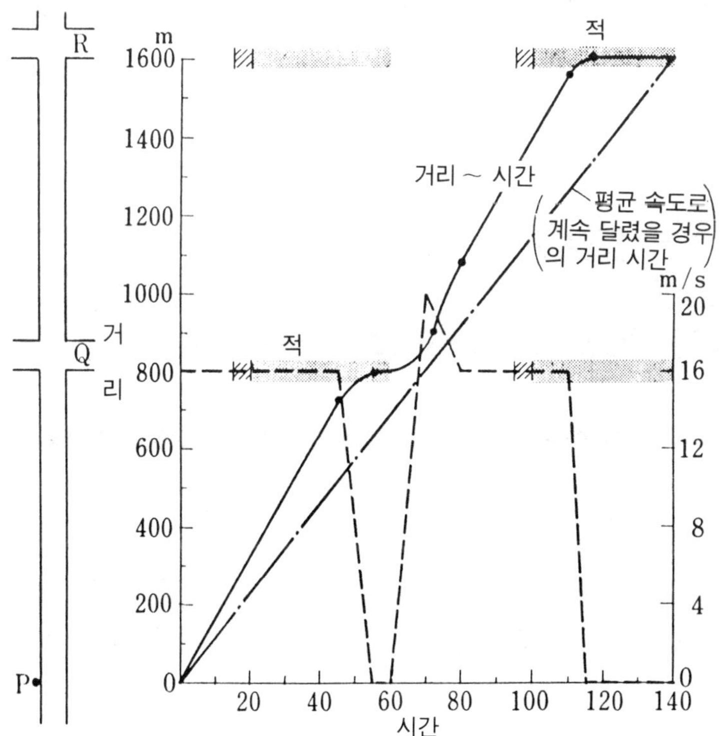

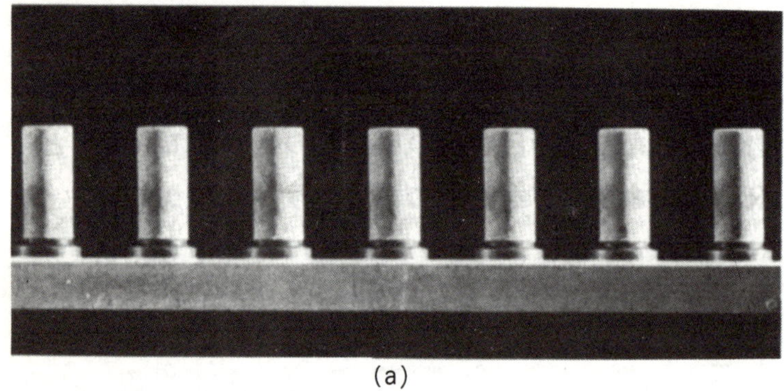

(a)

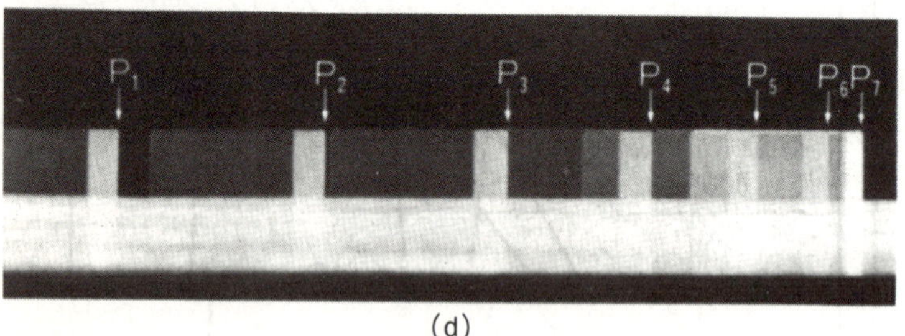

(d)

Ⅰ—6. 무엇이 자연스런 운동인가

왼쪽 페이지의 마르티스트로보 사진에서 나타난 2개의 운동에, 앞에서도 표시된 낙하운동(Ⅰ—3)을 첨가한 것 중에서, '가장 자연스런 운동은?' 하고 질문받았을 때, 당신은 어느 것을 들 것인가. 하긴 무엇을 가리켜 '자연스런' 상태라고 하는가가 확실하지 않으면 답은 나오지 않을지도 모르지만.

낙하운동이나 왼쪽 페이지의 사진 b와 같이 수평 책상 위에서 사진의 왼쪽으로부터 밀려나온 나무토막이 차차 느려지다 마침내 정지한다고 하는 운동은 확실히 종종 눈에 띄는 운동이다. 여기에 비해서 사진a는 그림1—14와 같은 물체가 수평으로 지탱된 잘 손질한 판유리 위에서 저면으로부터 불어나오는 이산화탄소(탄산가스)가 만든 얇은 막을 윤활제로 해서 무마찰 상태에서 일정한 속도로 미끄러져 가는 운동으로 매우 '부자연스런' 운동이라고도 말할 수 있다.

이 문제를 기원전 4세기 그리스에서 태어난 아리스토텔레스에게 출제하면, 그는 망설이지 않고 3개 중에서 낙하운동을 지적할 것이다. 이 운동은 천상계(天上界)에서 영원히 계속되는 천체의 원운동만큼 완전하지는 않다고 해도, 무거운 물체가 본래 차지해야 하는 위치(즉, 지구의 중심)를 향한다고 하는, 목적에 맞는 '자연적' 운동인 것이다. 여기에 반해서 나머지 2개의 운동은 강요된 운동으로, a의 경우는 외계로부터의 강제가 계속되고 있기

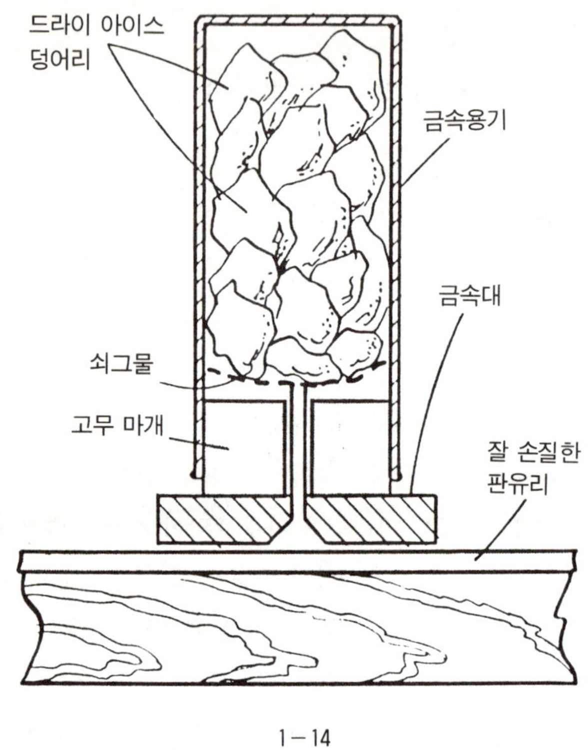

1−14

때문에 한결같이 계속 움직이고 있고, b의 경우는 한 번 가해진 힘이 없어졌기 때문에 다시 정지상태로 되돌아가려고 하는 운동이라고 하는 식으로 구별된다.

이 사고방식은 어떤 의미에서는 단순 명쾌하며, 일상의 표면적인 관찰 결과와도 일치하는 점이 많다. 그러나 이 아리스토텔레스의 운동론 중 수많은 모순이 앞에서도 언급되었듯이(I—5) 갈릴레오에 의해서 지적되고, 실험결과의 수학적 해석 결과를 근거로 해서 새로운 역학(力學)이 싹트게 되었던 것이다. 갈릴레오는 '물체가 왜 떨어지는가를 논하지 않고, 어떻게 떨어지는가를 우선 문제로'하고 서술하고 있듯이, 스스로의 연구에 틀을 끼우고 있었다. 최종적으로는 뉴우톤에 의해서 이 운동을 지배하는 법칙이 확립되어, 그것을 현재의 우리들도 채용하고 있다.

소위 뉴우톤의 운동 제1법칙(관성의 법칙)에 따르면, '어느 곳으로부터도 외력(外力)을 받고 있지 않는 물체는, 정지 또는 등속도 운동을 계속한다'는 것이 운동에 관한 물체 본래의 특성이며, 사진a만이 그런 물체의 '자연스런' 모습을 나타내고 있다고 말할 수 있다.

이와 같이 운동의 상태를 일정하게 유지하는 성질(계속 정지하는 것도 포함해서)을 운동에 관한 '관성(慣性)'이라고 한다. 그리고 이와 같은 관성을 거슬러, 이것을 바꿔버리는(즉, 속력이나 그 방향을 바꾼다) 작용을 '힘(force)'이라고 물리학에서는 생각한다. 따라서 낙하운동이나 사진b, 혹은 Ⅰ―4에서 예로 원운동과 같은 경우는 이런 외부로부터의 힘의 작용으로 인해서 '강제받은'(아리스토텔레스와는 또다른 의미로) 운동이라고 하게 된다.

앞에서 서술했듯이, 언뜻 부자연스럽다고도 생각되는 '한결같이 계속 움직이는 것'이야말로 운동에 관한 물체의 본성이라는 점을 간파한 결과, 운동에 있어서 힘의 역할이 분명해져 지상에서의 운동도, 천상계의 운동도 공통으로 설명할 수 있는 운동법칙이 확립하게 되었던 것인데, 이것은 다시 뒤에서 다루기로 하겠다 (Ⅱ―5 참조).

'노 젓기를 그만둔 배는 곧 정지하고, 마차를 일정한 속도로 달리게 하기 위해서는 끊임없이 말을 잡아 당기고 있는 것이 필요'하다고 하는 사실에서 출발한 아리스토텔레스의 설명은, 실은 우리들이 사는 지상에서는 공기나 물로부터 저항력이나 접촉하고 있는 지면이나, 바닥으로부터의 마찰력 영향을 끊임없이 받고 있음을 간과하고 있었던 것이다. 조금 돌려서 말하자면, 정지하고 있었던 마차가 일정한 속력에 이를 때까지의 비교적 짧은 시간을 제외하면, 그 이후 일정한 속도로 마차를 달리게 하고 있는 것은 말에게 가하고 있는 힘이 아니라, 마차 그 자체의 관성(慣性)이라고 말할 수 있다. 말의 힘의 역할은, 마차에 가하는 여러 가지 저항력을 제거해서 마차가 본래의 관성대로 한결같이 계속 움직이게 하는데 있다고 말해도 좋다.

그 한편으로 현대의 기술을 배경으로 한 아이디어맨들은 공기압이나 자기적 반발력으로 운동체를 들어올려, 접촉면에서의 마찰력을 거의 0으로 하는 것을 가능케 하고 있다.

〈기민도 테스트〉

낙하운동을 이용한 기민성 테스트를 해 보자. 그림1—15와 같이 엄지 손가락과 검지 손가락 사이에 3cm 정도의 간격을 만들어, 이 간격 중간에 자를 놓고, 손가락 위의 가장자리에 해당하는 자의 눈금을 읽어 둔다. '1, 2, 3'하는 기합으로 자를 놓고, 이것을 재빨리 엄지손가락과 검지손가락으로 끼워 멈춘다. 이 때의 손가락 위치의 눈금을 읽으면 몇 센티 떨어진 곳에서 정지했는지를 알 수 있다는데, 이 값은 어느 정도의 시간 후에 정지했는지를 구하는 단서가 될 것이다. 실제로 해보고, 각자의 반응시간을 비교

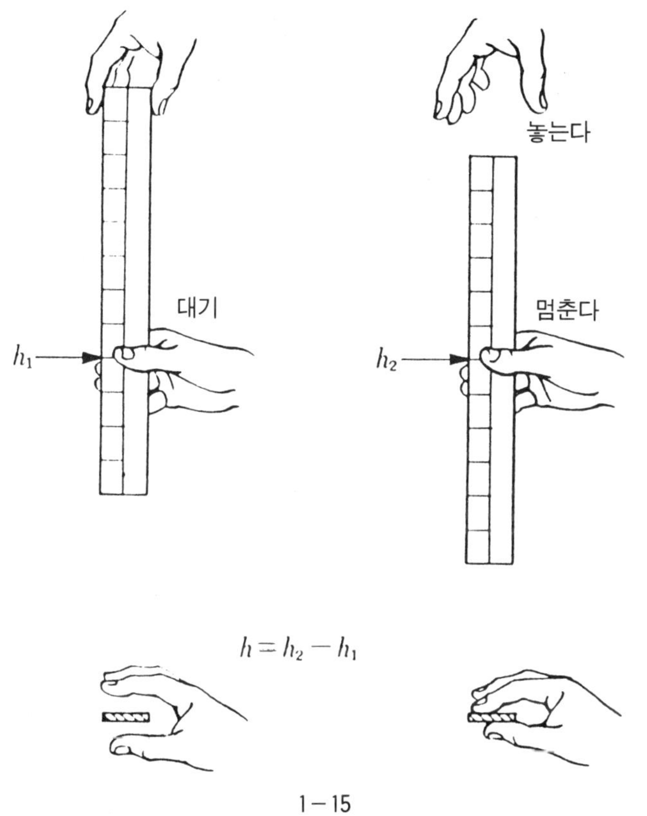

해 보면 좋다.

이 정도 짧은 거리의 낙하에서는 공기저항의 영향도 무시할 수 있기 때문에, t초간의 낙하거리 $h$cm는,

$$h = \frac{1}{2} \times 980 \times t^2$$

으로 구할 수 있다.

인간 신체의 어느 부분도, 눈이나 귀 등으로 얻은 정보(예를

들면 자가 떨어지기 시작했다)가 뇌로 전달되어, 뇌에서 '그것을 멈춰라'하는 지령이 손가락에 전달되기까지 신경 속을 신호가 왕복하기 때문에, 일정한 시간은 꼭 필요하게 되어, 자도 순간적으로는 멈출 수 없다.

〈답〉

사람에 따라서 차이는 있겠지만, 3~4㎝ 떨어진 곳에서 멈출 수 있다. 이것은 약 0.1초 정도의 시간에 해당한다.

Ⅰ—7. 힘과 가속도

　어느 곳으로부터도 '힘'에 의해 강제당하는 일 없이, '관성'만을 따라서 운동하면 등속도 운동이 된다는 것을 알았다. 이와 같은 물체에 '일정 방향과 크기의 힘'이 가해지면 '속도의 변화가 강제받아' 앞에서 연구한 등가속도 운동이 된다(Ⅰ—5 참조). 이 때의 힘과 가속도의 관계는 뉴우톤의 운동 제2법칙으로써 서술되고 있다.　57페이지의 사진은 4장 모두, 그림1—16과 같은 역학 마차에 잡아 늘린 고무줄로 힘을 가해 가속한 경우의 마르티스트로보에 의한 다중사진이다. a, b, c, d 순으로 당기고 있는 고무줄의 갯수를 늘려서 당기는 힘을 크게 하고 있다. 운동의 상태가 확실해지도록 화면에는 수레에 부착된 표적부분만을 표시하고 있다. 마르티스트로보의 발광 간격은 모두 1 / 25초이다.

　화면상의 표적 간격으로 속도가 차츰 증가하고 있음을 알 수 있지만, 동시에 눈금이 찍혀 있는 자를 이용해서 속력을 읽고, 그래프로 나타내 보면 그림 1—17과 같이 된다. 이 그래프가 원점을 통과하는 직선이라는 점이, 마차의 운동은 등가속도 직선운동임을 나타내고 있다. 직선의 기울기는 가속도에 해당하는데, 그 값은 그림 중에 a_1, a_2, a_3, a_4로써 표시되어 있다. 그림 1—18은 이렇게 해서 구한 가속도와 힘과의 관계를 나타낸 것인데 이 그래프로 인해 가속도는 힘에 비례하고 있음을 알았다.

　이것은 뉴우톤에 의해서 그의 저서 「프링키피아」(초판 1687

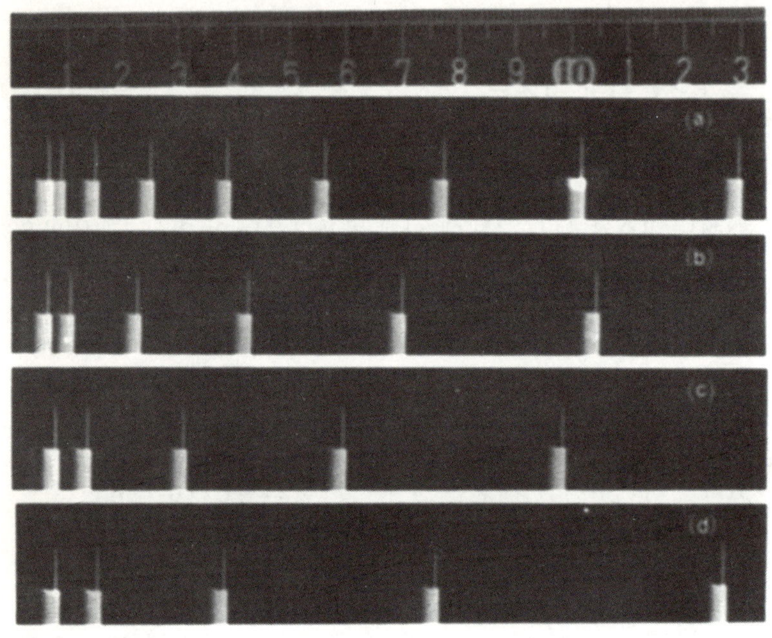

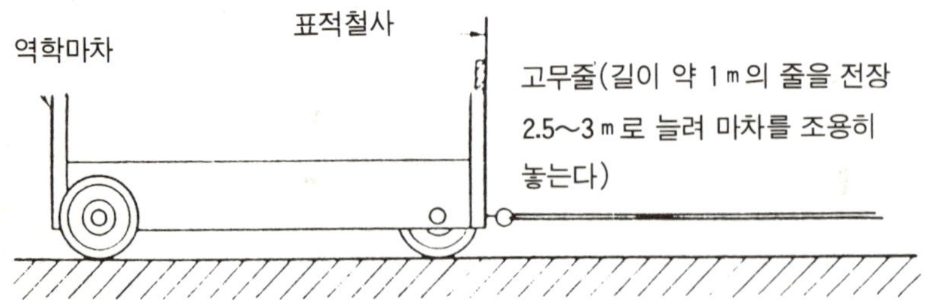

1 — 16

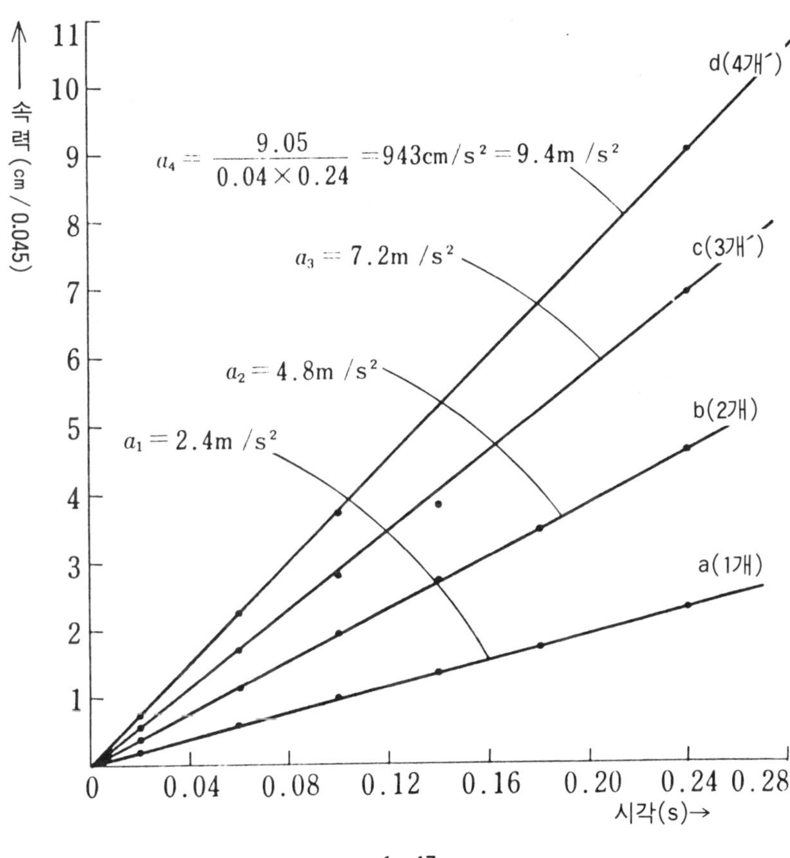

1−17

년)에 법칙으로써 받아들여져, 그 후 정리되어 현재는 뉴우톤의 운동 제2법칙으로 불려, '외력(外力)을 받은 물체는 힘의 방향을 향해, 힘의 크기에 비례하는 가속도를 발생시킨다'고 서술되고 있다.

57페이지 사진에서는, 물체의 속도 방향과 가해진 힘의 방향은

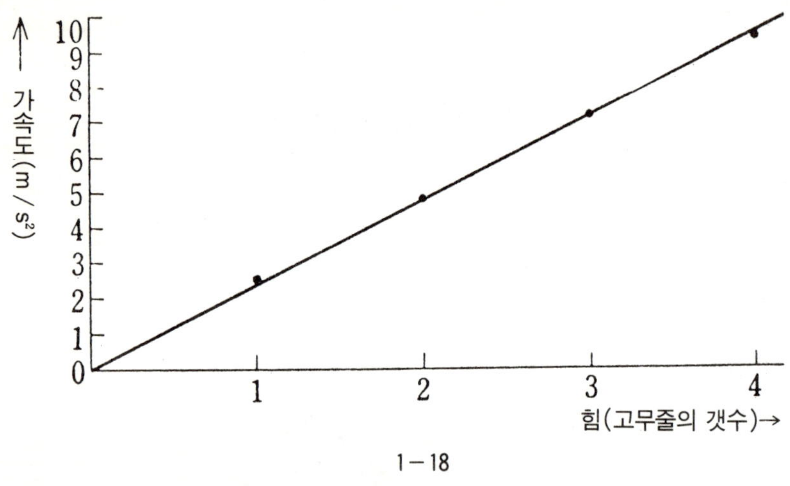

1-18

일치하고 있기 때문에 속력이 차차 증가하고, 더구나 운동방향은 변하지 않는 운동이 계속된다. 그러나 I—6의 사진b의 예에서 보면, 작용하고 있는 외력은 마찰력뿐으로, 이것은 속도와 항상 역방향으로 발생하기 때문에 그것으로 인한 가속도는 속도와는 역방향, 즉 감속 가속도로써 나타난 것이다. 그럼 힘이 현재의 속도와는 전혀 다른 방향으로 작용했다면(예를 들어, 속도와 직각 방향으로)어떻게 되었을까. 그 경우는 앞에 서술한(I—4 참조) 속도의 방향이 변하는 가속도가 발생하게 되겠지만, 그것은 다시 II—4에서 다루기로 하겠다.

Ⅰ—8. 관성과 질량
—교통표어 '……. 차는 급하게 멈출 수 없다!'의 물리학적 의미 —

정지하고 있는 물체를 가속하는 것, 또는 운동 중인 물체를 감속시키는 것은, 모두 일정한 운동상태를 유지하려고 하는 물체에게 변화를 강제하게 되어 힘을 필요로 한다.

전항에서 확인했듯이, 그 힘의 방향이 가속되면 운동시키는 방향으로, 감속되면 현재의 속도와는 역방향으로 되고, 또 가속도를 크게, 즉 속도가 변화하는 비율을 크게 하려고 하면 그 만큼 큰 힘을 필요로 한다.

그럼 같은 힘을 가했을 때에 그 힘의 효력은 항상 똑같이 나타날까. 다음 페이지의 사진은 가속의 경우에 대해서 그 차이를 나타낸 것으로, 장치는 전항에서 사용한 것과 완전히 똑같고, 가속하는 힘은 고무줄 4개로 가하고 있다.

사진 a, b, c, d순으로 가속도가 커지고 있음을 알 수 있는데, 이것은 d의 경우 수레 그 자체를 끌고 있는데 반해서, c, b, a의 경우는 수레의 질량(약 1kg)과 같은 모래 주머니를 각각 1개, 2개 및 3개 얹어, 전체의 질량을 a의 경우 2배, 3배, 4배로 했기 때문이다.

더구나 화면에서 읽은 값을 기초로 해서 만든 속력~시간 그래프의 기울기로부터 각각의 경우의 가속도를 구하면, 그림1—19 중에 나타난 a_1, a_2, a_3, a_4와 같이 된다.

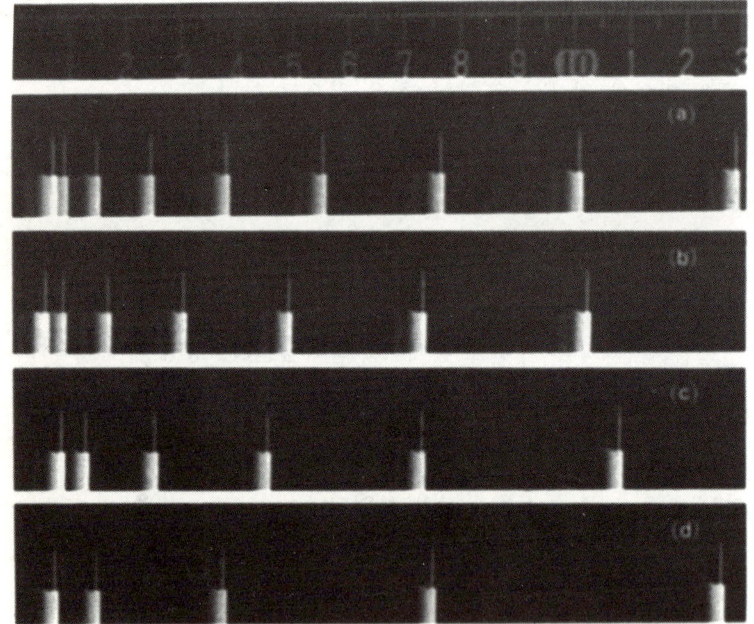

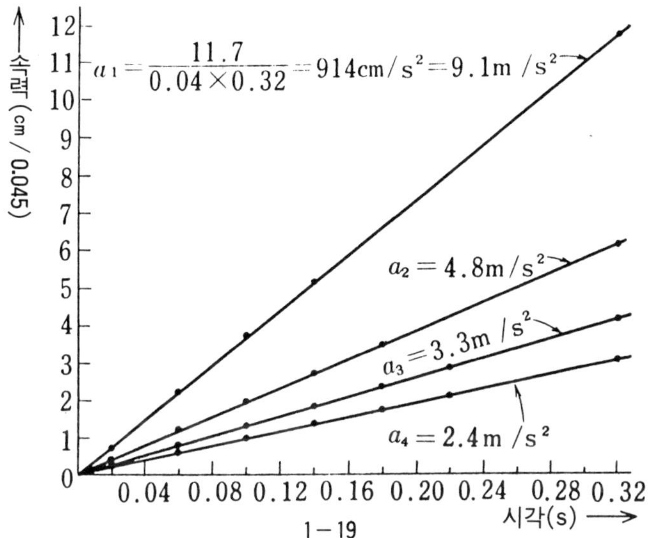

　그림1──20은 가속도와 질량의 역수(逆數)와의 관계를 그래프로 그린 것인데, 이것이 원점을 통과하는 직선이 되는 것으로 보아 가속도는 질량에 반비례함을 알 수 있다.

　이 관계는 전항에서 다룬 운동 제2법칙의 전반 '외력을 받은 물체는 힘의 방향으로 향하고, 힘의 크기에 비례하며'에 이어서, '그 물체의 질량에 반비례한 크기의 가속도를 낳는다'고 서술되어 있다. 힘을 f, 가속도를 a , 질량을 m으로 해서 단위를 적당히 선택하면,

$$ma = f$$

라고 하는 식으로도 표시된다.

　이 식(式)은 운동을 생각하는 기본식으로, 운동방정식이라고

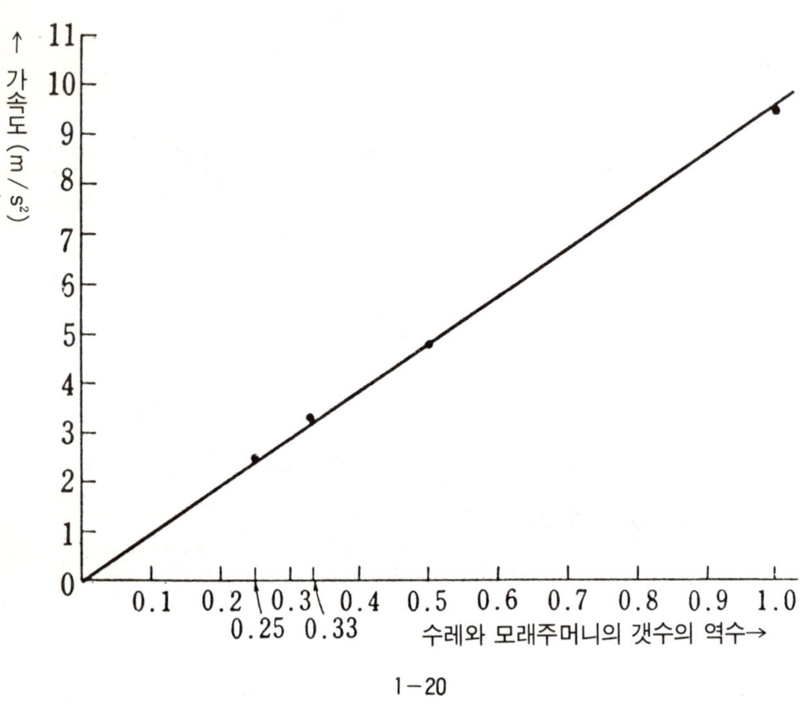

1-20

불리며, 본서 중에서도 여러 가지 운동의 해석에 종종 얼굴을 내밀게 될 것이다.

그런데 이런 식(式)을 구사하는 것은 또한 일로써, 여기에서는 새롭게 화제가 된 질량과 가속도의 관계에 대해서 조금 더 깊이 파고 들어 생각해 보겠다. 마르티스트로보에 의한 다중사진의 해석에서도 분명해 졌듯이, 같은 힘을 받으면서 가속도가 작은, 즉 운동의 상태를 바꾸려고 하지 않는 성질을 우리들은 '관성' 이라 부르기로 하고 있기 때문에, 이것은 '질량의 크기'가 관성을 측정하는 척도가 되는 것을 의미한다.

일상적인 경험으로부터도, 질량이 큰 것을 움직이게 하기 시작하는 것도 큰 일이지만, 한 번 움직이기 시작해 버린 후 정지시키려고 하면 이것도 역시 힘든 일이다. 자동차를 운전한 경험이 있는 사람은 혼자서 운전하고 있을 때와 비교해서, 손님이나 짐을 싣고 있으면 브레이크가 잘 말을 듣지 않게 되어, 소위 제동거리가 길어진다고 하는 경험이 틀림없이 있을 것이다. 이것은 브레이크를 밟음으로써 차에 가하는 제동력은 같아도 질량이 큰 경우는 감속의 가속도가 작다고 하는 사실 때문이다.

보통 승용차가 시속 40km로 주행 중에 급 브레이크를 밟고부터 정지할 때까지 약 10 m, 마찬가지로 60km에서는 20 m 달린다고 되어 있다. 그 외에 브레이크를 밟을 필요를 느끼고부터 실제로 브레이크를 밟을 때까지의 공백기간 내에 차가 달리고 있기 때문에 정지까지의 거리는 다시 10 m 정도로 늘어난다. 브레이크를 세게 밟아서 좀 더 단시간 내에 정지하는 것은 오히려 다른 문제를 발생시키고, 짐이 많다거나 노면의 마찰이 적다거나 하면 정지거리는 좀 더 늘어난다. '차는 급하게 정지할 수 없다'고 하는 것은 자연의 법칙인 것이다.

〈무거운 물체일수록 빨리 떨어질까〉

갈릴레오는 아리스토텔레스학파가 주장하는 '(같은 매체, 예를 들면 공기 중에서는) 물체는 그 무게에 비례한 속력으로 운동한다'고 하는 주장을 논파하고, 무게에 관계없이 같은 속력으로 운동한다고 하는 자설의 정당성을 설명하려고, 그의 저서 「신과학 대화」 중에서 다음과 같은 논법을 전개하고 있다.

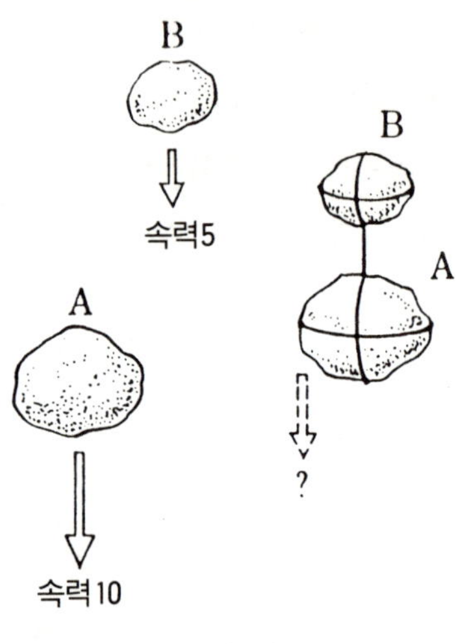

1−21

'예를 들면, 당신이 말한 것 같이, 큰 돌A가 10의 속력, 작은 돌B가 5의 속력으로 낙하한다고 하자. 그럼 이 2개의 돌을 실로 연결해서 좀 더 큰 한 개의 돌로 만들어 낙하시킨다면 어떻게 될까. 당신의 생각에 따르면…….'

그리고 이 다음의 의논을 당신 자신의 생각으로 계속해 보라.

〈답〉

물론 이와 같은 문제의 답은 여러 가지 표현이 가능하고 어느 것이 정답이다라고 할 수는 없지만, 「신과학 대화」중에서 갈릴레오가 그의 대변자로서 설정한 사루비아치의 입을 빌려서 전개한 논지는 다음과 같은 것이다.

'2개의 돌이 서로 연결되면 그것은 이전에 10의 속력으로 떨어지는 돌A보다도 좀 더 크기 때문에 10이상의 속력으로 움직이지 않으면 안된다. 그러나 그 일부인 가벼운 쪽의 돌B는 본래 5의 속력으로밖에 움직일 수 없기 때문에 다른 부분A가 10의 속력으로 움직이려고 하는 것을 제지하기는 해도, 이것을 10의 속력보다 좀 더 빠르게 움직이도록 작용하는 일은 있을 수 없다. 이와 같은 모순이 발생하는 이유는 무거운 물체일수록 빨리 움직인다고 하는 전제 그 자체에 있다고 말하지 않을 수 없다.'

이러한 논리를 근거로 하면서, 낙하운동에는 물체의 크기가 관계하지 않는다는 증명을 실험적으로도 시도해 보았는데(Ⅰ—5 등 참조), 그 예측의 정당함은 크게 평가해야만 한다.

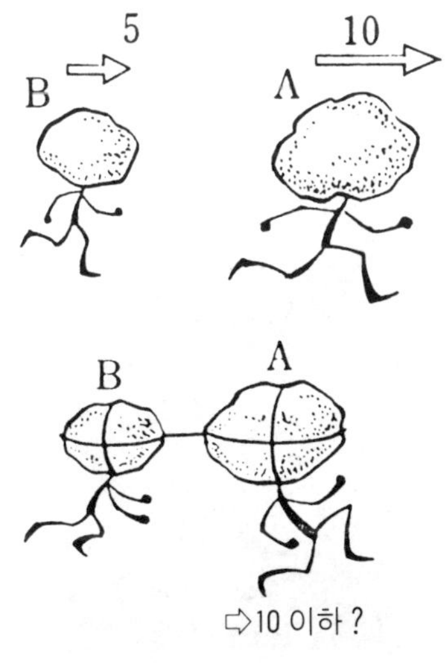

1—22

〈낙하〉

중심부를 도려내어 가능한 한 가볍게 만든 발포 플라스틱 공

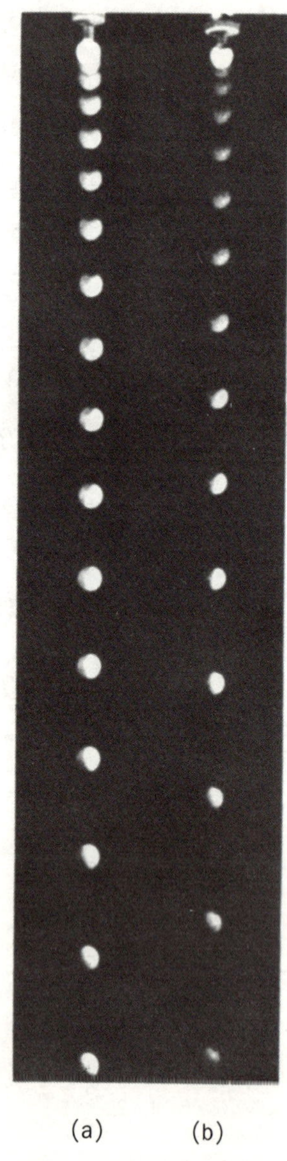

(a)   (b)

중심부를 도려내어 가능한 한 가볍게 만든 발포 플라스틱 공

(a)보다도, 확실히 같은 크기의 무거운 철구(b)쪽이 빨리 낙하해 간다. 그러나 현대의 우리들은 갈릴레오나 뉴우톤의 설을 버리고, 아리스토텔레스의 설을 채용하지는 않는다. (a)의 경우는, 공기로부터의 저항력 영향이 중력에 비해서 무시할 수 없게 된 경우로써 취급하는데, 뉴우톤의 운동법칙으로부터 당연히 도출된 결과이기 때문이다.

이와 같이 저항력의 영향이 큰 경우에는 1 m나 낙하하면, 그 다음은 등속도가 되는 것도 이 사진으로 알 수 있다 (Ⅱ—7 참조).

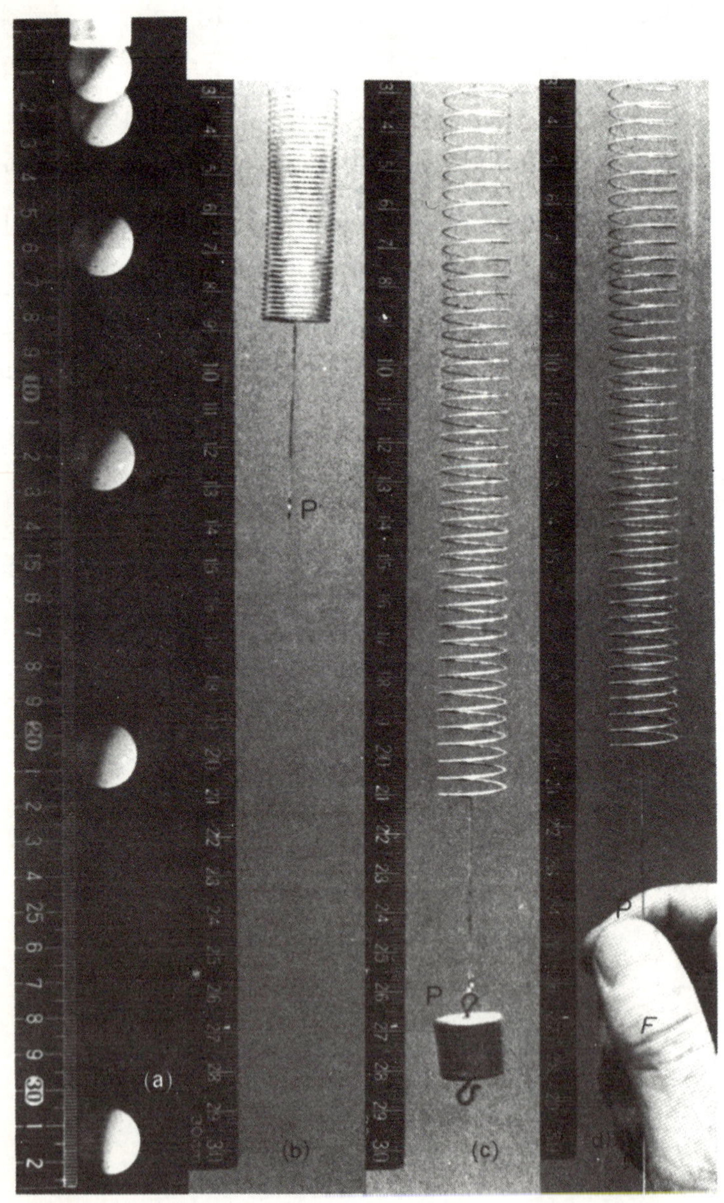
P
P
P
F
(a)
(b)
(c)
(d)

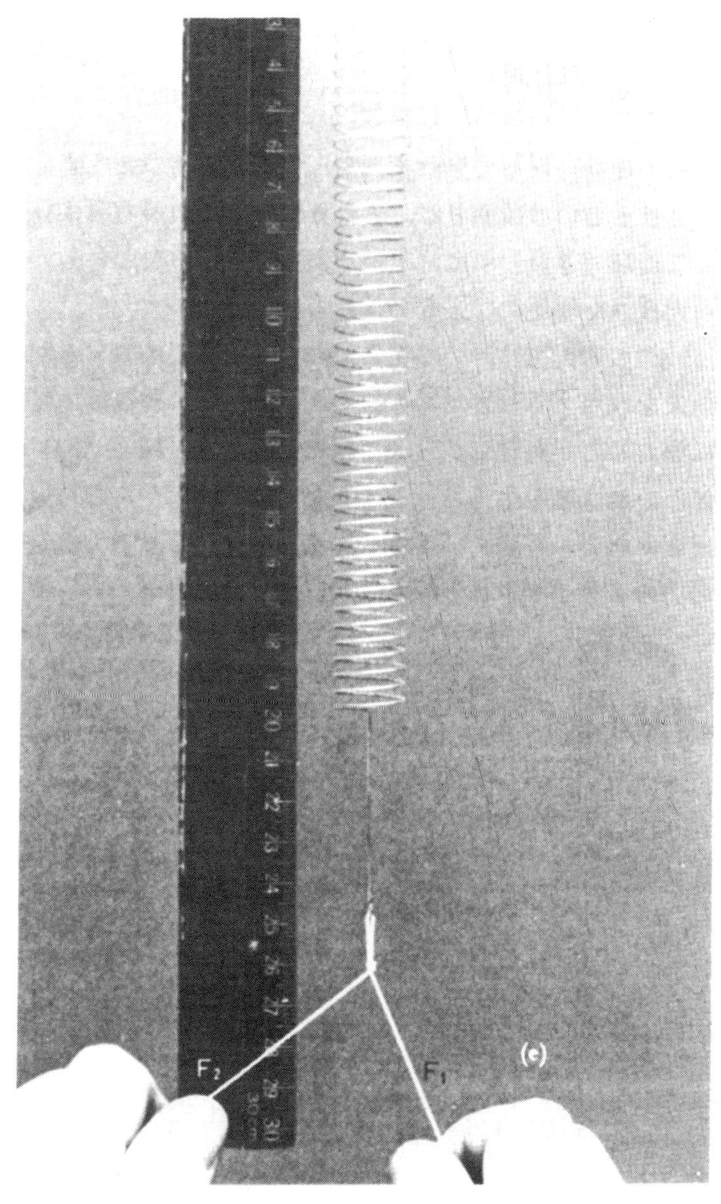
F₂
F₁
(c)

Ⅰ—9. 힘을 측정한다

힘이 운동에 대해서 완수하는 역할, 즉 운동의 상태를 변화시킨다고 하는 역할은 지금까지의 몇 가지 항목을 통해서 이해해 왔다. 그럼 그 '힘' 그 자체를 포착해서 이 크기를 측정하기 위해서는 어떻게 하면 좋을까.

한 가지 방법은 지금 명백해진 운동에 대한 힘의 효과를 이용하

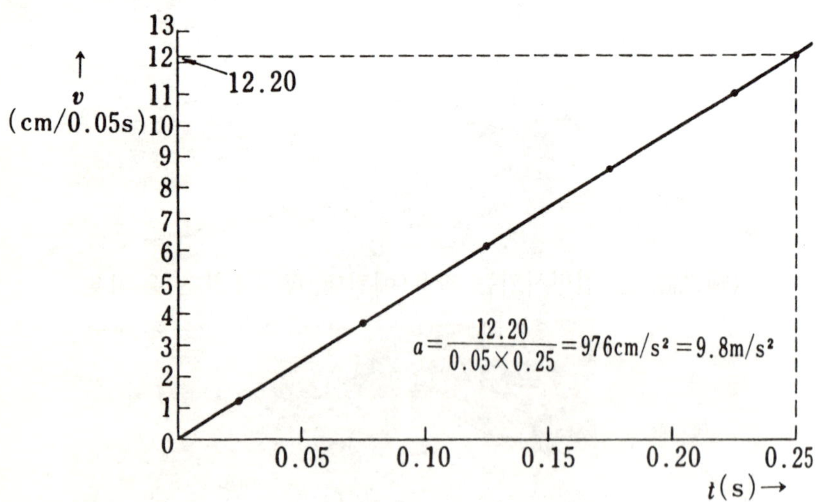

70페이지의 사진 a를 이용해서 만든 속도 v와 시각 t의 관계를 나타내는 v—t 그래프(이 기울기로부터 가속도 a를 구하면 a=9.8 m / s²)

는 것이다. 즉 물체의 가속도는 직접 측정할 수 있기 때문에, 이것을 이용해서 같은 물체에 같은 가속도를 발생시키는 힘은 확실히 같은 힘이라고 생각하고 있다. 마찬가지로 2배의 가속도를 발생시키는 힘은 원래의 힘의 2배 크기라고 하는 것 같이 임의의 크기의 힘도 측정할 수 있을 것이다. 또한 힘의 크기의 표준도, '1kg의 물체에 $1\,m/s^2$의 가속도를 발생시키는 것과 같은 힘의 크기'로써 정할 수 있고, 그 힘의 크기를 1뉴우톤(기호N)으로 부르기로 한다. 사진a의 낙하운동의 가속도는 $9.8\,m/s^2$로 구할 수 있기 때문에, 이 질량 0.02kg의 물체에 가속도를 주고 있는 힘의 크기는 $0.02 \times 9.8 = 0.196N$이 된다.

이와 같이 운동을 통해서 힘의 크기를 결정한 것은 17세기말 뉴우톤의 업적으로 인해서 비로소 가능해 졌지만(구체적으로 힘의 단위까지도 결정된 것은 다시 200년 정도 후의 일), 원래 힘의 크기는 인간 근육의 긴장감으로 하는 반정량적(反定量的)인 척도로 측정되고 있었던 것이다. 이 사고방식을 좀 더 물리학적으로 정밀화하기 위해서는 힘이 가진 다른 효과, 예를 들면 탄성체(彈性體)를 변형시키는 작용(예컨대, Ⅳ—1참조)을 이용할 수 있다. 이것은 뉴우톤과 동시대의 영국 학자 피크가 발견한, 변형의 크기는 힘의 크기에 비례한다고 하는 실험법칙(단, 변형의 정도를 일정한 정도 이하로 억제했을 경우에 대해서)을 근거로 한다.——너무 크고 지나치게 변형시키면 힘을 제거한 후에도 변형이 남아, 그 이후의 변형에도 영향을 미치고 만다. 그러나 소위 비례 한계를 넘지 않으면 힘의 크기와 변형의 크기는 항상 비례하고, 또 탄성 변형의 범위내라면 비례성은 무너져도 일정한 변형과 일정한 크기의 힘과는 대응한다. 이 사실은 1—7이나 1—8에서의 사진과 같이 고무줄을 사용해서 일정한 크기의 힘으로 물체를 가속할 때에도 이용되었다.

이 사실과 물체의 무게 즉, 물체가 지구에 의해 지구 중심을 향해 끌어 당겨지는 힘의 크기는 질량에 비례한다고 하는 사실과를 짜 맞추면, 힘이 크기의 단위를 결정하는 다른 사고방식과도 연결되어 간다. 예를 들면, 어떤 용수철에 1kg의 추를 매달았을 때의 늘어남을 기록해 두고, 같은 용수철을 이번에는 손으로 잡아 당겨서 똑같이 늘리면, 이 때 손이 가한 힘은 1kg의 추가 지구로부터 당겨지고 있는 힘과 같은 크기임을 알 수 있다. 그래서 이 크기를 1kgW(킬로그램 웨이트 또는 킬로그램 중)로 정한다(사진

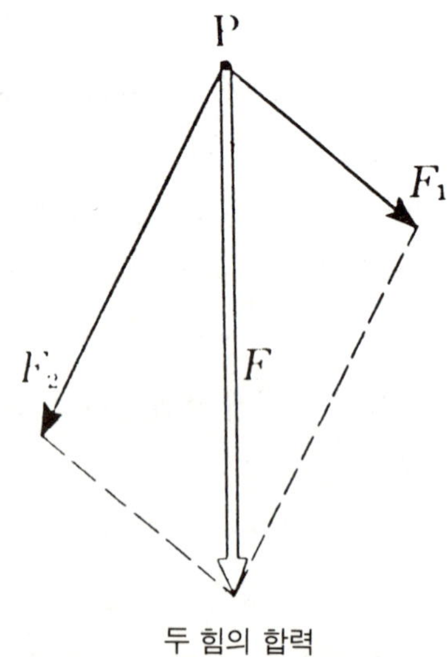

두 힘의 합력

1—24

d). 1kgW의 힘은 약 9.8N의 힘에 해당한다.

이렇게 해서 힘을 양적으로 파악하는 수단이 발견되면 이번엔, 이것을 이용해서 힘의 특징을 더욱 분명하게 할 수도 있다. 예를 들면, 사진 d와 같이 아래 방향으로 잡아 당겨 일정한 늘어남이 생기는 것을 확인한 용수철을 사진 e와 같이 두 방향에서 잡아 당겨도 완전히 똑같은 늘어남을 발생시킬 수 있다는 것이다. 이

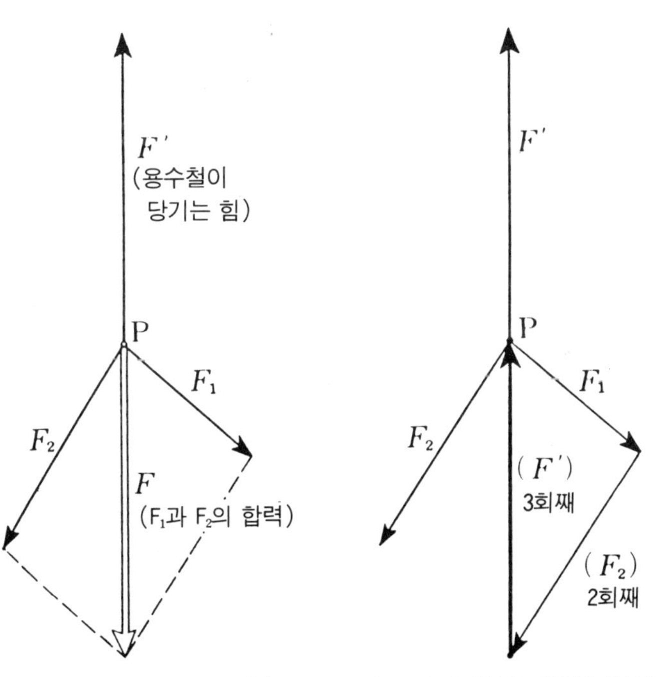

(a) F₁ F₂의 합력은 F는 F′와 크기가 같고 반대방향.

(b) 힘의 다양형을 만들면 화살표가 원상태로 되돌아간다.(이것을 힘을 다각형이 닫혔다고 한다)

결과로부터, e의 경우의 2개의 힘 F_1, F_2의 효과는 d의 경우의 힘 F와 완전히 똑같다고 말할 수 있다.

이와 같은 관계에 있을 때 '1점에 작용하는 두 힘 F_1, F_2의 합력은 F다'라고 한다. 이 경우에 힘 F_1, F_2를 나타내는 화살표를 2개변으로 하는 평행사변형의 대각선 길이가 합력 F의 화살표 길이에 해당한다(그림 1—24). 이 사고방식은 1점에 2개 이상의 힘이 작용하고 있는 경우에도 그 전체적인 효과를 나타내는 한 개의 힘(합력)을 구하는 방법으로써 응용할 수 있다. 이 조작을 반대로 생각하면, 실제로는 1개의 힘을 그것과 같은 효과를 나타내는 몇 가지의 분력(分力)으로 나누는 일도 가능하다. 이 사고방식의 이용례(利用例)는 나중에 보이기로 하겠다.

합력을 생각했을 경우에, 그것이 0이 되는 경우도 있다. 예를 들면 사진 e에서는 아래로부터 가해진 두 힘 외에 용수철이 원상태로 되돌아가기 위해 실의 이음새를 윗쪽으로 당기는 힘도 첨가되고 있지만, 이 세 힘의 합력은 0이 된다. 이 때 이들의 힘은 균형 상태, 혹은 이들 힘을 받고 있는 점은 균형 상태에 있다고 한다(그림 1—25). 지금까지도, '외부로부터 힘이 작용하고 있지 않다'고 하는 경우는 이와 같은 의미로 '외력 효과가 0'인 경우에 대해서 생각하고 있었던 것이다.

〈힘과 능력〉

이 책 속에서 빈번하게 나오는 힘이라고 하는 문자는 일상적으로 자주 사용된다. 그러나 그것은 물리학의 대상이 되는 자연현상으로써의 힘(force)의 의미로 사용되고 있을 때보다도, 인간의 정신활동면에서의 재능, 능력(ability, power)의 의미로, 암기력, 사고력, 정치력 등과 같이 사용되고 있는 편이 많다. 그런 사용법과도 관련될까. 물리 용어 중에서도 물리적인 일을 하는 능력에 관계해서 일율, 에너지를 표현하는 말에도 이와 같은 힘이라고 하는 문자가 사용된다. 단, 이 경우는 반드시 힘과 능력이라고 하는 읽기를 부여하고는 있지만, 전기가 하는 일의 능률을 측정하는 전력(電力), 원자핵에서 뽑아낸 에너지를 의미하는 원자력 등이 그 사용례이다.

이것은 아무래도 우리 말로 번역했을 때의 문제 뿐만이 아니라, 영어에서도 일상용어로써는 force와 power는 같은 의미로 사용되는 경우도 있는 것 같다. 그러나 물리학의 용어에서는 같은 문자가 다른 개념(단, 힘, 일, 일률, 에너지 간에는 뒤에서 다루는 것과 같이 서로 관련은 있겠지만)으로 이용되고 있는 것은, 특히 초보 학습단계에서는 올바른 이해의 방해가 되는 경우가 많다. 다만, 100년도 채 안 되어서 언어에 대해서 이루어진 습관을 바꾸는 일은 어렵다. 서로 표면적인 것으로 혼란되지 않게, 우선 사실에 근거해서 일의 본질을 바르게 파악해 두는데 노력하도록 하자.

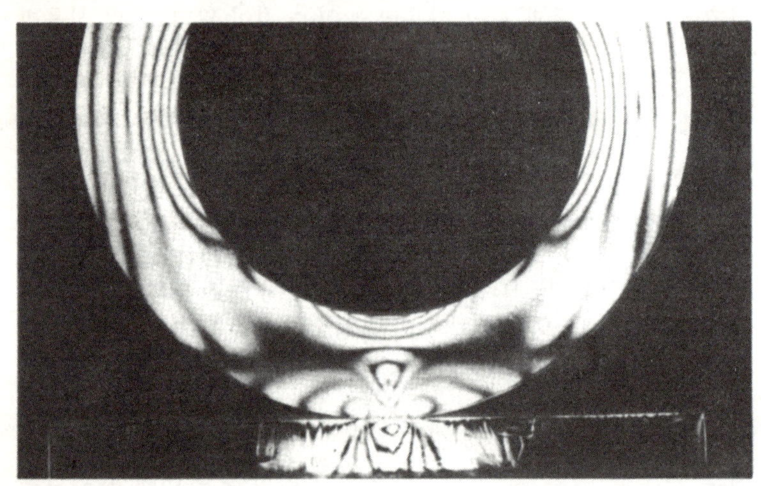

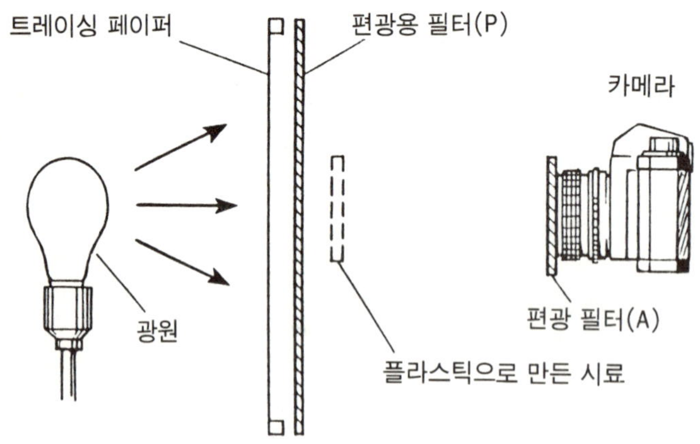

1-26

I −10. 작용이 있으면 반작용도 있다

우리들이 다른 물체를 밀거나 당기거나 할 때는, 그 나름의 '반응'을 느낀다. 따라서 예외적인 경우는 '힘을 작용해도 아무런 반응이 없다'고 하는 비유에도 사용되는 경우가 있다.

이 '반응'이라고 하는 느낌을 물리학적으로 설명하자면, 힘을 가한 상태로부터 반대로 이쪽도 힘을 받고 있다고 하는 것이다. 인간의 경우는 근육의 긴장감 등으로부터 자신이 상대에게 힘을 가하고 있다는 사실을 감각적으로는 알지만, 자신이 직접 느끼는 것은 상대로부터 받고 있는 힘으로 알 수 있는 것이다.

이와 같은 관계가 단순히 '느낌'뿐만의 문제가 아니라는 것을 객관적으로 보여주는 것이 왼쪽 페이지의 사진이다. 플라스틱의 가늘고 긴 판자를 원상태의 판자로 민다. 플라스틱은 보통 상태에서는 완전히 균일한 성질을 가지고 있지만, 힘이 가해져 분자의 배열이 비뚤어지면 편광을 통과시킬 때의 성질에도 차이가 생겨, 그 차이가 그림 1 —26과 같은 방법으로 볼 때, 판자 속에 명암의 줄무늬로써 인식된다(사진으로 촬영하지 않아도 편광 필터 A의 뒷쪽에 눈을 두면 마찬가지로 줄무늬가 보인다. 265 페이지의 그림 참조).

 *편광(偏光) ; 빛은 라디오나 텔레비젼용의 전파와 같은 전자기적 (電磁氣的)인 파동으로, 어느 평면내에서 진동이 발생하고 있는지가 정해져 있다. 그러나 태양이나 전등 등으로부터 나오는 빛은 각각

독자적 평면 내에서 진동하는 빛의 파동이 무수하게, 더구나 서로 관련없이 한데 모여들고 있다. 이와 같은 자연광(自然光)도 편광판 (偏光板；그림 1 —26의 P)을 통과하면 편광판의 방향에 대해 정해진 특정의 평면 내에서 진동하는 빛의 파동만으로 정리되어 버린다. 이와 같은 상태의 빛을 편광(偏光)이라고 한다.

그런데 지금 중요한 것은, 빛의 줄무늬가 떠밀린 판자쪽 뿐만이 아니라 밀고 있는 원에서도 보이고 있다는 점이다. 즉, 상대를 밀면 동시에 상대로부터 되밀리고 있다는 증거가 거기에서 보여진다. 뉴우톤의 운동 제3법칙은, 이 문제를 받아들여 '물체 A가 물체 B에게 힘을 가하고 있을 경우는, B도 A에게 대해서 같은

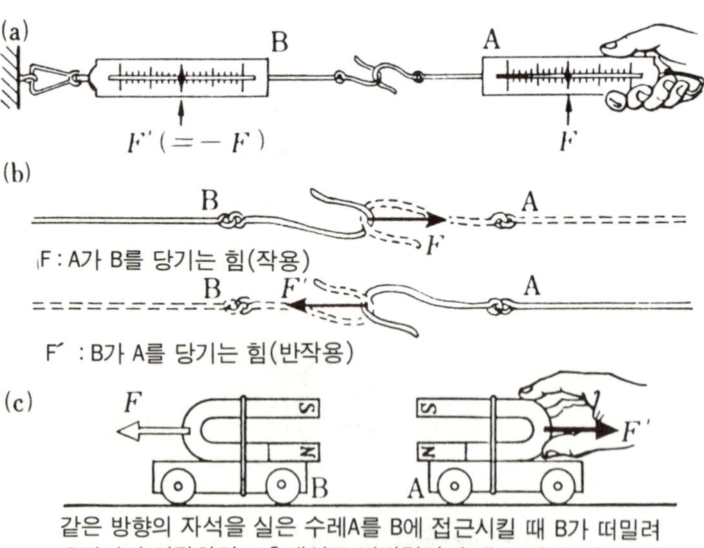

같은 방향의 자석을 실은 수레A를 B에 접근시킬 때 B가 떠밀려 움직이기 시작하면, A측에서도 반발력이 손에 느껴진다.

1-27

크기로 역방향의 힘을 반작용으로써 미친다'(작용·반작용의 법칙)라고 하는 의미의 말을 서술하고 있다.

  앞 페이지의 사진으로부터는 서로 힘을 미치고 있음을 확실히 알겠지만, 그 힘의 크기까지 읽는데는 번거로운 계산이 필요하게 된다. 그 경우는 오히려, 용수철 저울끼리 서로 당기면, 작용과 반작용의 크기가 같다는 사실도 직접 증명할 수 있다(그림 1—27).

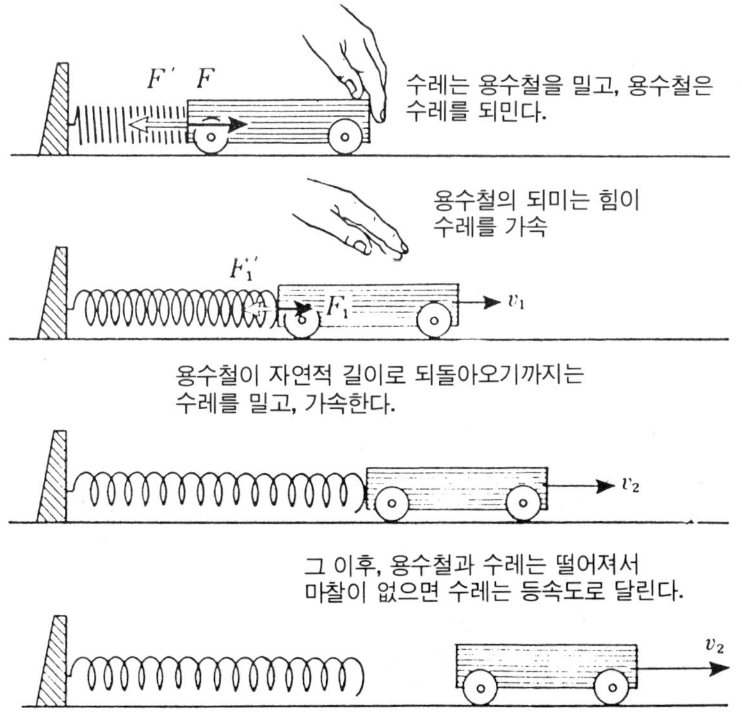

1-28

　작용이 있으면　그 반작용이 보인다고 하는 것은 힘이 가진 하나의 특성이다. 그 관계는 힘을 가하는 물체와 힘을 받는 물체가 직접 접하고 있는 경우는 물론이고, 자력이나 전기력, 혹은 뒤에서 다룰 만유인력(1 —5 참조)과 같이 서로 떨어져서 힘을 미치고 있는 경우에도 인정된다(그림 1 —27C). 또한 양자가 정지해 있으나 움직이고 있으나 작용 반작용의 법칙은 성립하게 되는 것이다.

　이 인지의 해석을 조금 더 넓히면, 2개(혹은 2개 이상)의 물체 사이에 역학적인 연결이 있는가 없는가는 서로 작용 반작용을 미치고 있는지 어떤지로 판단할 수 있게 된다. 예를 들면 한 쪽

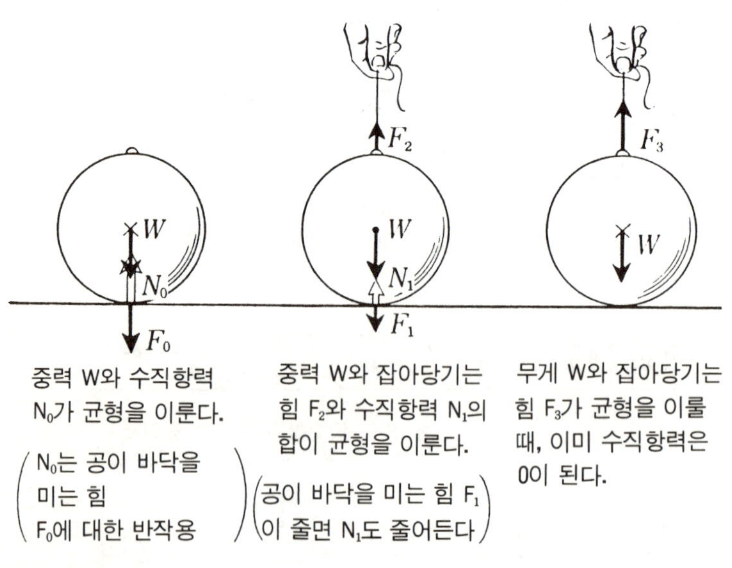

중력 W와 수직항력 N_0가 균형을 이룬다.

$\left(\begin{array}{l}N_0\text{는 공이 바닥을} \\ \text{미는 힘} \\ F_0\text{에 대한 반작용}\end{array}\right)$

중력 W와 잡아당기는 힘 F_2와 수직항력 N_1의 합이 균형을 이룬다.

$\left(\begin{array}{l}\text{공이 바닥을 미는 힘 }F_1 \\ \text{이 줄면 }N_1\text{도 줄어든다}\end{array}\right)$

무게 W와 잡아당기는 힘 F_3가 균형을 이룰 때, 이미 수직항력은 0이 된다.

1 — 29

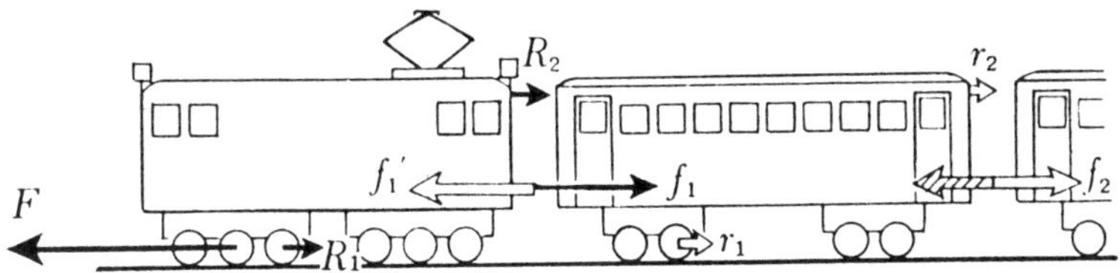

기관차의 운동은 모피로부터 가해지
는 견인력 F, 마찰력 R₁이나 저항력R₂
및 연결기를 통해서 객차가 기관차를
되끌어오려고 하는 힘 f₁전부의 합력
이 어느쪽 방향으로 어떤 크기인가로
정해진다.

1. 객차의 운동은, 기관차로부터 당겨
지는 힘 f₁′, 마찰력 r₁이나 저항력
r₂ 및 2칸째 객차로부터 받는 힘 f₂
전부의 합력으로 결정된다.
[f₁과 f₁′는 작용, 반작용의 관계가
있고, 크기는 같고 반대방향]

1-30

끝을 벽에 고정하고, 수평으로 용수철이 늘어나면서 수레를 되밀
고 가속해 간다(그림 1—28). 그러니 이느 곳부터는 수레쪽이
빨라져서 용수철과 떨어져 독주 태세로 들어간다. 이 양자가 떨어
지는 위치는 용수철이 자연적인 길이로 되돌아갔을 때이다. 왜냐
하면, 이 때 용수철은 외부로부터 힘을 받지 않고 있다는 것을
의미한다.

물체가 바닥에 접하고 있는 동안은 반드시 자신의 무게로 바닥
을 밀고, 그 결과 바닥과 수직으로 위쪽의 반작용을 받게 된다.
이 반작용을 특히 수직항력(垂直抗力)이라고 한다. 만일 끈으로
물체를 매달면 물체가 바닥을 미는 힘도, 수직항력도 함께 작아져
서, 그것이 0이 될 때 물체는 바닥을 떠나게 된다(그림 1—29).

마지막으로 한 마디 덧붙이자면, 힘의 이와 같은 특성을 생각할 때, '무엇이 무엇에 영향을 미치고 있는 힘(작용)인가'라고 하는 점을 끊임없이 분명히 해 두는 것이 중요하다. 운동에 대한 가속 효과를 생각할 때도 역시, 균형상태인지 어떤지를 생각할 때도 역시, 문제는 대상으로 하고 있는 물체에 외부로부터 가해진 힘(의력)이 어느쪽 방향으로, 어떤 크기인가 하는 점뿐이다. 당연히, 그 물체는 다른 물체에게 반작용의 힘을 미치고 있지만, 반작용의 힘까지 생각할 필요는 없다. 그것을 분명히 해 두지 않으면, '작용과 반작용은 균형을 이루기' 때문이라고 하는 오해가 생겨 아무리 강력한 기관차도 텅 빈 객차조차 끌 수 없다고 하는 모순을 발생시키게 된다(그림 1—30).

Ⅱ. 여러가지 운동

앞 장에서 운동의 기본적인 견해와 운동을 지배하는 기본법칙의 내용을 확인했다. 거기에서는 운동의 구체적 내용을 알기 위해서는 각 순간 순간의 가속도를 아는 것이 가장 기본적인 방법이라는 점, 또 그 가속도는 물체에 가하는 외력의 방향과 크기에 따라 결정된다는 점도 알았다.

그렇다면, 운동의 성격을 결정하는 것은 그 운동체에 작용하고 있는 힘이고, 원인이 되는 힘에 공통성이 보여진다면 그 결과 생기는 운동에도 공통점이 발견될 것이다. 예를 들면, 전연 힘이 작용하고 있지 않는 물체는 일정한 속도로 계속 움직이게 되지만, 그것을 실현시키기 위해서는 이 지상에서는 여러 가지 연구가 필요하게 된다. 실제는 어디로부터인시 힘이 작용하지만, 만일

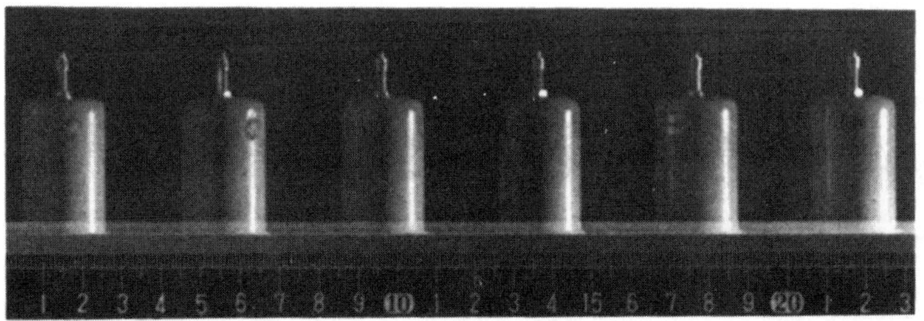

의도적으로 만들어 낸 외력이(무마찰, 중력의 영향도 없음)의 상태에서의 등속도 운동. 이 경우는, 공기 펌프에서 통 속으로 밀고 들어간 고압의 공기가, 저면의 작은 구멍으로부터 불기 시작해서, 물체를 떠오르게 하여, 마찰을 0으로 만들고 있다. 중력도 항력과 균형을 이루어 0이 된다.

그 힘이(방향도 크기도) 항상 일정하다면 가속도도 일정해져 운동의 궤도도 쉽게 구할 수 있다.

현실적으로 일정한 힘이 계속 작용한다는 것은 상당히 어려운 조건이지만, 힘이 변화했다고 해도 그다지 큰 폭이 아닌 경우, 혹은 비교적 짧은 시간내의 운동을 생각한다면, 힘을 일정하다고 간주해도 거의 정확하게 실제 운동에 가까운 결과를 예측, 혹은 재현할 수 있는 것이다.

이와 같이 다소 대충일지라도, 현상 중에서 중요한 줄기만을 확실하게 붙잡고 방향을 확인하며, 게다가 필요에 따라서 세부적인 조건도 가미해서 현실의 상태를 설명해 간다고 하는 방법은, 물리학 연구방법의 하나의 정석이기도 하다. 여기에서도 우선 일정한 힘이 작용할 경우에 대해서, 그 힘의 타입 분류에 근거해서 여러 가지 운동의 특징을 살펴보기로 하겠다.

또한 마찬가지로 근본을 파악한다고 하는 의미로 제1편에서도 특별하게는 미리 양해를 구하지 않았지만, 이 편에서도 운동하고 있는 물체의 크기는, 적어도 운동이라고 하는 측면으로는 생각하지 않는다. 즉, 크기는 무시할 수 있을 만큼 작은 것으로써 취급하기로 한다. 단, 작다고 해서 질량까지 무시할 수 있는 것으로 취급해서는 운동법칙을 적용시킬 수 없기 때문에, 질량은 있지만, 그것이 한 점에 집중하고 있다고 생각하기로 한다. 이와 같은 물체를 질점(質点)이라고 부른다. 실제로는 물체에 크기가 있고, 같은 힘이라도 그 물체상의 어디에 작용하느냐로 운동의 상태에 변화가 일어난다. 그 경우의 취급에 대해서는 다음의 제Ⅲ편에서 다루기로 하겠다.

화면 왼쪽에서 오른쪽을 향해 등속도로 달리고 있는 수레의 위에서, 바로 위를 향해서 던진 공.
　이 움직임을 바닥에 고정된 카메라를 통해서 포착하면, 사진과 같이 포물체의 궤도와 조금도 다름이 없다.

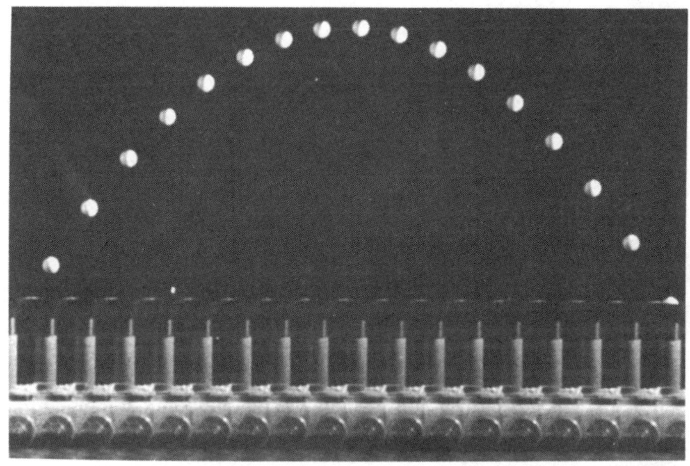

주의해서 보면, 수레 위의 발사 장치에 대해서는 공은 항상 그 바로 위에 있고, 연직 발사운동과 수평방향의 등속도운동의 합성이, 경사진 방물운동(防物運動)으로써 관찰됨을 알 수 있다.(다음 항 참조).

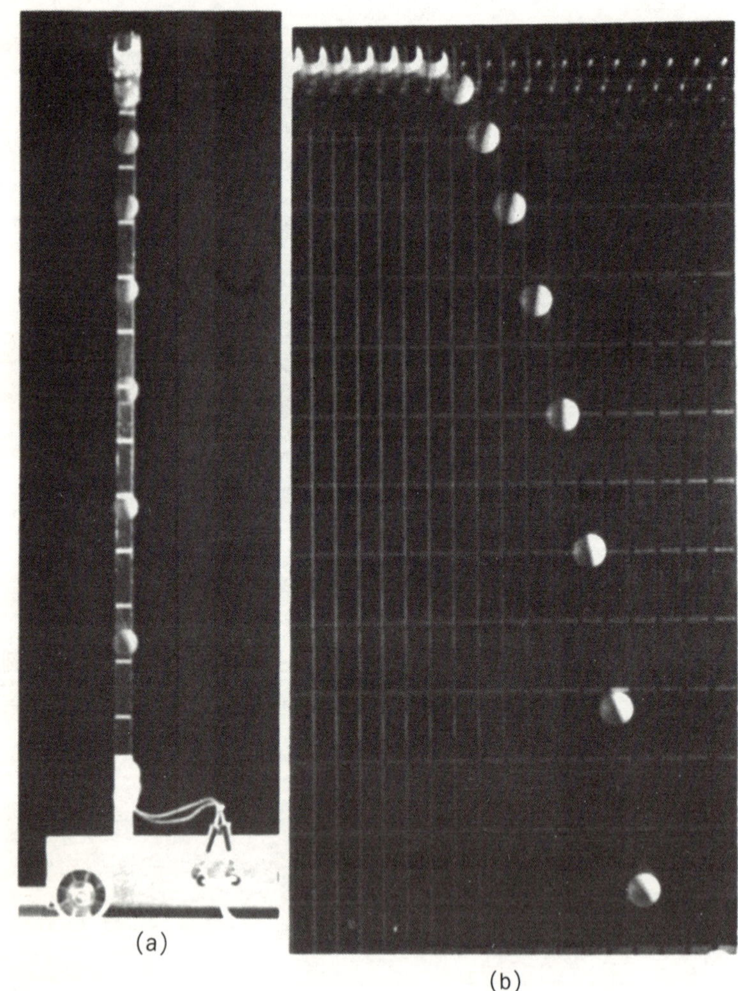

(a)
(b)

Ⅱ—1. 망선반에서 짐이 떨어지면
— 운동의 중복 —

여러 가지 운동의 구체적인 예를 들기 전에 운동을 조사할 때에도 도움이 되는 한 가지의 견해나 사고방식에 접해 두자.

지금 최고 시속 200km로 직선 레일 위를 달리고 있는 열차 안에서 잘못 얹어 놓은 가방이 선반에서 떨어졌다고 하자. 열차가 정지하고 있는 경우는 아무런 의문도 생기지 않겠지만, 이와 같이 열차가 달리고 있는 경우에(더구나 초속으로 환산하면 55 m 정도의 고속으로) 운 나쁘게 떨어진 가방에 머리를 맞은 사람은, 가방의 바로 아래의 사람일까, 열차의 진행방향에 대해서 뒷쪽 사람일까, 아니면 앞쪽에 있는 사람일까.

왼쪽 페이지의 사진은, 피해를 입은 섯은 바로 아래에 있는 본래의 주인이라는 것을 가르쳐 준다. 이용한 장치에서는 수레에 세운 기둥의 선단 근처에 매달린 공이 스윗치를 끄면 낙하하도록 되어 있다(사진a). 이 수레를 열차 대신으로, 일정한 속도로 사진상으로 왼쪽에서 오른쪽으로 달리게 하면서 공을 떨어뜨릴 경우를 보여준 것이 사진b로, 공은 기둥의 바로 아래로 떨어지고 있음을 이 마르티스트로보에 의한 다중사진으로도 알 수 있다.

이 이유는 공이 기둥으로부터 떨어진 후도, 그때까지 기둥(따라서 수레)과 함께 달리고 있었을 때의 수평방향에 대한 속도를 공은 그대로 유지하고 있기 때문이다. 이 공에는 수평방향의 힘은

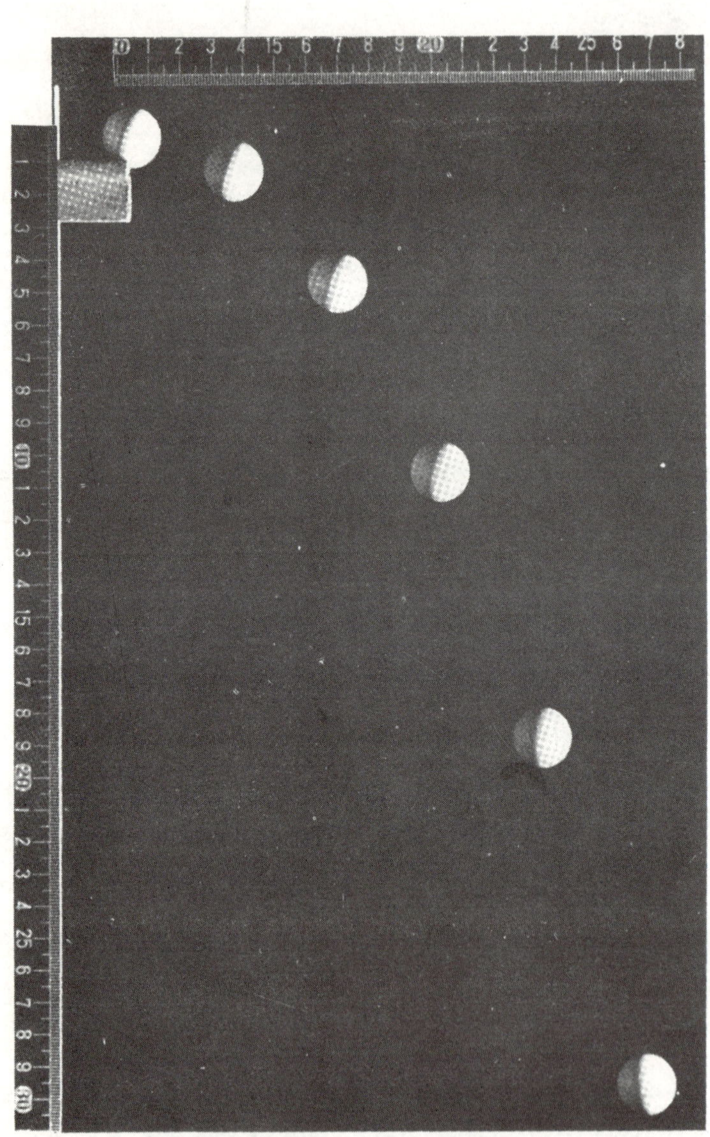

2-1 (스트로보발광간격 1 / 20초)

작용하고 있지 않기 때문에(그렇게 간주할 수 있다) 관성(慣性)의 법칙대로 그 속도는 변하지 않는다. 따라서 기둥이나 수레에 대해서 수평방향으로 어긋남 없이, 바닥에 도달했을 때도 기둥이 서 있는 위치에 있다. 이 조건은 망선반에서 떨어진 가방의 경우와 같다.

더욱이, 이 현상 중에서 중요한 것은 공이 아래방향을 향해서 낙하해 가는 운동만 주목한다면, 이것은 수레가 정지하고 있었을 때에 보통 보여지는 낙하운동과 완전히 똑같아지고 있는 점이다 (그림2—1). 이 경우, 공을 아래방향으로 당기고 있는 지구로부터

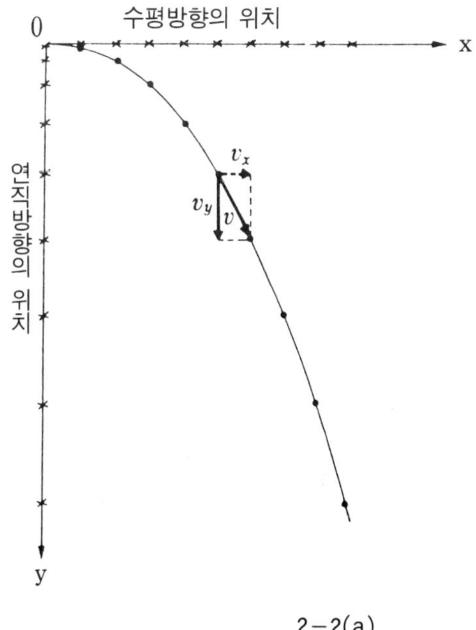

2-2(a)

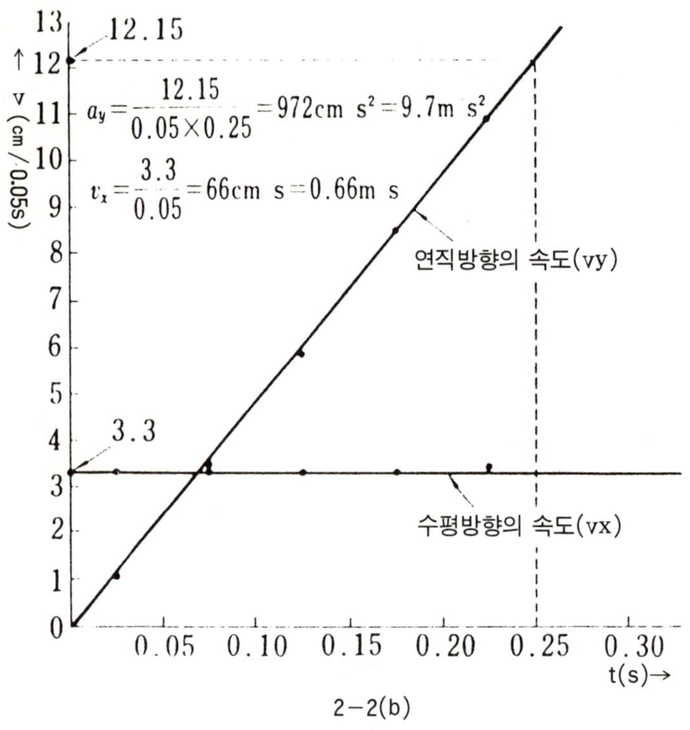

2-2(b)

의 인력(引力)이 가속도를 발생시키고 있는 것이지만, 그 효과는 공이 수평방향으로 운동하고 있어도 정지상태에서 낙하하기 시작했을 경우와 아무런 변화가 없다.

이 사실을 더욱 일반화 하면, '하나의 물체가 2가지 이상의 운동을 동시에 처리하려고 하는 경우에, 각각의 운동은 서로 영향을 미치는 일 없이 독립해서 진행한다'고 하는 하나의 법칙성으로써 정리될 수 있다.

지금 화제의 실마리로써 문제삼은 실험에서는 처음부터 수레를 수평방향으로 달리게 하면서 물체를 떨어뜨린다고 하는 것 같이, 2종류의 운동을 의도적으로 중복시켰다. 그러나 그 물체를 수레가 달리고 있는 바닥에 서서 관찰했을 때에 물체가 그려가는 궤도는 사진b에서 분명해지듯이 포물선이 된다. 즉, 정지하고 있는 받침대 위에서 수평방향으로 던진 공의 운동과 완전히 동일 종류의 운동이다. 이 사실로부터 역으로, 수평방향에 대한 포물체의 운동(그림2—1)을 수평방향으로 그대로 등속도로 진행하는 운동(만일 무중력의 세계에서라면 실현될 수 있을 것이다)과, 연직방향으로 낙하해 가는 운동으로 분해해서 생각해도, 마지막으로 그것을 합성하면 실제의 운동(각 순간의 가속도, 속도, 위치 그리고 운동의 궤적)을 구할 수 있게 된다(그림2—2(a)(b)). 이렇게 하면 곡선상의 운동을 직접 다루는 것과 비교해서, 2종류의 직선운동을 생각하고, 필요하다면 나중에 이것을 합성한다고 하는 번거로움을 겪는다고 해도, 예측은 훨씬 쉬워진다. 이 방법은 앞으로 조금 더 복잡한 운동을 다룰 때에 종종 이용된다.

〈나룻배의 항로〉

2m／s로 나아가는 보트로, 1m／s의 속력으로 흐르고 있는 폭 90m의 강을 건너는 경우를 생각해 보자. 보트를 똑바로 곧장 맞은편 강가를 향해서 진행시킬 때, 강이 흐르고 있지 않으면 매초 2m씩 전진해서 45초 후에는 맞은편 강가에 도착할 것이다. 그림2—3에 10초마다의 위치를 ×표로 적어둔다(단, 보트의 크기는 무시하고 있다). 그러나 보트는 흐름 때문에 매초 1m씩의 비율로 이 위치로부터 하류로 벗어나게 된다. 그 위치를 ●표로

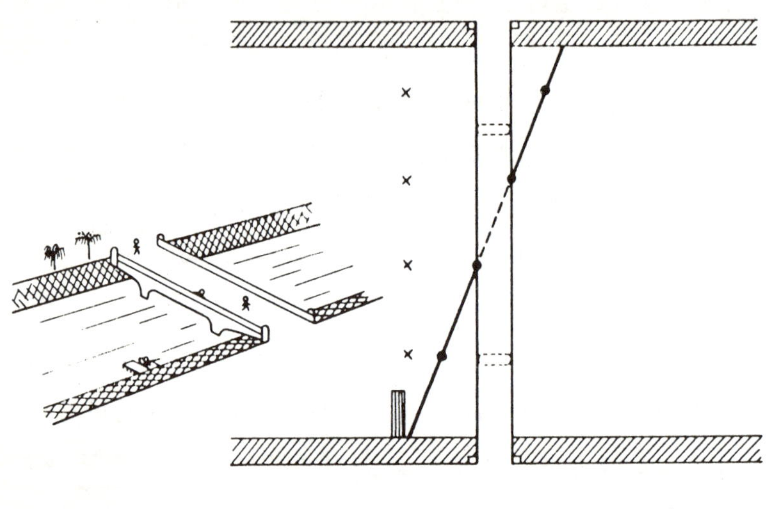

2—3

그림2—3에 기입하면, 이것이 실제의 보트 항적(航跡)이 되는 것은 설명할 필요도 없을 것이다. 즉, 보트 자신의 운동과 보트가 떠 있는 물의 운동을 중복시킨 결과이다.

그럼 문1. 이 때 맞은편 강가에 도착할 때까지의 시간은 얼마만큼 걸렸을까.

그런데 이 강에는, 보트 출발점에서 하류 20 m의 지점에 폭 10 m의 다리가 걸려 있고, 그림 2—3과 같이 양쪽 강가에서 20 m 지점에는 교각이 있으며, 교각과 강가 사이의 수면은 보트가 통과할 수 없다.

그럼 문제2. 보트를 곧바로 맞은편 강가를 향해서 일정한 속력으로 전진할 때, 다리에 방해받지 않고 맞은 편 강가에 도착할 수 있기 위해서는 보트 자신의 속력을 어느 정도로 택하면 좋을

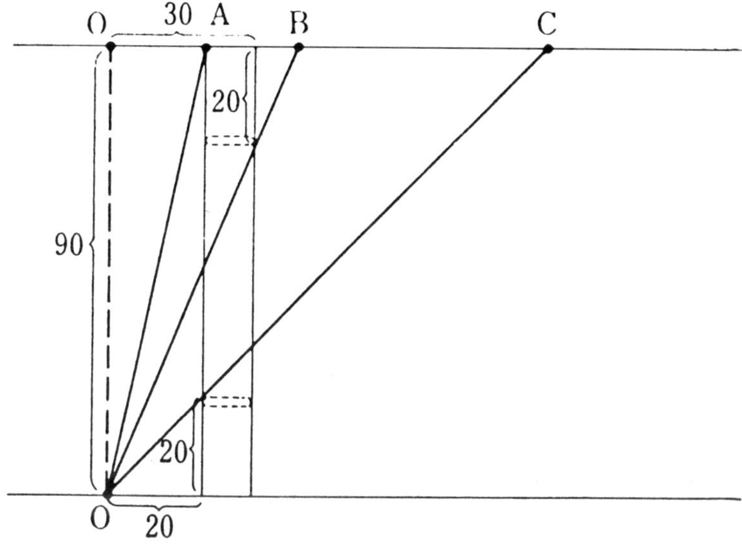

2-4

지 생각해 보라.

〈답〉

문1. 답은 역시 90÷2=45초이다. 아무리 강에 떠내려가고 있어도 맞은편 강가에 접근하려고 하는 운동은 자력 2m / S의 속력에만 의한다.

문2. 여러 가지 사고방식이 있겠지만, 하나는 다리보다 앞쪽, 즉 출발점 맞은 편 강가 O점과 하류에 20 m 떨어진 A점 사이에서 맞은 편 강가에 도착하는 것이다. 이것은 20초(즉, 강에 떠내려가고 있는 시간) 이내에 맞은 편 강가에 도착할 필요가 있음을 의미하기 때문에, 90÷20=4.5, 즉 4.5 m / S 이상의 속력으로 나아간다.

  다리 아래를 빠져나가려면 그 항적(航跡)이 교각에 걸리지 않으면 된다. 즉, 그림에서 삼각형 OBC사이를 나아가면 되는 것이다. 상이관계로부터 OB=40m, OC=90m가 되므로, 전과 같이 생각해서 맞은 편 강가에 도착하기까지의 시간이 40초 이상 90초 이하라고 하게 된다. 따라서 보트 자신의 속력은 2.25m / S 이하, 1m / S 이상이면 되는 것이다.

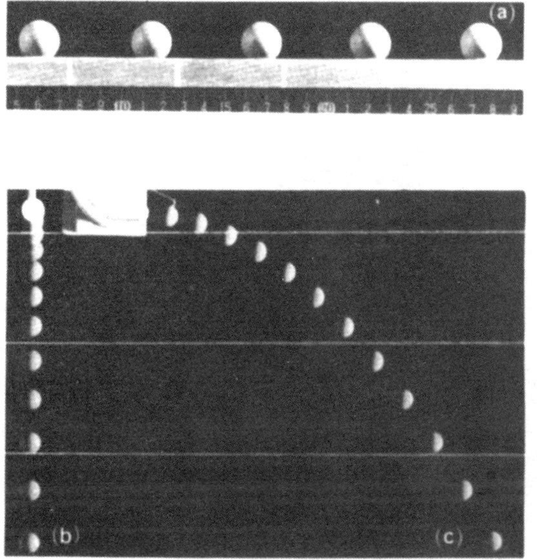

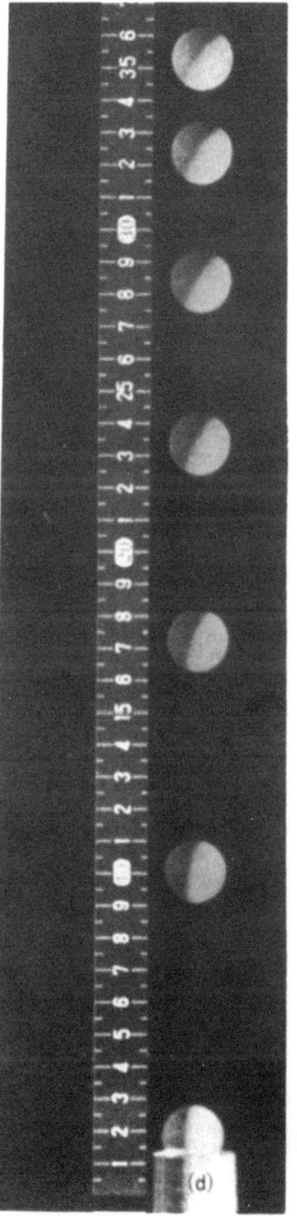

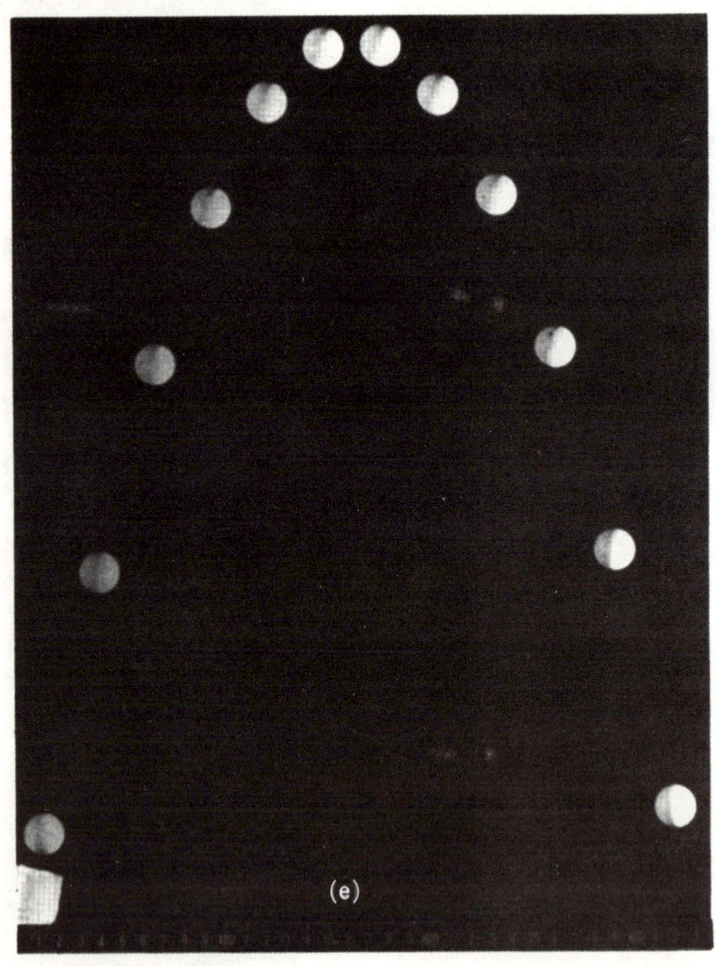

(e)

Ⅱ-2. 운동에 관한 '동류찾기'

어렸을 무렵에 받은 지능 테스트 문제 중에, '이 중에서 같은 종류를 찾아 주십시요'라든가, 반대로 '종류가 틀린 것을 하나 찾아 주십시요'라고 하는 문제가 있었던 것을 기억하고 있는 사람도 있을 것이다. 여기에서도 뒤에 제시된 4장의(마르티스트로보에 의한 다중) 사진 중에서 동류나 이류를 찾아보기로 하자. 하긴, 동류 찾기 문제는 문제 만들기에 따라서는 정답이 몇 개나 나올 수 있다. 즉, 분류의 관점이 몇 가지인가 성립하는 경우가 발생한다. 실은, 여기에서는 일부러 여러 가지 견해가 가능한 재료를 모았기 때문에, 이하의 해설 이외에도 그루핑(분류) 방법은 있다고 생각하기로 한다. 그것은 독자에게 맡기기로 하고, 운동 물체에 작용하고 있는 힘에 주목해서 유사점이나 상이점을 생각해 보자.

우선 이 4장의 사진 속에 보이는 공의 5종류 운동 중에서, 종류가 다른 것을 한 가지만 들라고 한다면 여러분은 어느 것을 선택할까. 이 경우, 답이 몇 가지가 가능할지 모르지만, 아마도 대다수의 분들은 (a)를 선택하는데 찬성할 것이다. 이유는? 이 운동만이 등속도 운동으로, 앞에서도 몇 번인가 언급했듯이, 외력(外力)이 작용하고 있지 않기 때문이다. 잘 손질된 공과 수평 바닥 사이의 미끄러짐 마찰은 무시할 수 있을 만큼 작아서, 수평방향의 힘은 0으로 간주할 수 있다. 연직방향에는 지구로부터의 인력

(引力)이 작용하고 있지만, 이 힘도 바닥으로부터의 수직항력과 균형을 이루어 그 효과는 나타나지 않는다.

그럼, 나머지 4종류의 운동을 하나의 동류로써 한데 모을 수 있는 공통점은 무엇일까. 세부적인 것까지 문제 삼는다면 (b)와 (d)는 직선상의 운동이고(그 점에서는 (a)도 이 소그룹에는 들어갈 수 있다), (c)와 (e)는 곡선운동이라고 하는 것처럼 각각 차이는 있지만, 크게 정리하자면 모두 가속도 운동이라고 하는 점일 것이다. 그 사실은 마르티스트로보에 의한 다중사진상의 공과 공 사이의 간격을 보면 알 수 있다.

다시, 수량적으로도 분석해 보면, 이 공통점은 더욱 강고해서,

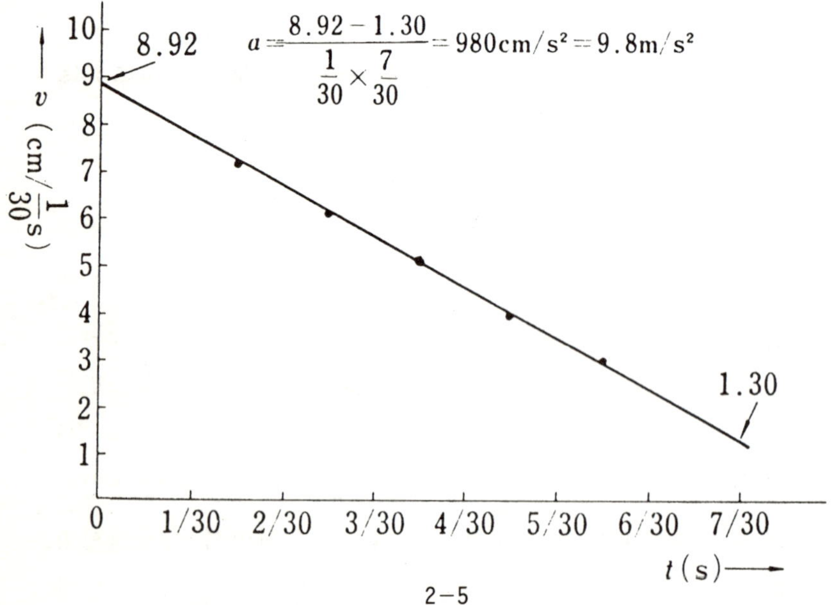

2-5

이들 운동의 가속도는 모두 아래방향으로 약 9.8 m / S², 소위 중력 가속도라 불리고 있는 것에 해당함을 알 수 있다.

　(b)의 낙하운동 가속도가 이 값을 취한다는 것은 앞에서도 확인했지만, (d)와 같이 바로 위로 던져 올린 운동도 윗방향의 속도가 차차 작아지고 있기 때문에, 가속도는 아래방향임을 곧 알 수 있다. 더욱이 독해한 데이타로부터 v−t그래프를 만들면 그림2 —5와 같이 되고, 이 그래프로부터 가속도 a의 크기를 구하면, 9.8 m / S²이 된다.

　또, (c)와 같은 수평투사운동(水平投射運動)은, 전항에서 문제

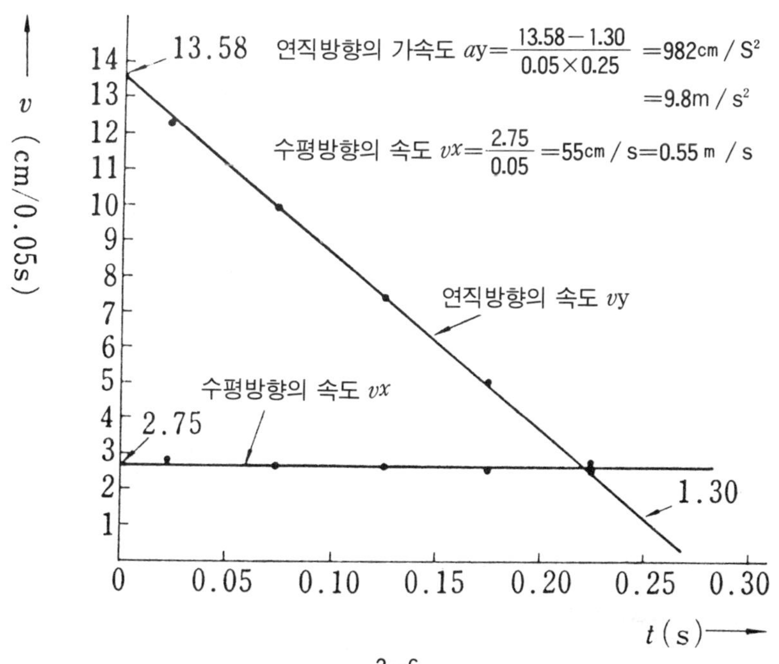

2−6

삼은 것 같이 수평방향(水平方向)과 연직방향(鉛直方向) 운동으로 나누어 생각하면 가속도는 연직방향으로만 발생하고 있다는 사실을 알 수 있었다. 특히 그 가속도가 낙하 가속도와 일치하는 것은, 같은 화면 내에서 동시에 낙하하기 시작한 공(b)의 위치와 비교하면 알 수 있을 것이다. 그리고 (e)의 방물운동(放物運動)도 분할해서 생각하면, 수평방향으로는 항상 등속도이고, 연직방향에서는 끝까지 다 올라갈 때까지는 사진(d)와, 내려오기 시작하고부터는 (b)의 경우와 같은 종류의 운동으로, 가속도는 중력의 가속도뿐이다(그림2—6은 연직방향과 수평방향의 운동 각각의 v—t그래프이다).

이것은 운동법칙에서 볼 수 있듯이, 이들 물체의 운동을 지배하고 있는 힘은 지구로부터의 인력(중력)뿐이라는 점에 모든 원인을 귀착시킬 수 있다. 지상에 사는 우리들은 이 인력의 영향으로부터 벗어날 수 없고, 공중에 있는 물체의 경우는 그 전부가, 또는 바닥 등에 접촉하고 있는 경우는 수직항력(垂直抗力)으로 제거되지 않는 성분이 반드시 영향을 미치고 있다는 사실을 잊어서는 안된다.

〈쏘아 올린 불꽃 원형〉

요즘은 여름 밤 하늘에 열리는 큰 원형의 불꽃을 볼 기회가 늘고 있다. 그 때는, 오직 그 아름다움과 주위의 떠들썩한 분위기만을 즐기고 있을 수 있으면 좋았겠지만, 오늘날은 이것을 방물운동의 재료로 이용해서 본다.

불꽃 덩어리가 지상 100 m 정도의 지점에서 정지한 순간에

점화, 파열해서, 이 위치 O로부터 작은 불덩이가 모든 방향으로 10 m / S의 속력으로 날아 흩어졌다고 하자. 이 불덩이도 역시 중력에 끌리기 때문에, 빛이 만든 덩어리는 퍼지면서 전체적으로 낙하해 간다. 그래서 다수의 불덩이가 대표적으로 그림과 같이 직상(直上)으로 날아간 A, 수평에 대해 60°윗쪽의 B, 마찬가지로 45°의 C, 마찬가지로 30°의 D, 수평방향으로 날아간 E, 수평에 대해서 아랫방향 30°로 날기 시작한 F, 마찬가지로 45°로 날아간 G 각각에 대해서, 1초 후, 2초 후의 위치를 그래프용지에 그려 보도록 하자.

단, 조금이라도 계산을 쉽게 하기 위해서 중력의 가속도 g 의 크기는 10 m / S²으로 계산해도 좋다. 또한, 좌우대칭이기 때문에 1초 후의 경우는 우측에, 2초 후의 경우는 좌측에 그려서 비교해 보면 된다.

사선으로 날아간다고 하는 것은 연직방향으로 v_y, 수평방향으로 v_x라고 하는 속도 성분을 가지고 날아갔다고 생각하면 된다고 앞에서 설명했지만, 삼각관수가 부착된 전자식 탁상 계산기나 삼각관수표가 없는 사람들을 위해서 성분의 계산치(計算値)는

불덩이의 속도 성분

경우	A (直上)	B 上向 60°	C 上向 45°	D 上向 30°	E (水平)	F 下向 30°	G 下向 45°	비고
v_y	10	8.7	7.0	5.0	0	−5.0	−7.0	＋는 上向 −는 下向
v_x	0	5.0	7.0	8.7	10	8.7	7.0	단위는 m / s

아래 표에 써 두었으니까 필요하면 이용해 주길 바란다.

계산 방법을 모르는 사람은 아래의 힌트를 보아도 괜찮다.

힌트 : B를 예로 들면, t초 후에는 파열한 점 O보다 윗방향으로,

$$y = 8.7 \times t - 1/2 \times 10 \times t^2$$

앞쪽으로, $x = 5.0 \times t$

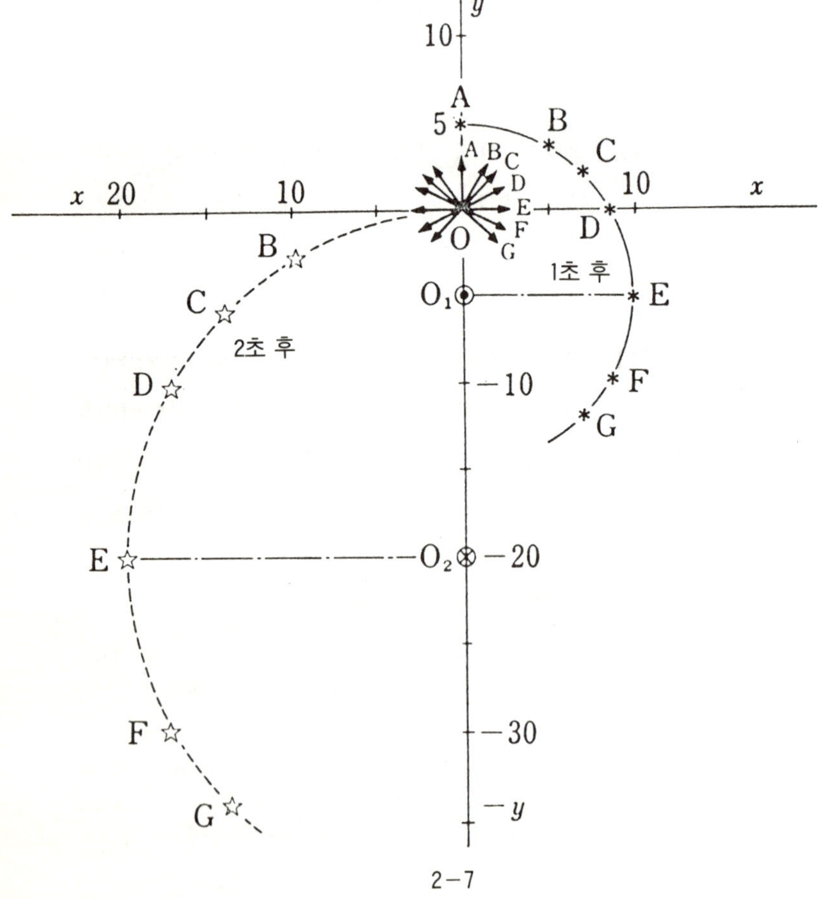

만큼 떨어져 있다. y의 값이 −라고 하는 것은 0보다도 아래로 낙하하고 있다고 생각하면 된다.

〈답〉

결과는 어떻게 되었을까. 참고 삼아 그림도 그려두자. 아무래도 원(실제로 그린 것은 반원)이 되고 있는 것같이 보인다. 그 원의 중심 위치는? 찾아 보면, E와 같은 높이에서 O의 바로 아래가 됨을 알 수 있다(그림2—7에서는 1초 후에 대해서 O_1, 2초 후에 대해서 O_2로써 나타나고 있다).

이 사실은 이런 식으로 생각해도 이해할 수 있다. 즉, 모든 불덩이의 운동을 튀어나간 방향으로 그대로의 속력에서 나아가는 운동과 중력에 끌리는 자유낙하와 같은 운동이 동시에 발생하고 있다고 생각해도 실제의 각 순간의 위치는 구할 수 있다. 후자의 자유낙하라고 하는 조건은 어느 불덩이에서도 마찬가지이기 때문에, 모든 불덩이가 아래방향으로 평행 이동하고 있을 것이다. 이것은 바꿔 말하자면, 파열한 점O에 원점을 가진 좌표계를 취해, 그 원점이 자유낙하를 계속한다고 생각하면 된다. 불덩이는 이

경우		A (直上)	B 上向 60°	C 上向 45°	D 上向 30°	E (水平)	F 下向 30°	G 下向 45°
1초후	x	0	5	7	8.7	10	3.7	7
	y	5	3.7	2	0	−5	−10	−12
2초후	x	0	10	14	17.4	20	17.4	14
	y	0	−2.6	−6	−10	−20	−30	−34

원점에 대해 어느 방향으로나 10m / S의 속력으로 원을 그리며 (실제 불덩이는 구면을 그리고) 날아가게 된다.

각 불덩어리가 도달한 위치 좌표의 계산값도 표에 실어두었으니까 아울러 참고로 해 주길 바란다. 단위는 m이다.

실제는 공기의 저항이나 바람의 영향, 게다가 실례이지만 불꽃을 만드는 직인들의 솜씨에 따라서는 꼭 모든 방향으로 같은 속력으로 날아간다고 할 수 없다고 하는 까다로운 문제도 있지만, 큰 원형 불꽃의 대범한 모습은 이와 같은 조건하에서 그려낼 수 있다.

〈순간〉

이 결정적 순간은 오뚜기의 좌측을 통과하고 있는 적외선 빔을 튀어 나온 받침대가 차단해서, 그것이 신호가 되어 플래시가 포착한다.

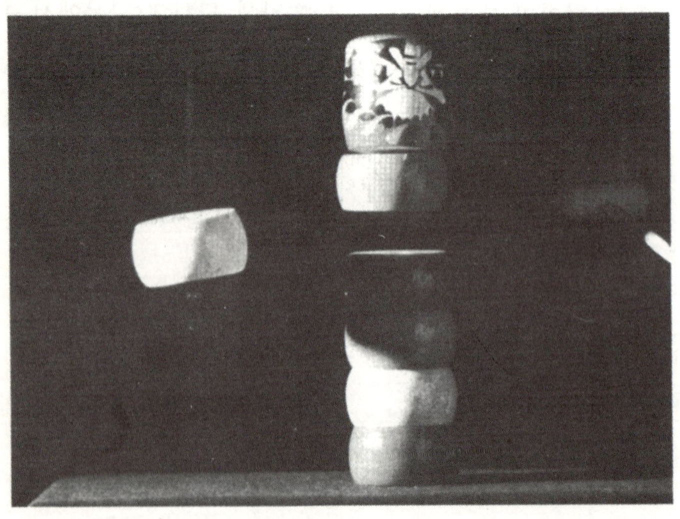

Ⅱ-3. 원숭이와 사냥꾼

원숭이를 죽이느냐 살리느냐 하는 화제이지만, 동물 학대 등이라고 신경을 날카롭게 하지 말아주길 바란다. 이야기는 모두 이상화(理想化)된 비현실적인 것으로, 원숭이나 사람은 살아 돌아다니고 있지만, 공기의 저항은 생각하지 않기로 하고 원숭이도 총의 탄환과 마찬가지로 작은 점으로써 취급하고 있다.

이와 같은 조건 설정 아래에서, 이전부터 외국의 물리교과서에 중력하(重力下)에서의 운동 연습문제나 실험례로써 이용되고 있다. 우리나라에서도 곧잘 인용되고 있는 예제의 내용은,

'지상 h 높이의 나무 위에 매달려 있는 원숭이를 발견한 사냥꾼이 앙각 θ로 원숭이를 겨냥하고, 초속 v_0으로 탄환을 발사했다. 원숭이는 탄환이 발사된 것을 본 순간에 획하고 나무에서 손을 놓고 지상으로 달아나려고 했다. 이 원숭이는 달아날 수 있을까?'

다음 페이지의 사진은, 이것도 살아있는 원숭이가 아니라 천정 가까이에 부착된 공이 바닥에서 이것을 겨냥한 또다른 한 개의 공이 발사된 순간에 낙하하기 시작하도록 설치되었을 때의 상황을 나타내고 있다. 이 '원숭이'는 그 필사적인 노력에도 불구하고 가엾게도 '총에 맞았다'.

이 이유는, 많은 역학서(力學書)에서 설명되고 있지만, 다음과 같이도 설명할 수 있다. 만일, 중력(重力)이 작용하지 않는 세계에서 생긴 일이라면 원숭이는 손을 놓아도 그대로의 위치에 멈춘

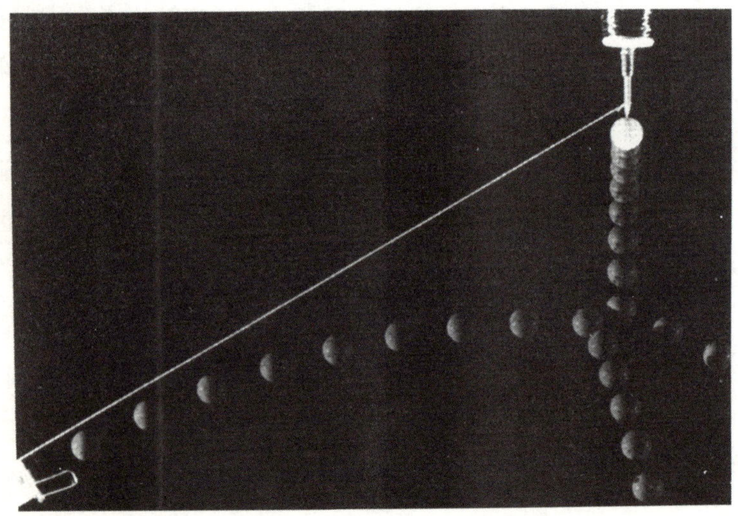

채 있을 것이다. 탄환도 어느 곳으로부터도 힘을 받고 있지 않기 때문에, 발사된 그대로의 속도로 직진해서 '총구'와 '원숭이'거리를 l이라고 하면, l / v_0초 후에 반드시 명중한다. 그러나 현실적으로는 중력이 작용하기 때문에, '원숭이'도 손을 놓은 순간부터 떨어지기 시작하지만, '탄환'도 운동의 독립성 사고(Ⅱ—1 참조)로부터 명백해졌듯이, 중력이 없다고 했을 때에 이루어지는 운동에, 중력으로 인한 낙하 운동을 중복시킨 운동을 한다(그림2—8). 따라서 '탄환'이 '원숭이'가 낙하해 가는 선상에 도달했을 때의 위치는 항상 '원숭이' 위치와 일치하게 되는 것이다.

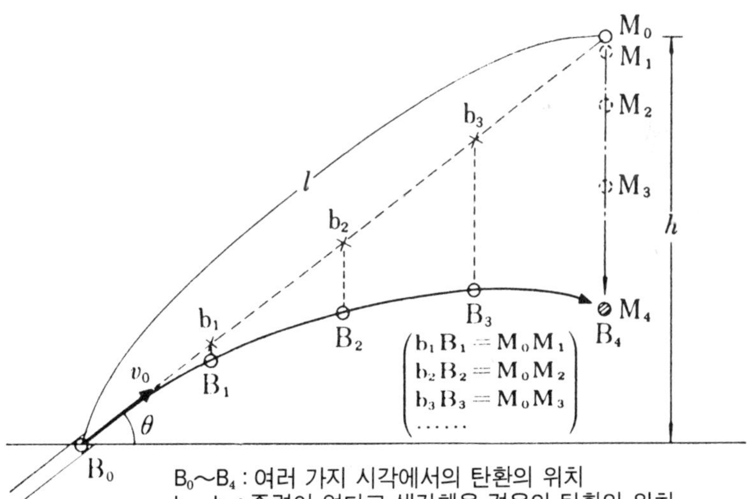

2−8 $B_0 \sim B_4$: 여러가지 시각에서의 탄환의 위치
　　$b_1 \sim b_3$: 중력이 없다고 생각했을 경우의 탄환의 위치
　　$M_0 \sim M_4$: 원숭이의 위치

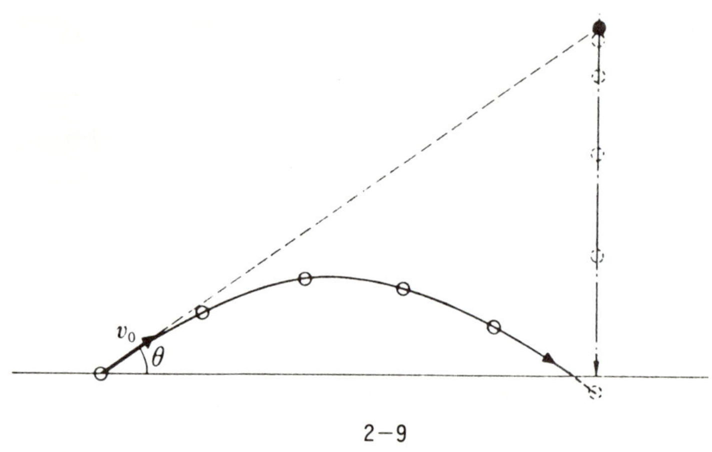

2-9

　그럼, 이와 같은 조건 아래에서 겨누어진 '원숭이'는 절대로 살아날 길이 없는 것일까. 물론, '발사 순간에 손을 놓지 않고' 꼼짝않고 나무에 붙어 있다고 하는 '규칙위반'은 하지 않는다고 할 경우의 이야기다. 결론부터 말해서, '원숭이'가 살아남을 수 있는 기회의 유무는, '원숭이'가 있는 높이 h와 발사 지점과 원숭이의 거리 l 그것과 '탄환'의 초속도 v_0와의 관계로 결정된다. 즉, 조금 전의 사고방식에 따르면, '탄환'이 '원숭이'에게 명중될 때까지 일정한 시간이 걸리고, 그 사이에 '원숭이'는 지상에 가까와진다. 따라서 그다지 높지 않은 위치에 있는 '원숭이'를, 그다지 초속이 빠르지 않은 '탄환'으로 쏘아 떨어뜨리려고 해도 '탄환'이 도달하기 전에 '원숭이'는 지상에 내려와 있는 현상이 발생하고, 그 경우 '탄환'은 '원숭이'가 도착하기 이전에 착지점 앞에 한 번 부딪친다(그림2—9, 2—10). 따라서 '사냥꾼'의 입장에서 생각한다면, 절대로 명중시키겠지만, '원숭이'가 있는 높이와 그곳

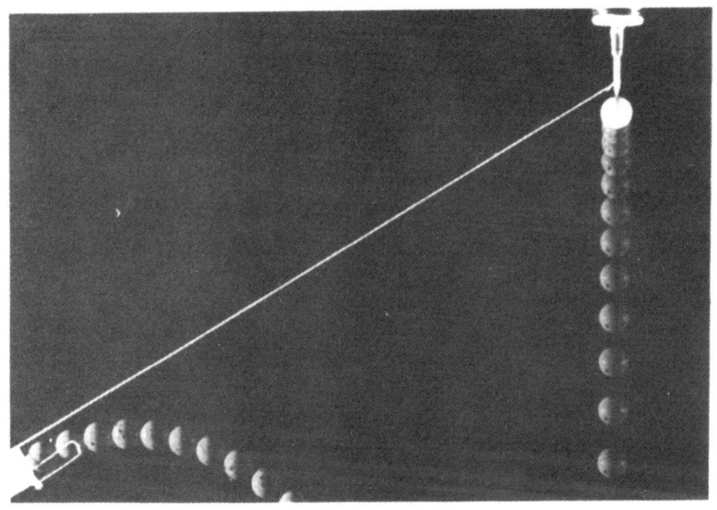

2-10

까지의 거리를 생각해서 '탄환'의 초속도를(조정이 가능하다면)
일정한 값 이상이 되도록 조정해 둘 필요가 있는 것이다.

이것을 수량적으로 표시해 두자.

탄환이 원숭이에게 명중(한다고 해서)하기까지의 시간t는 앞에
서도 나타냈듯이,

$$t = l\,/\,v_0$$

그 시간 내에 원숭이가 초속도O, 가속도g로 낙하하는 거리y
는, 등가속도 운동의 관계식으로부터,

$$y = \frac{1}{2}gt^2$$

따라서 지상에 원숭이가 도달하기까지 탄환이 명중하기 위해서
는,

$$h \geqq y$$

의 조건이 필요하다. 또한, 총구가 지면과 같은 높이라고 하면,

$$\frac{h}{l} = \sin\theta \ \text{또는} \ l = \frac{h}{\sin\theta}$$

이들 관계를 조합시키면, 초속 v_0에 필요한 조건은,

$$v_0 \geqq \frac{1}{\sin\theta} \times \sqrt{\frac{gh}{2}}$$

와 같이 표시된다.

〈원숭이의 지혜〉

사냥꾼이 몇 마리의 원숭이를 쏘아 맞히려고 지혜를 짜내면, 당연히 원숭이도 그렇게는 당하지 않겠다고 생각한 끝에 앞 페이지까지의 설명을 연구했다고 하자. 그 결과, 원숭이는 그다지 높은 나무 위에는 오르지 않는 편이 좋다고 하는 결론에 도달했다.

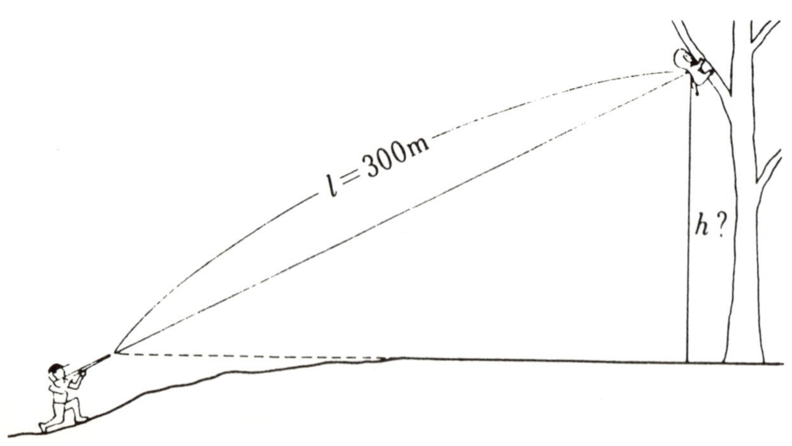

지금 원숭이가 살고 있는 주위의 상태로는 자신의 위치로부터 직선거리로 300 m 이내에 들어와 있는 사냥꾼의 모습은 발견할 수 있다고 한다. 그 때는 발포되는 것을 기다릴 필요도 없이 달아나는 것이 상책인 것이다.

　300 m 보다 먼 방향에서 발포되었을 때는 지금까지의 '원숭이(?)'와 같이, 그 순간에 손을 놓고 지상으로 내려온다. 그 동안의 시간이 탄환이 도달하기까지의 시간보다 짧아질 정도의 높이에 살면 된다고 생각했던 것이다.

　원숭이는 '직감'으로 탄환의 초속 v_0는 400 m / s임을 알고 있었다고 하자. 안전을 예상하고 빠듯하게 l=300 m 로부터 발포되어도 충분히 달아날 수 있는 높이 h의 값을 원숭이 대신 계산해 보기 바란다. 단, g값은 9.8 m / s²라고 한다. 또한, 이 정도의 거리를 탄환이 날면 공기 저항의 영향 등도 미치려고 하겠지만 그것도 지금까지와 마찬가지로 무시해도 좋다.

〈답〉

　한 가지 사고방식. 중력의 영향없이 탄환이 직진한다고 하고, 원숭이의 위치에 도달하는 시간 t는,

$$t=300 \text{ m} \div 400 \text{ m} / s=0.75s$$

이 시간 이내에 원숭이가 지면에 도달해 있다면 탄환에 맞지 않고 해결되므로, 그러기 위한 높이의 한계 h는,

$$h=\frac{1}{2}gt^2=\frac{1}{2}\times 9.8 \times 0.75^2=2.75$$

즉, 2.75 m 보다 낮은 위치에 있다면 안전하다고 말하게 된다.

공식에 수치를 적용시키는 습관이 붙어 있는 사람을 위해서,

앞 페이지의 결과를 이용해서, 탄환에 맞지 않을 조건을 나타내면,

$$v_0 < \frac{1}{Sin\theta} \times \frac{gh}{2} \text{ 가 되므로}$$

$$Sin\theta = \frac{h}{l} \text{ 와 조합해서}$$

$$v_0 < \frac{l_2}{h_2} \times \frac{gh}{2}$$

즉, $h < \frac{gl^2}{2v_0^2}$ 로, 각각의 값을 대입하면 $h < 2.75\,\mathrm{m}$ 라고 하는 답을 구할 수 있다.

여기에서, 정밀하게 만사를 생각하고 싶어하는 사람을 위해서 한 마디 하겠다. 지금까지의 이야기는, '원숭이가 탄환이 발사되는 것과 동시에 손을 놓는다'고 하는 전제에서 진행되어 왔다. 그러나 원숭이는 어떻게 발사 순간을 확인할까. 만일 발포할 때의 섬광이나 연기를 보고 손을 놓았다고 하면, 이것은 '발사와 동시'라고 생각해도 좋고, 지금까지의 이론은 성립한다.

만일 발사음으로 그것을 알았다고 하면, 이것을 가장 가까운 300\,m 라고 해도 실제 발사보다 약 0.9초 후이다. 따라서 탄환이 도달한 위치에 원숭이가 도달하는 것은 이 시간만큼 늦어지게 되어 이야기는 달라져 버린다. 다만 여기에서 문제로 하고 있는 '어떻게 하면 원숭이는 살아남을까'라고 하는 관점에서는, 이 경우는 매우 바람직한 조건이라고 하는 것이 될 것이다.

Ⅱ—4. 원운동에 필요한 힘

— 향심력의 존재 —

원운동(円運動)에서는 끊임없이 속도의 방향이 변화하고 있음을 앞에서 확인했다(Ⅰ—4 참조). 속도의 방향, 즉 속도가 변화하고 있기 때문에 반드시 그 원인이 되는 힘이 작용하고 있을 것이다.

그런데 다음 페이지의 사진에서는 시계방향의 원운동을 계속하고 있던 물체 P(그림2—12 참조)가 갑자기 점 Q에서부터 직선운동을 시작하고 있다. 이 원인은 어디에 있을까.

사실, P는 사진에도 엷게 보이고 있듯이, 중심O에 가느다란 실로 연결되어 있고, 이 실이 팽팽히 당긴 상태에서 원운동을 계속하고 있었다. 그 실이 점Q에서 갑자기 풀어진다. 물체 P에는

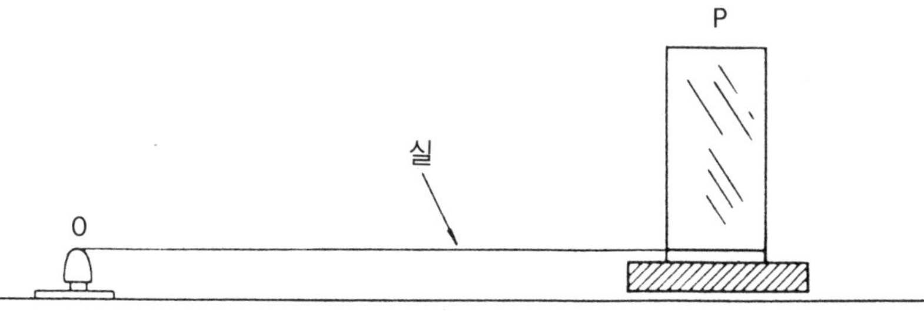

수평인 잘 손질된 판유리

2—12 P아래면으로부터는 CO_2 가스가 분출해서, 유리판 위를, 마찰력 제로의 상태로 움직일 수 있다.

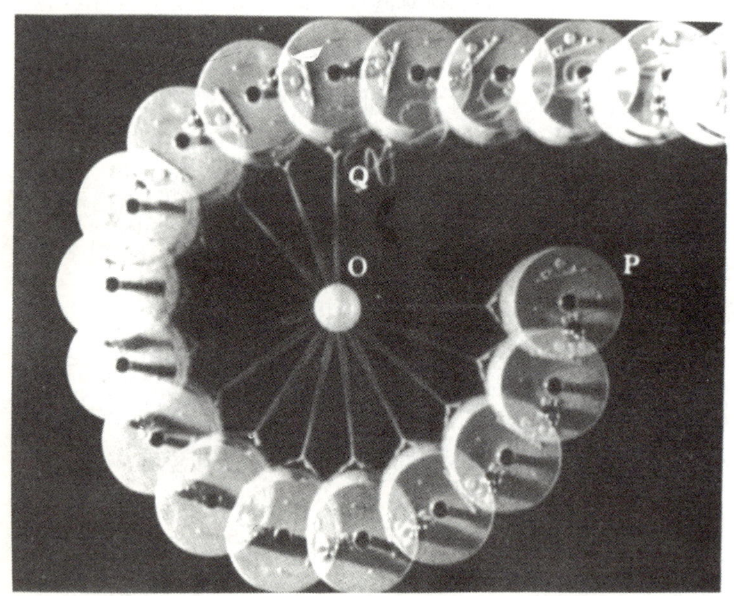
Q
O
P

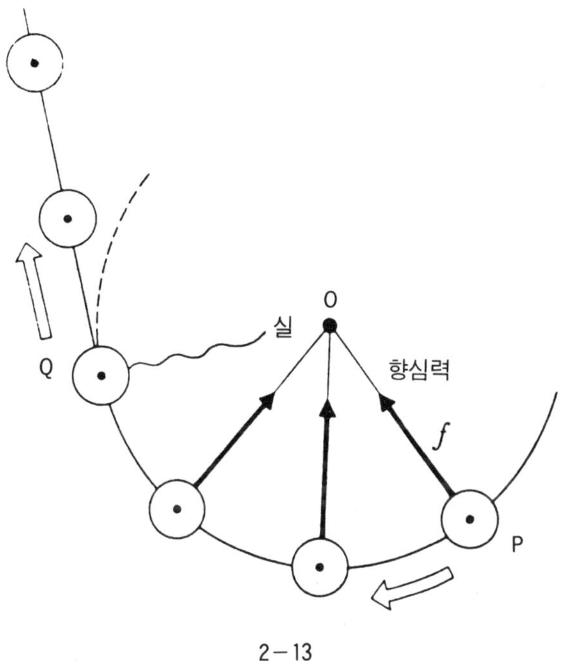

2-13

마찰력도 거의 작용하지 않기 때문에 어느 곳으로부터도 힘을
받지 않는 상태가 되어, 직선상을 일정한 속력으로 나아가게 되었
던 것이다.

　이 사실로부터, 물체가 원운동을 계속하기 위해서는 팽팽히
당긴 실로부터의 힘과 같이, 그 원 중심을 향해서 물체를 잡아당
기는 힘이 필요한 것임을 알았다. 이 힘을 향심력(向心力)이라고
부른다. 운동 제2법칙(Ⅰ—7 참조)으로 미루어 생각해도, 원 중심
을 향하는 방향의 가속도의 원인으로써 같은 방향을 취하는 힘의
존재는 타당한 관계이다.

2-14

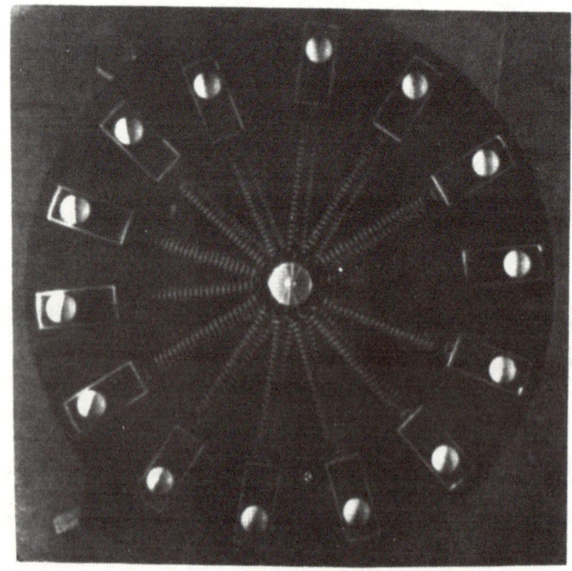

2-15

　향심력의 방향은 원 중심을 향하는 공통점이 있지만, 그 힘의 크기는 원운동의 상태에 따라 결정된다. 원운동의 가속도는 운동의 방향이 변화하는 정도에 해당한다는 사실은 앞에서도 서술한 바 있다(Ⅰ—4 참조). 힘의 크기는 가속도의 크기에 비례하기 때문에 향심력의 크기도 같은 물체에 대해서는 원의 중심에서 본 물체의 방향 변화가 심할수록, 또 회전반경이 길수록 커진다. 이것은 그림2—14와 2—15를 비교해 보면, 그림2—15의 경우와 같이 방향의 변화가 심한 쪽이 용수철이 많이 늘어나서 큰 힘으로 물체를 중심을 향해 잡아당기고 있는 사실로도 나타나고 있다. 운동의 상태는 마찬가지라도 물체의 질량, 즉 관성(慣性)이

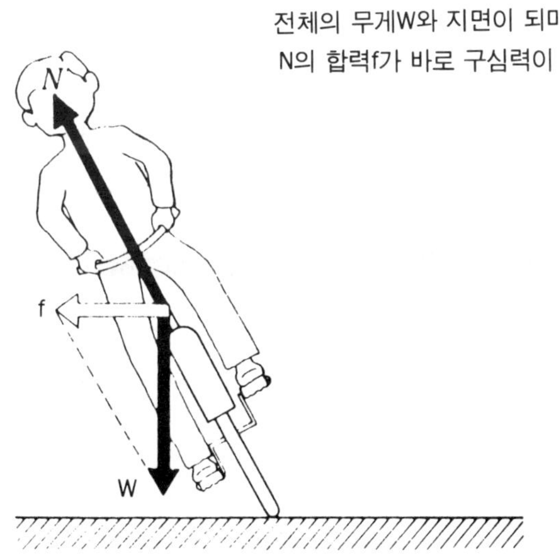

큰 경우에는 방향을 변화시키기 위해서도 큰 힘이 필요하고, '향심력'은 질량에 비례해서 변화한다.

향심력의 크기 f를 나타내는 결과의 식(式)만을 나타내면,

$$f = mr\omega^2 = m\frac{v^2}{r}$$

이 된다. 여기에서 m은 물체의 질량, r은 원의 반경, ω는 각 속도로 중심에서 본 물체의 방향이 단위 시간마다 변화하는 비율로 나타난다(그림 2—14의 예에서는 1 / 25초간에 20°(=0.349라디안)이므로 ω=8.7라디안 / s이다). v는 원주상에서 측정한 속력이다.

원운동을 하기 위해서는 향심력이 필요하고 반대로 안정상태에서 원운동을 계속하고 있는 물체에게는 반드시 향심력이 작용하고 있다고 말할 수 있다. 자전거로 커브를 돌 경우에는 핸들을 돌리려고 하는 쪽으로 꺽을 뿐만 아니라 전체를 커브 안쪽으로 기울인다. 정지한 상태에서 이런 자세를 취하면 곧 쓰러지지만 커브를 잘 돌기 위해서는 이와같이 향심력을 만들 필요가 있는 것이다(그림 2—16).

Ⅱ-5. '천상계 운동'의 비밀

아리스토텔레스를 시초로 하는 중세까지의 많은 학자는, 천상계에서의 별, 달, 태양의 운동은 지상에서 볼 수 있는 운동과는 전연 별종의 것으로, 신이 그것을 만들어 움직이신 이후 영원히 변함없는 모습으로 지구를 도는 원궤도를 그리며 계속 움직인다고 하는 생각에 사로잡혀 있었다.

16세기에 소위 지동설을 주창해서 주목받던 코페르니쿠스가 자신들의 관측 데이타의 정확함을 확신하고, 태양을 초점으로 하는 타원궤도를 제기했던 것은 17세기 초의 일이었다. 현재 케플러의 법칙으로 불리고 있는 내용은 그가 10년 정도 전에 순차적으로 발표했던 것이지만, 궤도의 형태 뿐만이 아니라 그 궤도상에서의 속력 변화에 대해서, 또 태양을 도는 혹성간의 공통 조건에 대해서도 서술하고 있다(그림2—17).

그는 이렇게 해서 코페르니쿠스에게도 필적할 큰 사고의 전환을 제창했지만, 이와 같은 운동을 일으키는 원인의 추구까지는 이루어지지 않았다. 그것은 이 세기 후반의 뉴우톤의 노력에 기대하지 않으면 안되었지만, 그 이후 천상계의 운동도, 지상의 물체 운동도 공통의 운동법칙으로 설명되게 되었던 것이다.

뉴우톤이 사과가 떨어지는 것을 보면서 이 아이디어를 생각해 냈다고 하는 전설은 차치하고라도, 항상 일정점을 향해서, 그 정점과의 거리의 2승에 반비례하는 크기의 힘을 받고 있는 물체는

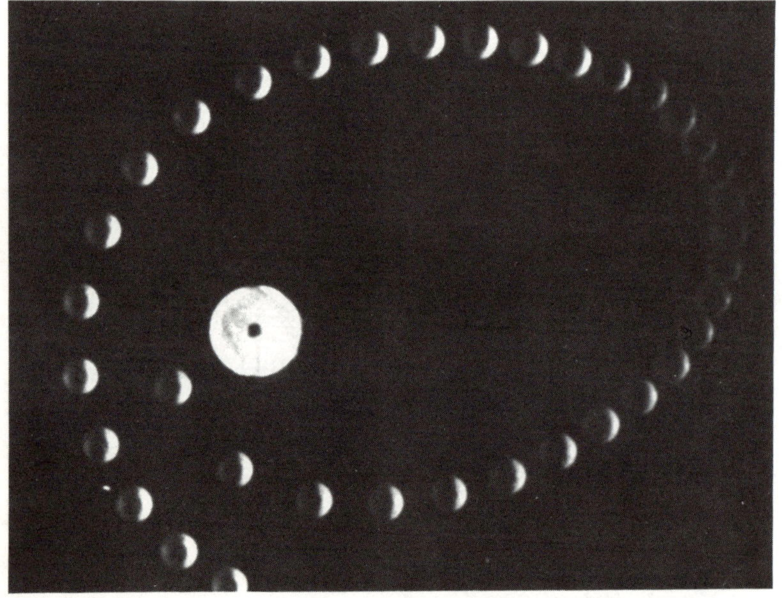

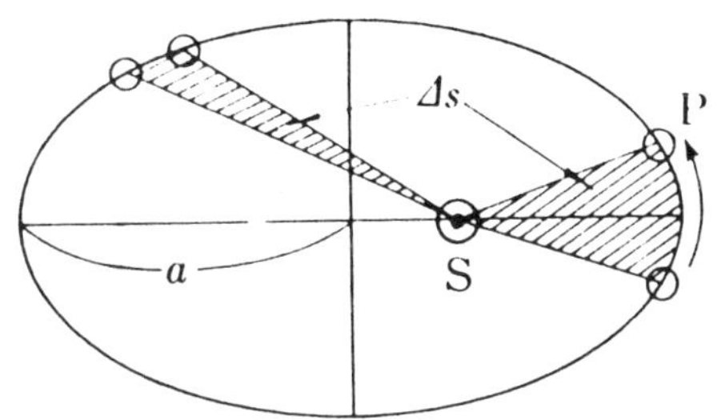

케플러의 제1법칙 : 혹성P의 궤도는 태양 S를 집점으로 하는 타원이 된다.

　　제2법칙 : P와 S를 연결하는 선이 일정시간 내에 그리는 부채꼴의
　　　　　면적 As는, 궤도상의 어느 위치에서도 같다.

　　제3법칙 : 어느 혹성에 대해서도, 궤도의 평균반경 a의 3승과 공전주
　　　　　기 T의 2승과의 비는 일정한 값을 취한다.

2−17

그 정점을 초점으로 하는 타원궤도를 회전하는 등, 케플러 법칙의 조건을 모두 만족시키는 것을 그는 도출해 냈다. 이 종류의 힘은 모든 물체간에 작용하는 성격의 것으로, 만유인력이라 불려지게 되었지만, 이와 같은 만유인력이 지구의 주위에서 달이 공전하는 원인이 되기도 하며, 또한 지상의 물체가 지구 중심을 향해 가속되면서 낙하해 가는 원인이라는 사실이 뉴우톤의 이론 전개의 출발점이 되고 있다. 그 자세한 것에 대해서는 여기에서는 깊이 파고들지 않기로 하겠지만, 이런 종류의 힘으로 인한 효과를 확인하는 방법을 1, 2개 예를 들어 두겠다.

122페이지 사진은 거리의 2승에 반비례한다고 하는 조건은 만족

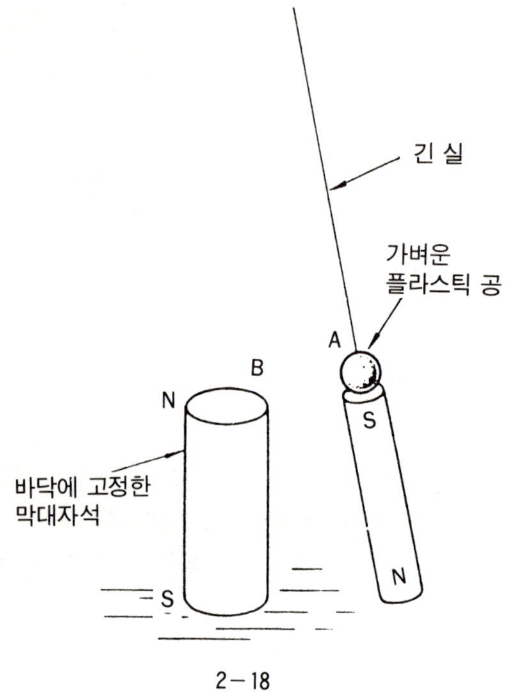

2—18

하고 있지 않지만, 항상 일정점을 향하는 힘을 받은 물체가 어떤 운동을 하는가를 나타낸 것으로, 화면에서 운동하고 있는 물체 A는 중앙에 고정되어 있는 물체 B와 같이 강력한 자석 위에 달려 있다(그림 2—18). 단, A, B가 달려 있는 자석끼리는 극 방향이 반대로 되어 있고, 양자간에는 인력이 작용하도록 조작되어 있다.

* 2개 자석 사이에서 작용하는 힘은 거리의 2승에 반비례하지만, 이와 같이 유한한 크기의 자석(각각이 N, S극을 가진다) 사이의 힘은 완전히 거리의 2승에 반비례하는 것은 아니다.

이와 같이, 항상 일정점을 향하는 힘을 중심력이라고 하는데, 이 사진은 중심력을 받아서 운동하는 물체(여기에서는 물체 A)는 적어도 케플러의 제2법칙(그림2—17 참조)을 만족시키고 있음을 나타내고 있다.

게다가, 거리의 2승에 반비례한다고 하는 조건도 만족시키는 중심력 아래에서는(만유인력으로 인한 운동은 바로 이 경우에 해당한다) 케플러의 법칙을 모두 만족하지만, 이것을 정면으로부터 이끌어 내기 위해서는 좀 고도의 과학적 처리를 필요로 하기 때문에 여기에서는 생략하기로 한다. 그러나 모처럼의 기회이니까, 조금 숫자를 만지작거리는 일이 되겠지만, 이 사고방식의 정당함을 뒷받침하는 한 가지 방법을 소개해 두겠다.

사고방식의 순서는, 그 물체에 작용하는 힘이 정해지면 각 순간의 가속도는(운동법칙으로부터) 결정된다고 하는 것이다. 그렇게 되면 어느 순간의 속도와 위치가 주어지면 다음 순간의 속도, 따라서 위치도 예측힐 수 있는 것이다. 이 사고방식을 차례차례 반복하면 물체가 이동할 것이라는 궤적을 구할 수도 있다. 다만 원운동의 예에서도 알 수 있듯이 운동은 시시각각 변화하기 때문에 각 순간, 시간 폭을 가능한 한 작게 잡아가지 않으면 정확한 예측은 이루어지지 않는다. 그 시간의 폭을 무한히 작게 잡았을 경우의 결과를 구하는 연산이 적분연산이지만, 이 방법은 경원하고 수치적으로 구하는 방법과 그 결과만을 소개해 두겠다.

우선, 최초로 혹성이 있었던 위치와 속도를 정한다(이것을 초기조건이라고 한다). 계산을 간단히 하기 위해서, 이 때 혹성은 x축

	a	b	근일점	원일점	T
(1)	1.02	1.02	1.0	1.04	6.25
(2)	1.57	1.56	1.4	1.74	12.4

{X표 출발점　　}
{●각시간의 위치　}
{숫자는 n의 값　}

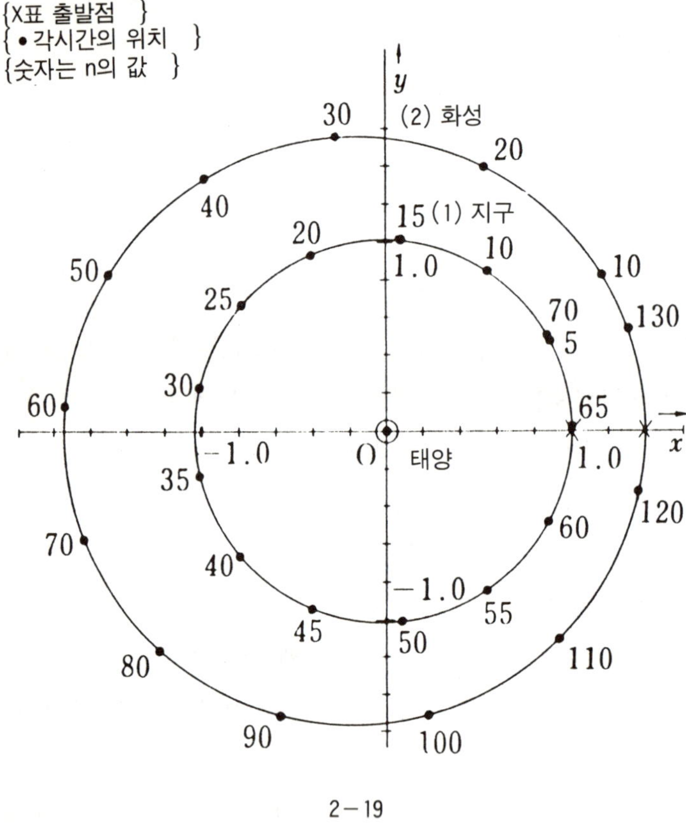

2－19

최초의 위치(x_0＝1.0, y_0＝0)

최초의 속도(v_{x0}＝0, vy_0＝1.01)

시간의 간격＝0.1

$$\left(x' = x + v_x \times \frac{\varDelta t}{2}, \qquad y' = y + v_y \times \frac{\varDelta t}{2}, \qquad r = \sqrt{x'^2 + y'^2} \right)$$

$$a_x = -\frac{x'}{r^3}, \quad a_y = -\frac{y'}{r^3}$$

(Δt 후의) $v'_x = v_x + a_x \times \Delta t, \quad v'_y = v_y + a_y \times \Delta t$

(Δt 후의) $x = x' + v'_x \times \dfrac{\Delta t}{2}, \quad y = y' + v'_y \times \dfrac{\Delta t}{2}$

	($\Delta t \times n$) 시간 후				$\Delta t \times (n+\frac{1}{2})$ 시간 후				
n	v_x	v_y	x	y	x'	y'	r	a_x	a_y
0	0	1.010	1.000	0	1.000	0.051	1.001	−0.996	−0.050
1	−0.100	1.005	0.995	0.101	0.990	0.151	1.001	−0.981	−0.150
2	−0.198	0.990	0.980	0.200	0.970	0.250	1.002	−0.965	−0.249
3	−0.295	0.965	0.955	0.298	0.941	0.346	1.003	−0.934	−0.344
4	−0.388	0.931	0.921	0.393	0.902	0.440	1.003	−0.893	−0.435
5	−0.477	0.887	0.878	0.484	⋮	⋮	⋮	⋮	⋮
⋮	⋮	⋮	⋮	⋮					
9					0.585	0.823	1.010	−0.568	−0.799
10	−0.833	0.553	0.544	0.851	⋮	⋮	⋮	⋮	⋮
⋮	⋮	⋮	⋮	⋮					
14					0.129	1.012	1.020	−0.122	−0.954
15	−0.986	0.098	0.080	1.017	⋮	⋮	⋮	⋮	⋮
⋮	⋮	⋮	⋮	⋮					
19					0.358	0.966	1.030	0.327	−0.884
20	−0.910	−0.366	−0.403	0.948	⋮	⋮	⋮	⋮	⋮
⋮	⋮	⋮		⋮					
24					−0.764	0.703	1.039	0.682	−0.627
25	−0.635	−0.737	−0.796	0.666	⋮	⋮	⋮	⋮	⋮

(이하 생략)

위(x_0, O)에 있고, y방향에 대한 속도 v_{0y} 만을 가진다고 하는 것이 좋다(나중에 알 수 있듯이, 이렇게 하면 x축이 이 타원 궤도의 장축의 방향과 일치하고, 이 최초의 위치가 태양으로부터 가장 먼 점=원일점(遠日点)이나 가장 가까운 점=근일점(近日点)이 된다).

① 현재위치(x, y)로부터 현재의 속도(v_x, v_y)로 Δt / 2시간만큼 진행했다고 하고, 새로운 위치(x', y')를 결정한다.

128

② 새로운 위치(x', y')에서의 인력을 구하고, 그것으로 인한 가속도(a_x, a_y)를 구한다(전술).

③ 이 가속도로 Δt시간 움직였다고 하고, 새로운 속도($v_x' = v_x + a_x \cdot \Delta t$, $v_y' = v_y + a_x \cdot \Delta t$)를 결정한다.

④ 이 새로운 속도로 $\Delta t / 2$시간 움직였다고 하고, 도달위치(즉 ①의 순간보다 Δt시간 후의)를 구한다.

이 계산에서는 Δt의 크기를 가능한 한 작게 하는 편이 정확한 궤도를 그릴 수 있지만, 당연히 반복계산의 횟수가 많아진다. 그러나 간단한 탁상용 전자 계산기라도 그것을 이용하면 계산 그 자체에는 구애받는 일이 없기 때문에, 나머지는 끈기의 문제가 된다. 지구의 공전 궤도를 탁상용 계산기 이용으로 구한 계산의 일부와, 그것에 따라 그린 궤도를 그림2—19로 나타낸다. 길이의 1단위가, 1.47×10^8km, 시간의 1단위가 0.16년에 해당한다.

마찬가지로 다른 혹성, 예를 들면 화성의 궤도도 그릴 수 있고(그림2—19(2)), 그것들을 비교하면 면적 속도가 일정하다는 것, T^2와 a^3이 비례한다는 것도 확인할 수 있다.

〈화성의 궤도를 그린다〉

화성(火星)은 화성인의 존재가 진지하게 논의된 적도 있고, 지구의 바로 다음 형님별로서 친숙함이 깊다. 또한, 케플러가 혹성 궤도에 대한 케플러의 법칙을 발견한 단서가 된 것으로도 유명하다. 이 화성 궤도의 대충 어림잡은 형태를 앞의 반복계산법을 이용해서 각자 그려 보도록 하자. 답은 앞 페이지의 그림2—19 중에 (2)로써 제시되어 있으니까, 각자 그린 것과 나중에 비교해 보면 된다.

지구궤도를 계산했을 때와 같은 스케일을 사용하면, 계산을 시작하는 위치(이것이 근일점이 된다)의 좌표를 $x_0=1.4$, $y_0=0$ 으로 잡고, 이 위치에서의 속도 성분을 $v_{x0}=0$, $v_{y0}=0.89$로 잡아 두면 된다. $\Delta t=0.1$로써 반복 계산식을 더욱 확실히 다짐해 두기 위해서 다시 한 번 여기에서도 제시해 두겠다.

($\Delta t/2$)후의 상태를 구하기 위해서,

$$x'=x+v_x\times\frac{\Delta t}{2}=1.4 \qquad\cdots\cdots①$$

$$y'=y+v_y\times\frac{\Delta t}{2}=0.045 \qquad\cdots\cdots②$$

$$r=\sqrt{x'^2+y'^2}=1.401 \qquad\cdots\cdots③$$

$$a_x=-\frac{x'}{r^3}=-0.509 \qquad\cdots\cdots④$$

$$a_y=-\frac{y'}{r^3}=-0.016 \qquad\cdots\cdots⑤$$

Δt 후의 상태

$$v'_x=v_x+a_x\times\Delta t=-0.051 \qquad\cdots\cdots⑥$$

$$v'_y=v_y+a_y\times\Delta t=0.888 \qquad\cdots\cdots⑦$$

$$x=x'+v'_x\times\frac{\Delta t}{2}=1.397 \qquad\cdots\cdots⑧$$

$$y=y'+v'_y\times\frac{\Delta t}{2}=0.089 \qquad\cdots\cdots⑨$$

이 ⑥, ⑦, ⑧, ⑨의 값을 사용해서, 다시 ①부터의 계산을 반복해서는, 차례차례 새로운 상태를 결정해 가는 것이 된다. 70번이나 반복하면 거의 궤도를 반주하는 것이기 때문에 전체의 형태가 짐작이 갈 것이다. 결과는 앞의 예와 같이 다음과 같은 표로 뽑아 써두면 좋다.

계산 회수	⑥v_x	⑦v_y	⑧ x	⑨ y	①x'	②y'	③ r	④a_x	⑤a_y
0	0	0.89	1.4	0	1.4	0.045	1.401	−0.509	−0.016
1	−0.051	0.888	1.397	0.089					

〈답〉

궤도의 전체 형태는 앞의 그림2—19 참조. 계산 결과의 검토를 위해, 10번째 마다의 값을 표시해 둔다.

계산 회수	⑥v_x	⑦v_y	⑧ x	⑨ y	①x'	②y'	③ r	④a_x	⑤a_y
0	0	0.89	1.4	0	1.4	0.045	1.401	−0.509	−0.016
10	−0.471	0.737	1.155	0.838	1.132	0.874	1.430	−0.387	−0.299
20	−0.751	0.369	0.524	1.401	0.486	1.420	1.501	−0.144	−0.420
30	−0.791	−0.047	−0.266	1.560	−0.305	1.557	1.587	0.076	−0.390
40	−0.643	−0.393	−0.995	1.331	−1.027	1.312	1.666	0.222	−0.284
50	−0.380	−0.619	−1.513	0.815	−1.532	0.784	1.721	0.301	−0.154
60	−0.064	−0.712	−1.737	0.139	−1.741	0.103	1.744	0.328	−0.019
70	0.261	−0.671	−1.637	−0.564	−1.624	−0.597	1.731	0.313	−0.115

(이하 생략)

〈케플러의 법칙 탄생〉

현재 우리들이 특히 교과서에서 배우는 법칙이나 원리는 대단히 세련된 형태로 정리되어, 그 스마트함과 유효성 때문에 사람을 끌어당기는 반면, 왠지 모르게 냉정함을 느끼게 한다. 그러나, 물리현상 그 자체는 자연이더라도, 그것에 대한 물리학적 해석이나 이론은 바로 인간이 만들어낸 것이다. 본 항(項)에서 화제가 된 케플러의 3법칙도 바로 중세의 신비주의와 근대의 합리주의 틈새에서 탄생한 케플러다운 마음의 굴절의 산물인 것이다. 그는 학생시절에 배운 코페르니쿠스설을 공연히 계속 지지했지만, 그것에 근거한 혹성계의 구조를 지배하는 원리는 최후까지 피타고라스식의 신비주의, 즉 정다면체로 보여지는 완전결정형이나 완전화음의 관계에 지배당하는 조화로운 우주의 모습이었다.

그러나 이런 현대의 입장에서 보자면, 전연 의미를 지니지 못하는 사색의 산물이 후에 뉴우톤에게 이론구성의 단서를 주니, 당연 현대에도 통용될 수 있는 이론이 될 수 있었던 것은 케플러가 이런 모형을 관측사실과 완전한 일치를 볼 때까지 계속 수정하는 실증주의, 합리주의를 한편으로 고집했기 때문이다. 당시, 유일 최고의 관측 데이타를 가지고 있었던 티코 브라에와 손을 잡을 수 있는 행운은 있었다고 해도, 그 노력은 높이 평가되어야 할 것이다. 다만, 그 성과 자체는 그의 이색적 평전을 쓴 마더 케스트라의 말을 빌리자면 "케플러도 '그의 아메리카'를 '인도'라고 믿고 발견했다"고 하는 것일지도 모른다.

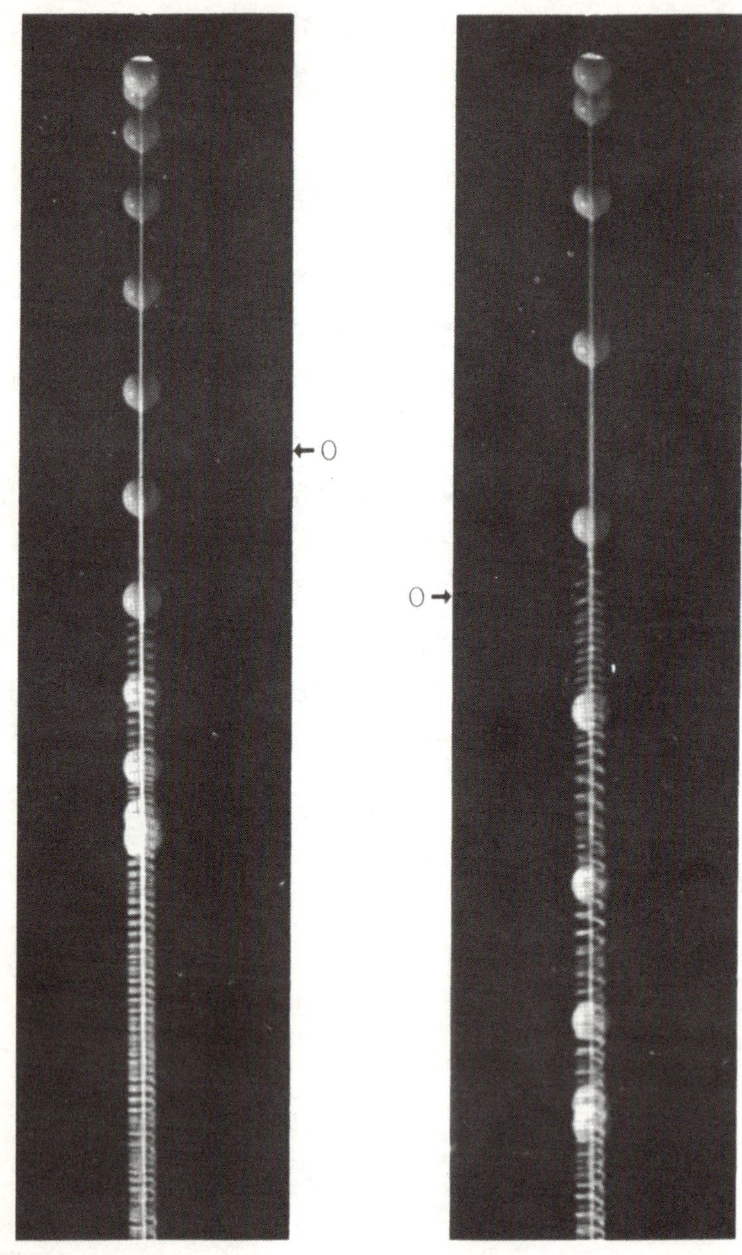
O
O

Ⅱ-6. 진자를 흔들리게 하는 힘

젊은 갈릴레오의 눈을 끌었다고 하는 피사사원의 큰 램프 뿐만이 아니라, 매달린 물체가 조금이라도 균형의 위치에서 벗어나면 진동을 시작하는 현상은 자주 눈에 띈다.

왼쪽 페이지의 사진은, 모두 용수철에 매달린 추를 약간 균형의 위치 O로부터 내렸다가 놓았을 때의 운동이다. 이것은 '용수철 진자'라고 불린다.

이런 각종의 진자 운동의 특징은, 일정한 범위내를, 더구나 정해진 시간 안에 왕복한다고 하는 점이다. 왕복하는 중심이 되는 점O로부터 떨어질 수 있는 최대 거리를 진자의 '진폭', 1왕복에 필요한 시간을 진동의 '주기'라고 한다.

진동이 어떤 범위 내에서 반복된다고 하는 것은, 물체의 위치가 중심으로부터 벗어나면 그것을 원상태로 잡아 끌려고 하는 힘이 작용한다고 생각하면 납득할 수 있다. 확실히 용수철은 변형시키면 원상태로 되돌아가려고 하는 성질을 가지고 있고, 더구나 그때의 힘의 크기는 변형의 크기에 비례한다. 추를 매달았을 때도 균형을 이룬 위치(그림2—20의 O)를 새삼스럽게 중심으로 잡으면 추는 항상 O로부터 예상 외의 크기 x에 비례하는 크기로, 더구나 O를 향해서 되돌아가려고 하는 방향의 힘을 받는다. 이와 같은 성질의 힘을 '복원력(復元力)'이라고 한다.

복원력의 크기는 O점으로 되돌아간 순간에는 O이 되지만, 추는

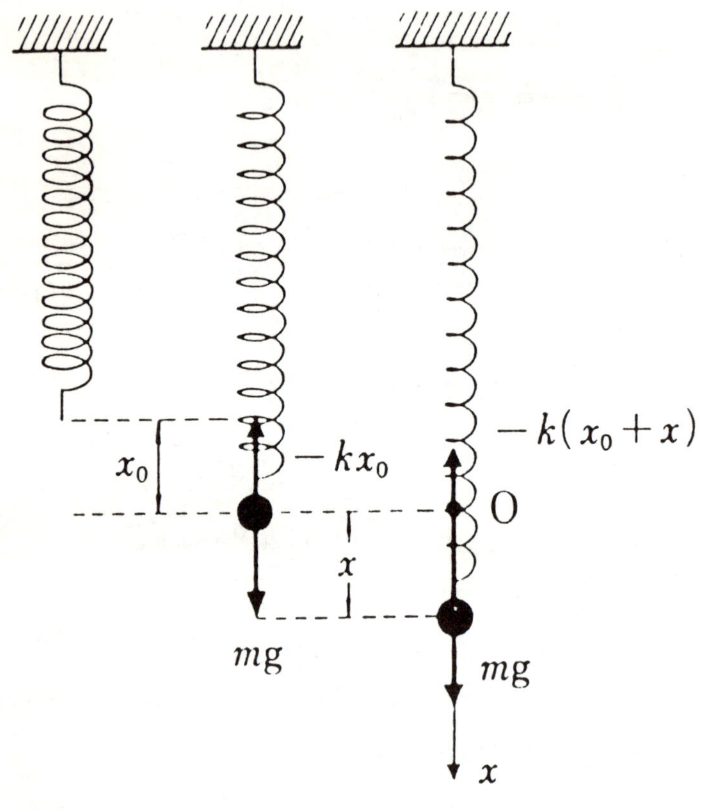

2-20

운동의 관성을 가지고 있기 때문에 그 순간의 속도로 지나쳐 버린다. 그리고 통과 전과는 반대 방향의 힘으로 브레이크를 걸지만 진폭에 해당하는 크기만큼 벗어난 위치에서 정지해서 차츰 되돌아 온다. 이것이 진동(振動)이다. 즉, 진동에서는 위치뿐만이 아니라 속도, 가속도가 모두 방향도 크기도 변화한다고 하는 복잡한 운동이지만, 그 변화는 완전히 주기적으로 반복된다. 그것은

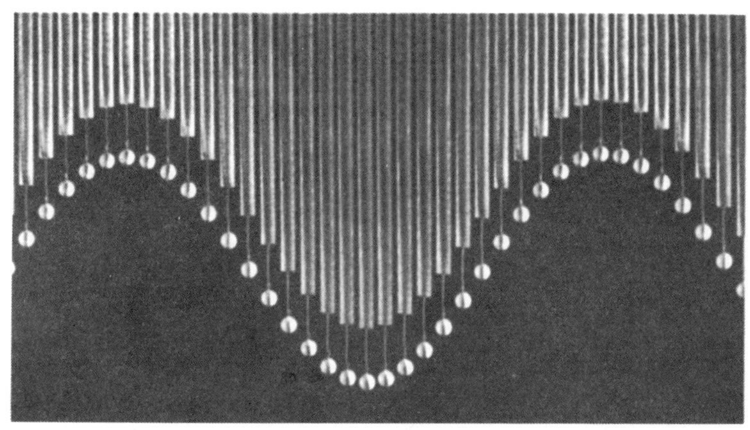

2—21

앞에 제시한 용수철 진자의 운동을 마르티스트로보 플래시로 조명하면서 필름을 수평으로 이동시켜 촬영하면 정확하게 시간을 가로축으로, 운동에 의한 변화를 세로축 방향으로 나타낸 깃과 똑같은 효과를 볼 수 있어 진동의 득징을 살 알 수 있다(그림2—21, 2—22).

진동에 있어서 시간적 변화가 그림2—22와 같은 관계로 나타나는 것은 다른 각도에서도 확인할 수 있다. 그림 2—23(上)와 같이 수평면 안에서 등속원운동(等速円運動)하고 있는 물체를 수평방향에서 보면 처음의 사진처럼 진동과 완전히 똑같아 보인다(같은 그림(下)). 즉, 실제는 평면 내에서 이루어지고 있는 운동도 시선과 직각방향에 대한 성분밖에 관찰할 수 없기 때문에, 직경의 양쪽 끝에서는 순간 정지하고, 중심을 통과할 때는 원운동의 속력 그 자체가 관찰되게 된다(그림2—24). 가속도에 대해서도 마찬가

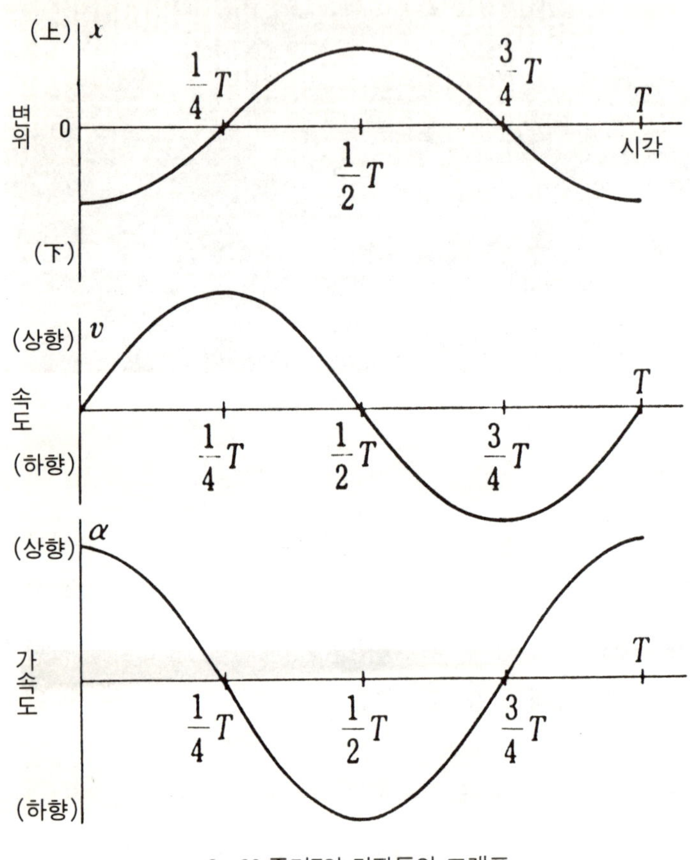

2-22 주기T의 단진동의 그래프

지로 생각하면, 중심으로부터 가장 떨어질 수 있는 위치에서의
가속도는 최대가 된다는 것도 알 수 있을 것이다.

이와 같은 진동의 특징을 나타내는 양(量) 중에서 주기(또는
그 역수에 해당하는 진동수, 즉 1초간에 반복되는 진동의 횟수)

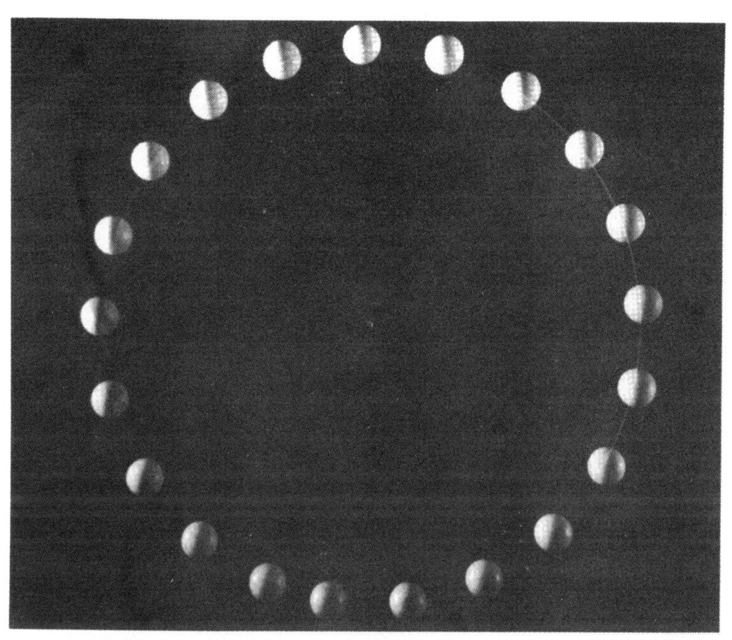

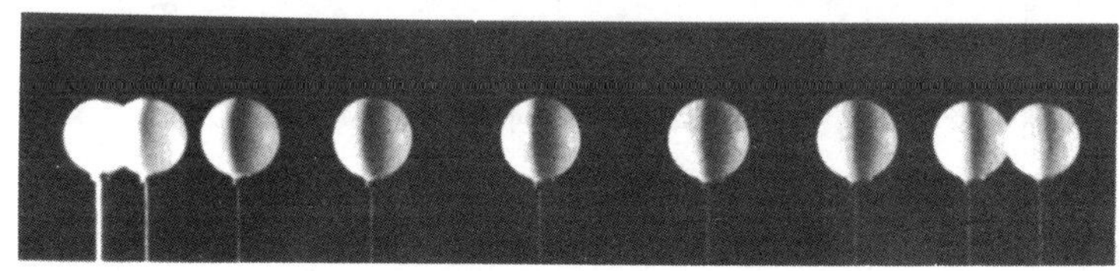

2-23

는 가장 중요하다. 주기(周期)의 길이는 복원력(復元力)을 결정하는 조건과 그 물체의 질량(즉 관성의 크기)으로 결정된다.

예를 들면, 용수철 진자에서는 질량이 클수록, 또 용수철이 약할수록 주기는 길어진다. 실로 추를 매단 진자에서는 복원력은 추에

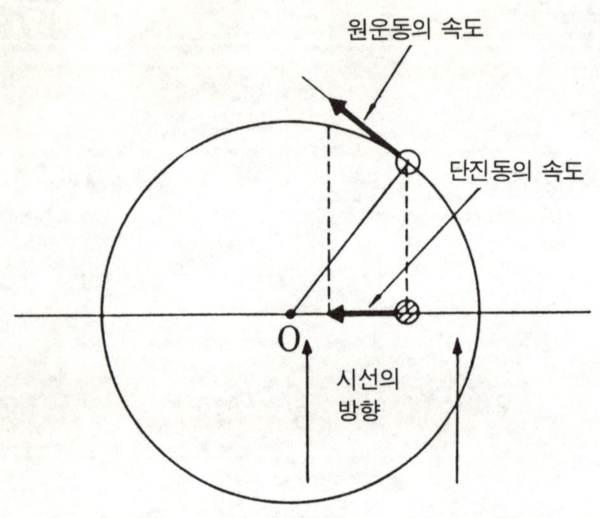

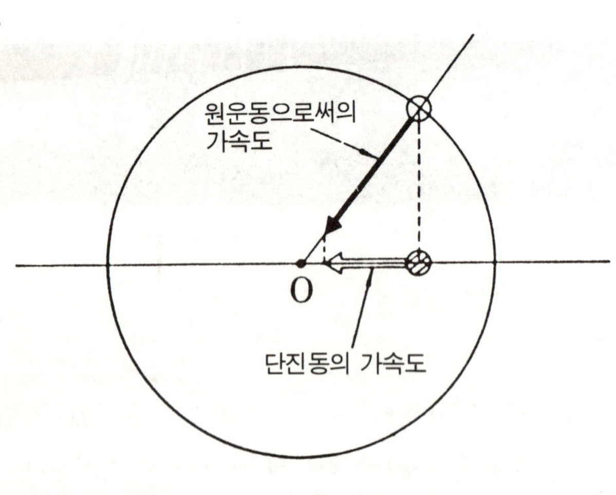

2-24

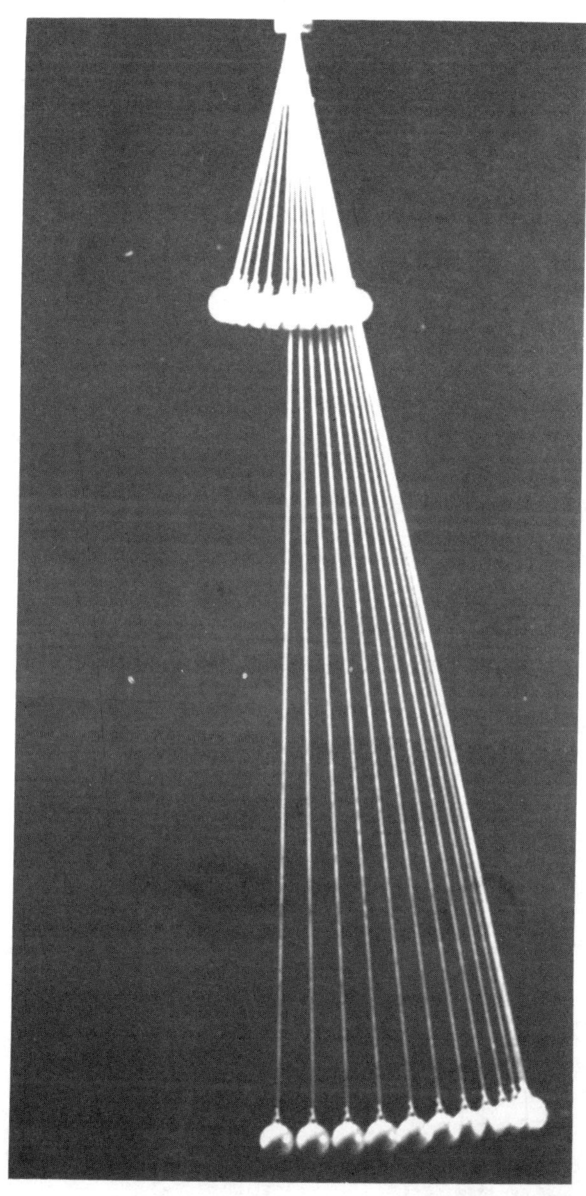

2−25 실의 길이가 1 : 4이므로, 주기는 1 : 2가 되고 있다.

작용하는 중력의 일부이지만, 중력 자신이 질량에 비례하기 때문에 결국 주기는 추의 질량에 관계없이 실의 길이와 중력의 가속도만으로 결정된다. 특히 진폭이 작을 때는 길이의 제곱근에 비례한다(그림2—25).

〈퀴즈〉

저 아폴로 계획 때에 달 표면 위에서 이런 실험을 했는지 어떤지 필자는 들어 보았지만! 출발전 지상에서 완전히 같은 주기로 흔들리는 단진자A와 용수철 진자B를 만들어 그것을 달 표면에서도 흔들어 보았다. 다만, 달에서는 지구의 약 6분의 1의 중력밖에 작용하지 않는다.

① A, B 모두 지상과 같은 주기로 흔들린다.

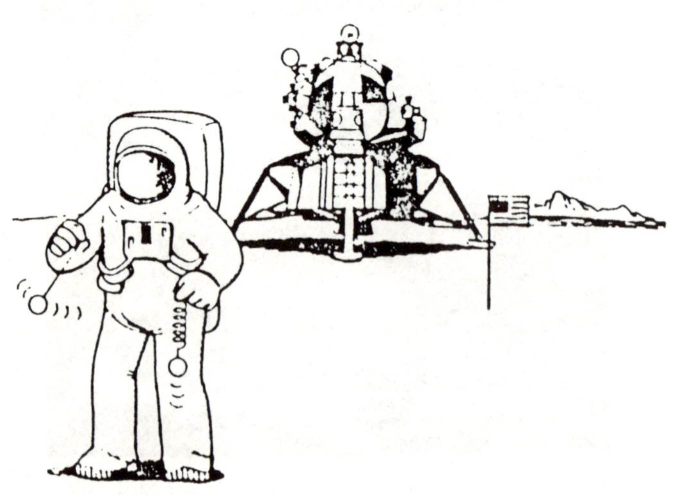

② A, B 모두 주기는 길어졌다.

③ A, B 모두 주기가 짧아졌다.

④ A는 변함없지만, B의 주기는 길어졌다.

⑤ A는 변함없지만, B의 주기는 짧아졌다.

⑥ A의 주기는 길어졌지만, B는 변함없다.

⑦ A의 주기는 짧아졌지만, B는 변함없다.

〈**답**〉

⑥ A의 진동은 중력이 결정한다. B의 진동은 용수철 힘과 추의
질량(관성)으로 결정된다.

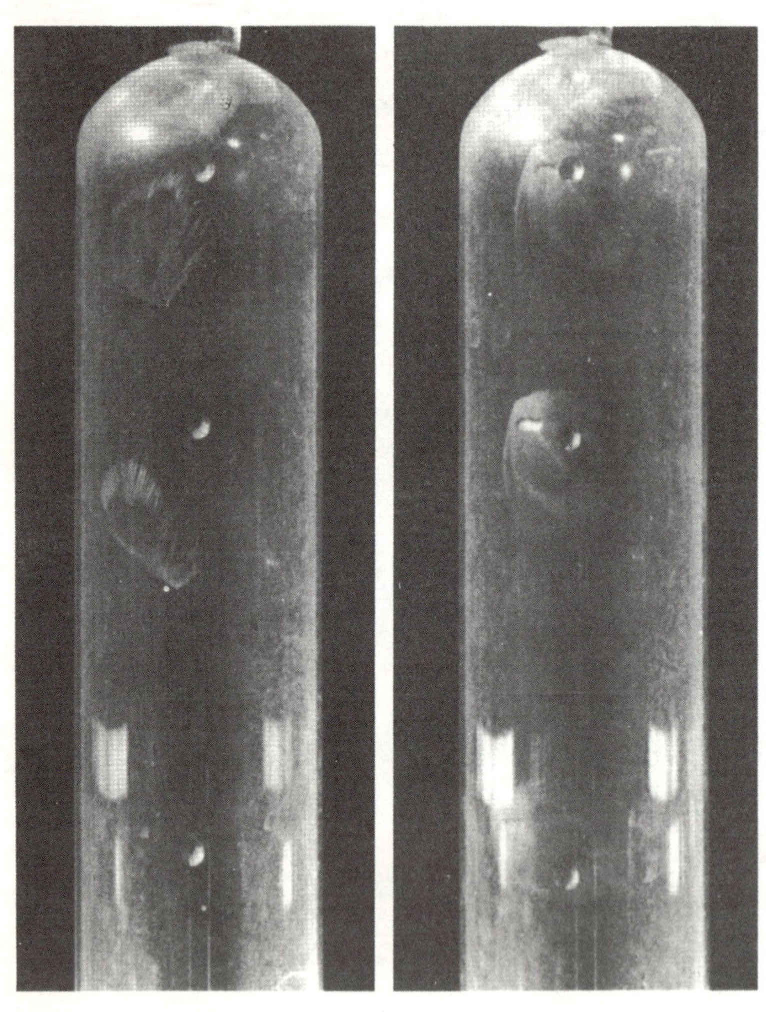

(a) 공기 중의 낙하　　　　(b) 진공 중의 낙하

Ⅱ-7. 홈런볼의 궤적

Ⅰ장에서 올바른 운동학 성립 과정을 언급했을 때에도 서술했듯이 아리스토텔레스식의 '무거운 물체일수록 빨리 낙하한다'고 하는 이론은 표면적인 관찰만으로만 보면 옳은 것 같이 생각된다.

예를 들면, 왼쪽 페이지의 사진a와 같이 깃털과 금속구에서는 동시에 낙하시켜도 금속구가 확실히 빨리 떨어진다. 그러나 이것은 공기의 저항력이 영향을 끼친 결과로, 갈릴레오가 지적했듯이 진공 중이라면 운동법칙으로도 예측할 수 있는 일이지만, 양자는 모두 동시에 낙하한다(사진 b).

그러나 현실적으로 볼 수 있는 운동은 공기 중이고, 또 대부분의 경우는 바닥이나 지면에 접촉하면서 이루어지고 있으며, 눈에 보이는 외력 이외에 공기의 저항력, 부력(浮力), 혹은 접촉면에서의 마찰력을 받고 있다. 더구나 이들 힘의 크기는 물체의 형태나 표면 성질, 또는 운동의 속력에 따라서도 변하고, 또 접촉하고 있는 상대의 상태에 따라서도 변한다. 공통되고 있는 것은 속도와 역방향에 작용해서 감속의 가속도를 발생시키는 점이다.

이런 종류의 저항력 영향을 전부 한 번에 고려하는 것은 무리라고 해도, 가능한 것부터 외력에 포함시켜 가면 진공중의 마찰이 없는 상황 아래에서의 이상화(理想化)된 계산 결과를 조금씩이라도 현실 상태에 접근시킬 수 있는 것이다.

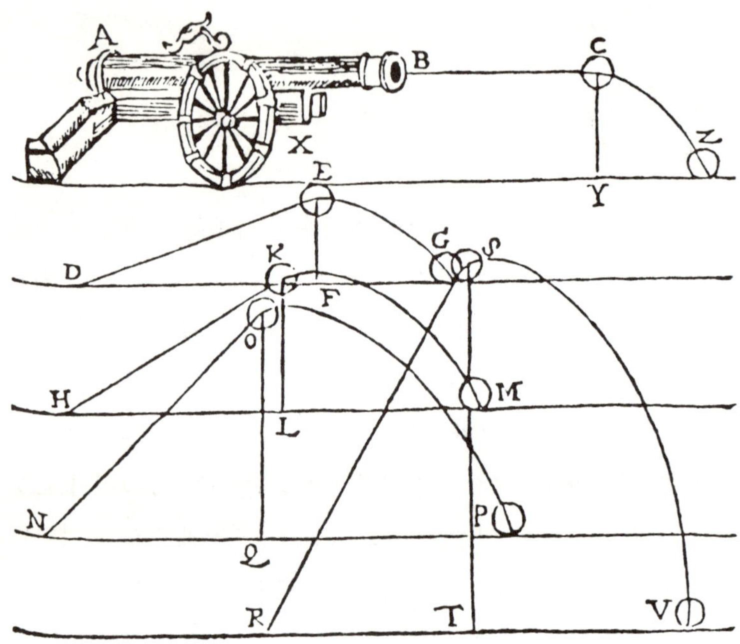

중세의 탄도이론. 전반은 발사되었을 때에 탄환에 주어진 임페토우스(움직이는 힘)로 인해 직진하고, 그것을 잃은 다음은 하강운동으로 이동한다고 생각했다. 후반의 궤도는 관찰 경험으로부터 포물선적으로 그린 것이라고 생각된다.

2-26

　비스듬히 윗쪽으로 던진 물체가 대칭성 있는 포물선 궤도를 그린다는 사실은 이미 앞에서 확인했지만, 그 경우는 완전히 작은 구형(球形)의 물체가 겨우 1 m 정도의 거리를 이동한 것에 불과했다. 그러나 야구공이 100 m 가까운 거리를 날아간다고 하게 되면 공기의 저항력 따위의 영향은 무시할 수 없게 되고, 그 결과 궤도도 대칭형이 되지 않는다. 이미 16세기 후반에도, 대포의 탄환을 어느 정도의 거리까지 날아가게 하는 경험 속에서, 현실적인 탄도의 그림이 여러 장 그려져 있다. 이것은 물론 이론적 계산 등에 의한 것은 아니지만, 결과적으로 사각에 의해 도달거리가 바뀜과 동시에 비대칭적인 궤도로써 그리고 있는 점도 흥미가 있다(그림 2—26).

　중력만의 영향을 생각하면 가속도는 항상 연직 아래 방향으로 밖에 발생하지 않기 때문에 궤도는 대칭적이 되어도 이상할 것은 없다. 그러나 공기의 저항력은 비스듬히 윗쪽으로 던져진 물체가 상승중일 때 비스듬히 아래방향으로, 또 물체가 내려가기 시작하면 그것과는 반대방향, 즉 비스듬히 윗방향으로 작용하기 때문에 운동도 대칭적이 되지 않는다.

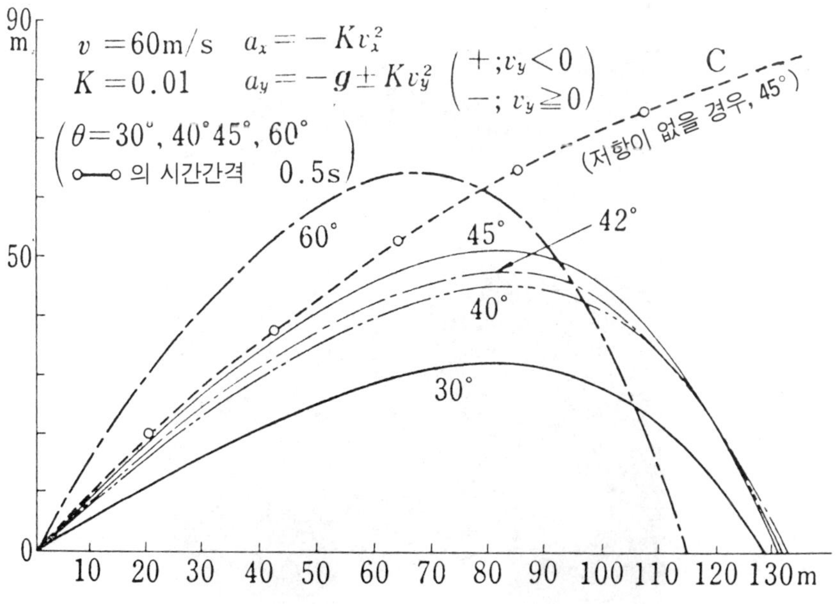

2-27 저항을 고려한 포물선

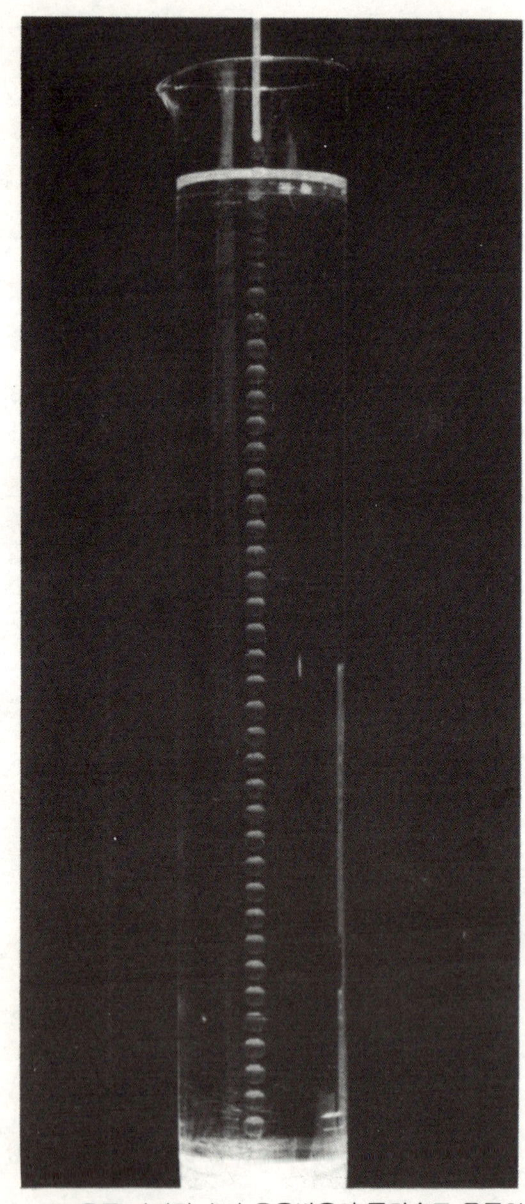

2-28 유동 파라핀 속의 우유방울의 종단속도 운동의
스트로보 다중사진.

  야구공은 겨우 초속 수 십미터이기 때문에, 이 경우에 공기로부터 받는 저항력의 크기는 공의 속력의 2승에 비례한다고 간주해도 좋다(Ⅳ—6참조). 이와 같은 저항력이 항상 속도와 반대 방향으로 작용하므로써 중력의 가속도에 이 가속도(감속)를 가미해서, Ⅱ—5의 경우와 같이 수치적으로 시시각각 위치 변화를 구한 결과만을 그림 2—27로 나타내 두겠다. 초속 60 m / s, 각도 45°로 던져올렸을 때 날 수 있는 거리가 120 m를 넘듯이(공식 야구장에서 센터에 대한 홈런이 된다) 공기저항의 조건을 갖추고 있다. 만일, 공기의 저항이 전연 없다고 하고 계산하면, 같은 조건에서 던져 올리면 367 m 나 날아가게 된다. 또한, 공기의 저항을 생각했을 때는 오히려 각도가 40~42°에서 가장 멀리 날아가게 된다.

  고체와의 접촉면에서 작용하는 마찰력은 거의 속력과 함께 감소하지만, 공기나 물속을 움직일 때의 저항력은 속력과 함께 증가한나. 따라서, 그 때의 저항력과 가속하려고 하는 외력의 크기가 같을 때 합력은 0이 되고, 그 상태 그대로의 속도로 계속 진행하게 된다. 예를 들면, 밀도가 작은 물체가 공기중을 낙하할 때는 중력과 저항력이 같은 상태가 곧 생기고, 그 이후는 일정한 속도로 계속 낙하한다. 이 때의 속도를 종속도(終速度) 또는 종단속도라고 한다. 작은 빗방울은 겨우 수 m / s의 속력으로 종단속도에 달한다. 인간이 낙하산을 펴지 않고 낙하하는 스카이다이빙에서도 시속 190km(53 m / s) 정도 이상으로 빨리지지는 않는다. 그림 2—28은 우유방울이 유동파라핀 속을 낙하하는 경우로, 운동직후부터 등속도(等速度)가 되고 있다.

148

〈빗방울의 운동〉

소립(小粒)의 비는 겨우 초속 50~60cm 정도로 내려온다. 이것은 중력의 영향 뿐만이 아니라 공기의 부력(浮力)이나 저항력의 영향도 받기 때문이다. 저항력은 속력의 2승에 비례한다고 하면, 비례정수를 k, 가속도 a는 하향을 원칙으로 하고,

$$a = g - kv^2$$

으로 표시된다.

최종적으로 중력과 저항력이 균형을 이룰 때의 속력 $v = 50$cm $/$ s라고 하면, 이 때의 가속도는 0이다. g$=980$cm $/$ s^2라고 하면, k의 값은 얼마일까.

이 조건 아래에서 빗방울이 낙하해 간다고 하면 $\varDelta$t$=0.01$초마다의 가속도, 속력, 낙하거리는 $v = 50$cm $/$ s에 도달하기까지 어떻게 변화할까를 전자계산기를 이용해서 조금씩 계산해 보자.

이용하는 계산식은 $v = 0$부터 시작해서,

가속도　　$a = 980 - kv^2$

속도　　　$v´ = v + a + \varDelta$t

낙하거리 $h = h + v´ \times \varDelta$t

를 차례대로 $\varDelta$t를 0.01씩 늘려가면서 계산을 반복하면 된다. 단, 처음일 때만,

$$v´ = v + a \times \varDelta t \div 2$$

로써 계산한다. 계산 결과는 다음 표와 같이 정리해 두면 좋다.

계산회수	a cm/s^2	v cm/s	h cm
1	980. 0	4. 90	0. 05
2	970. 59	14. 61	0. 20

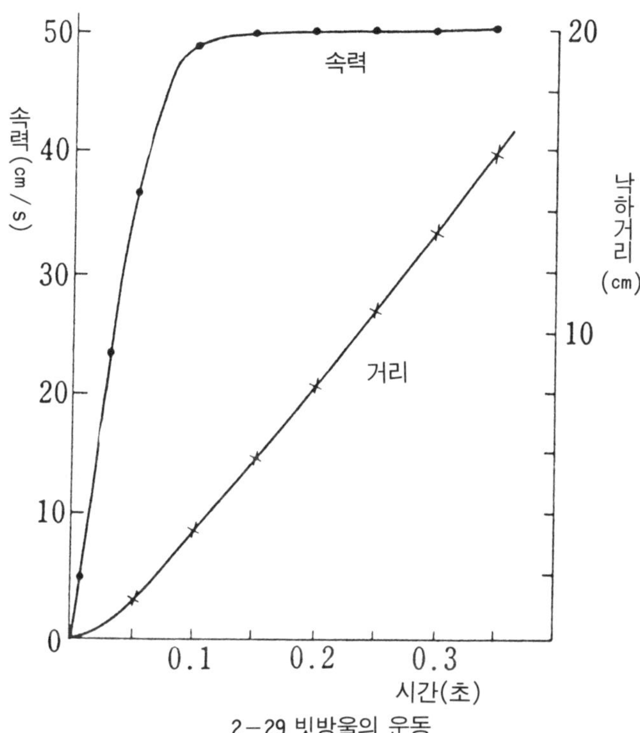

2-29 빗방울의 운동

계산회수	a cm/s²	v cm/s	h cm
1	980.0	4.90	0.05
5	598.61	37.18	1.11
10	81.17	48.70	3.41
15	7.10	49.89	5.89
20	0.59	49.99	8.39
25	0.05	50.00	10.89
30	0.00	50.00	13.39
35	0.00	50.00	15.89

⟨**답**⟩

공기 저항의 계수 k는,

$0=980-k\times50^2$을 정리해서, $k=0.392$

가 된다. 이 k를 이용해서 계산한 결과로부터 0.05초마다의 숫자만 표시해 두자.

즉, 이 조건 아래에서는 낙하 후 0.3초, 13cm 정도 낙하했을 때에 완전하게 가속도 0, 즉 일정한 속력이 되고 있음을 알 수 있다.

Ⅱ-8. 급브레이크의 쇼크

전방에 이상을 느끼고 운전수가 급브레이크를 밟으면 차내의 승객은 전방으로 들이받히는 듯한 힘을 느낀다. 단지 사람이 '힘을 느낌' 뿐만이 아니라는 점은 차내에 버려져 있던 빈깡통 등도 데굴데굴 앞쪽으로 굴러가는 것으로도 알 수 있고, 모형에 의한 실험으로도 확인할 수 있다(다음 페이지의 사진 참조). 반대로 차나 로케트가 갑자기 출발하면 몸은 뒷쪽으로 떠밀린다. 처음의 예에서는 차 자체는 브레이크가 걸렸을 때 진행 방향과 반대 방향의 힘을 받아 감속하고 마침내 정지한다. 그러나 차내의 인간이나 물체는 정지 직전의 진행 방향으로 힘을 받았다고 느끼고 있다. 이와 같은 모순이라고도 생각되는 사실은 무엇이 원인으로 발생한 것일까. 이것은 무엇을 기준으로 해서 물체의 운동을 생각하느냐의 차이에 의한 것이다.

지금까지 우리들은 지면이나 바닥에 대해서 물체가 어떻게 운동하는지를 생각하고, 그 운동과 힘의 관계를 추구해왔다. 지금도 그 입장에서 생각하자면, 차체의 감속과 그 원인이 된 진행 방향과 역방향의 제동력과의 관계는 운동법칙 그대로이다.

차내의 사람도 자신이 지면에 대해서 어떤 움직임을 하고 있는지를 생각했다고 하자. 차에 브레이크가 걸렸을 때 그 힘은 차내의 인간에게까지 미치지 않기 때문에(적어도 상반신까지는. 발은 마찰이 있기 때문에 감속하고 있는 바닥과 함께 운동한다), 어느

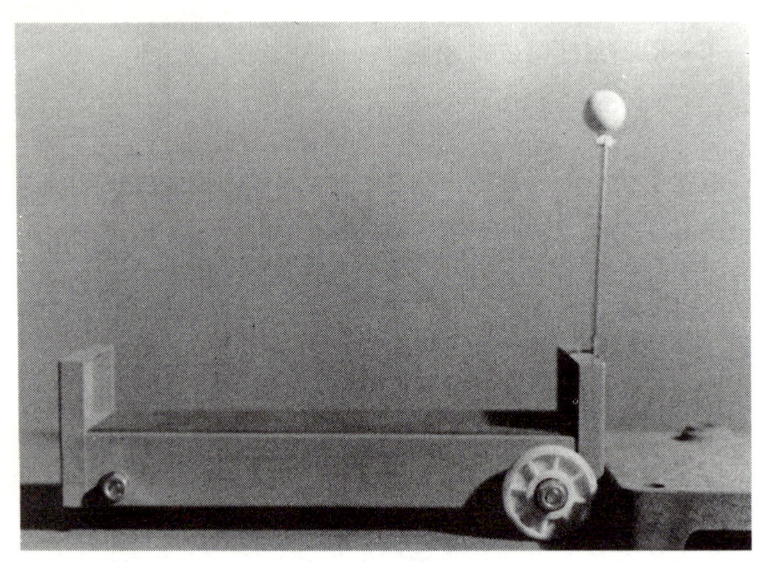

곳으로부터도 힘을 받지 않는 물체는 관성의 법칙대로 감속이 시작되기 직전의 속도대로 지면에 대해서 전진한다.

한편, 차체는 지면에 대해서 차차 감속하는 운동을 하여 양자간에 어긋남이 생긴다. 결론적으로, 상체만이 차내에서 전방으로

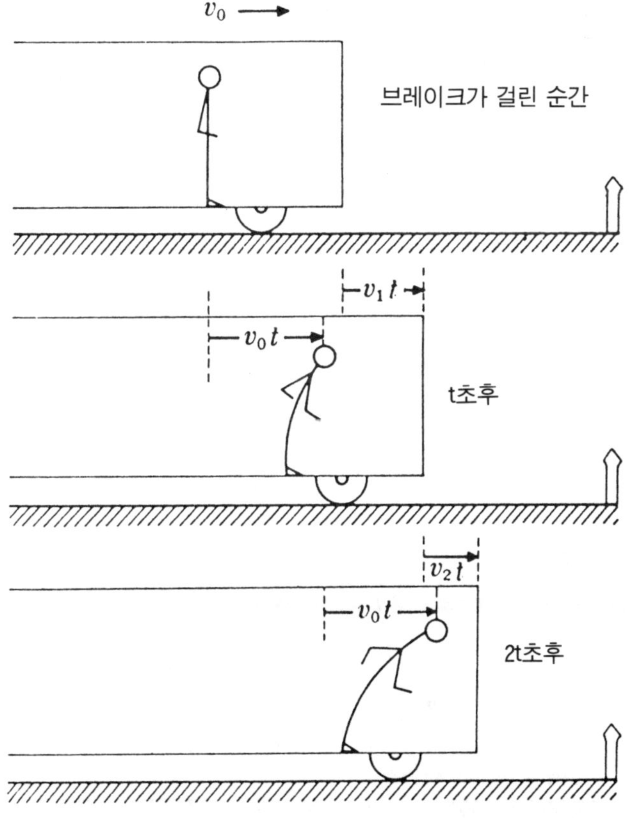

2-30 차체와 발은 차차 감속하지만,
상체는 이전 속도로 진행한다.

이동한다(그림 2—30). 이것이 물체가 앞으로 넘어진다고 하는 사정의 설명이며, 달리 운동법칙과의 사이에 모순은 없다.

그러나 차내의 사람은 보통 이와 같이 지면에 대한 자신의 상황을 생각하지 않고, 자신이 타고 있는 차체에 대한 관계 쪽에 주목한다. 차가 일정한 속도로 달리고 있을 때, 사람은 차내의 일정한 위치에 조용히 서 있을 수 있고, 당연히 균형 상태에 있다. 그러나 브레이크가 걸린 순간에 몸은 차체에 대해서 전방으로 움직이려고 하며, 이 변화의 원인으로써의 '힘'을 받았다고 느낀다. 이전과 같은 균형을 유지하려고 하면 손잡이 등을 붙잡고, 몸의 반대 방향(즉, 차체에 작용한 제동력의 방향)에 힘을 가할 필요가 있다 (그림 2—31).

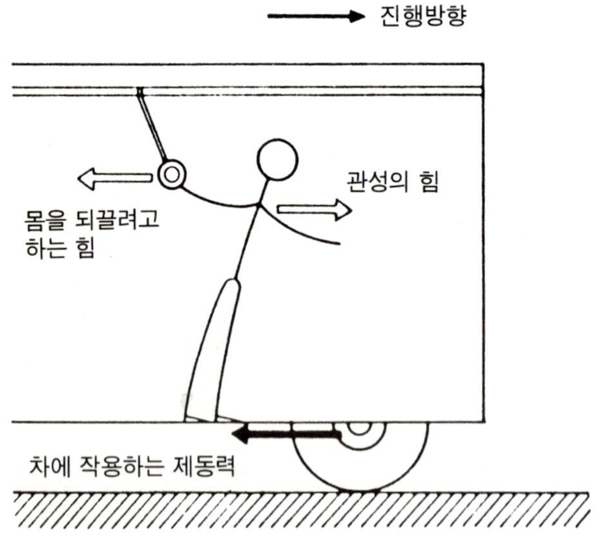

한편, 항상 지면을 기준으로 해서 운동을 생각하는 입장에 서면, 손잡이에 매달려 몸을 지탱하고 있는 사람에게 실제로 작용하는 힘은 이 손잡이가 사람을 되끄는 힘뿐이며, 그 결과 몸에도 차체와 같은 방향의 감속 가속도가 발생해서 차체와의 어긋남을 일으키는 일 없이 마침내 지면에 대해서 정지한다고 생각한다. 이렇게 되면 급브레이크로 인한 쇼크는 감속운동(일반적으로 말하자면 가속도 운동)을 하고 있는 차내에서 차체를 기준으로 해서 운동이나 균형을 생각할 때만 문제가 되는 '특수한 힘'임을 알 수 있다.

본래, 운동의 법칙은 지면에 대해서 정지 또는 등속도 운동을 하고 있는 물체를 기준으로 해서, 그것에 대한 운동과 외력의 관계로써 설정되는 것이다. 그 때의 힘은 반드시 작용·반작용의 법칙까지 만족시키고 있다.

이것에 반해서 지면에 대해 가속도 운동을 하고 있는 물체를 기준으로 해서 운동을 생각하면, 그 가속도와 반대 방향의 '힘'이 별개로 작용한다고 생각하지 않으면 운동의 법칙이 성립하지 않게 된다. 이 '힘'을 관성의 힘(외관의 힘)이라고 한다. 일반적인 힘과의 큰 차이는 반작용의 힘이 존재하지 않는다는 점이다.

앞에서도 서술했듯이(Ⅰ—1), 운동을 보는 기준은 무엇으로 잡아도 좋다. 중요한 점은, 그 기준의 성격을 분명히 파악해 두는 것으로, 만일 기준으로 잡은 물체 자신이 가속도 운동을 하고 있는 것이라면, 관성의 힘을 일반적인 힘에 덧붙여서 생각하면 되는 것이다.

엘리베이터를 타면 출발할 때, 정지할 때 묘한 느낌을 받는다.

이것도 엘리베이터가 가속도를 가진 결과로, 내부의 물체가 가속도와 역방향의, 관성의 힘을 느끼는 일례이다.

〈**탄성 · 소성**〉

대나무의 탄성변형의 크기(오른쪽 페이지 사진, 上)와 비교하면 유리의 무르기가 눈에 띈다(下). 유리는 특히 급격한 변형에 약해 받침대 사이에 걸쳐 있던 판유리가 위에서 낙하해 온 쇠구슬의 충격으로 파괴된 순간, 그러나 부서지기 전에 어느 정도까지 휘어짐을 알 수 있다.

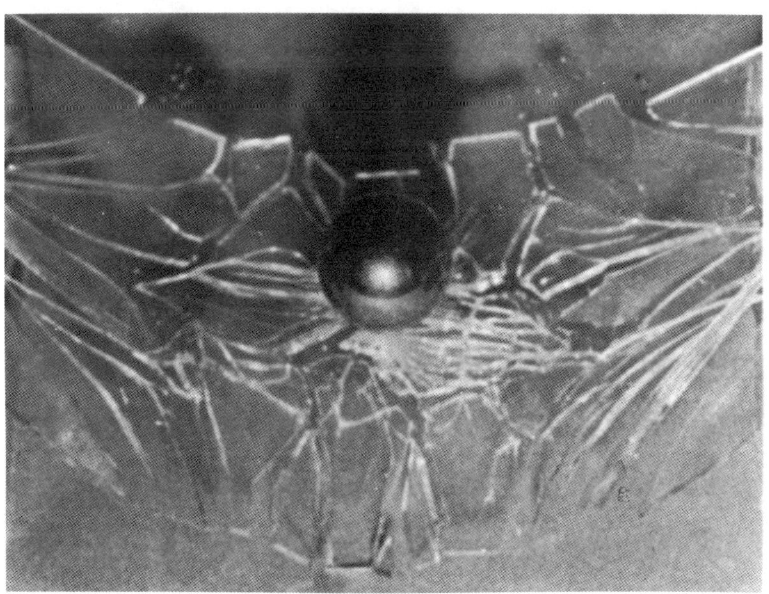

Ⅱ—9. 향심력인가, 원심력인가

원운동을 하고 있는 물체에는 항상 원 중심을 향하는 향심력 (向心力)이 작용하고 있다는 사실은 이미 앞에서 다루었다(Ⅱ—4).

그런데 일상 원운동에 대해서 이야기할 때에, '차가 급커브를 돌면 원심력으로 인해 바깥쪽으로 튕겨나갈 것 같았다'라든가, 원심력으로 탈수한다라고 하는 말을 한다. 때로는, 공중에서 일회전해서 거꾸로 되어도 원심력으로 떨어지지 않는 공중 젯트코스터가 화제가 된다(사진). 이와 같은 원심력은 위의 표현에도 있듯이, 원운동을 할 때에 오히려 원의 바깥쪽을 향하는 방향을 취하는 힘이며, 향심력은 반대 방향이 된다. 이 두 '힘'은 어떤 관계에 있을까.

사실, 위의 사례에서도 알 수 있듯이, 원심력을 문제로 할 때는 관측자 자신이 차 따위를 타고 원운동을 하고 있다. 즉, 원운동이라고 하는 가속도 운동을 하고 있는 물체를 기준으로 해서 운동을 생각하면 그 관측자는 관성력(Ⅱ—8 참조)도 느낀다. 원심력이란 원운동에 따르는 관성력(慣性力)인 것이다.

전항에서 설명했듯이, 지면을 기준으로 했을 때는 보통 의미에서의 힘이 문제가 되어 향심력만을 문제로 삼으면 된다. 공중 젯트코스터도 정상에서 거꾸로 될 때를 포함해서, 원운동을 계속하고 있기 때문에 그 원의 중심을 향하는 향심력이 필요하지만,

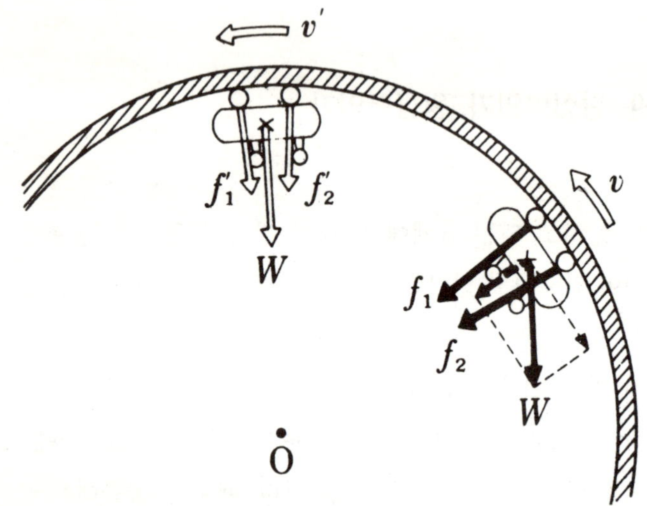

2-32 중력 W(또는 중심O의 방향의 분력)과 레일로부터의 항력 f₁, f₂의 합력이 구심력이 된다.

이것은 차체의 무게(중력)와 레일이 차체를 되미는 힘과의 합력으로 인해서 만들어진다(그림 2—32). 중력은 항상 가해지지만, 차체가 상당한 스피드로 달리고 있는 한, 관성으로 똑바로 나아가려고 하는 차체를 커브하고 있는 레일이 그것과 직각방향으로 (즉, 원의 중심을 향해서) 되미는 힘을 가해준다.

만일, 스피드가 부족하면 이 레일로부터의 항력도 작아져서, 필요한 만큼의 구심력을 얻을 수 없게 되어 원궤도로부터 이탈해서 방물운동(防物運動)으로 바뀐다고 하는 사태도 발생한다(그림 2—33).

이 운동을 차체에 기준을 두고 생각하면, 내부의 승객이 떨어지지 않고 차체와 함께 공중 회전을 할 수 있는 상태란, 차체와 승객이 떨어지지 않는, 즉 차체에 대해서 균형상태에 있다고 하는

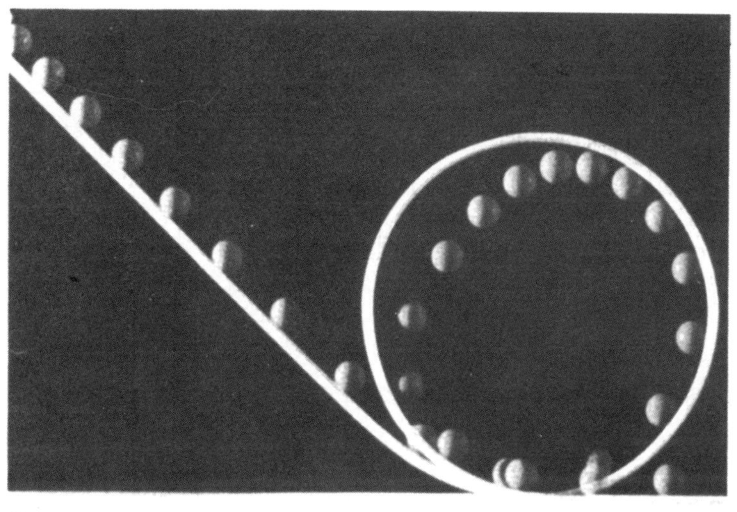

2-33

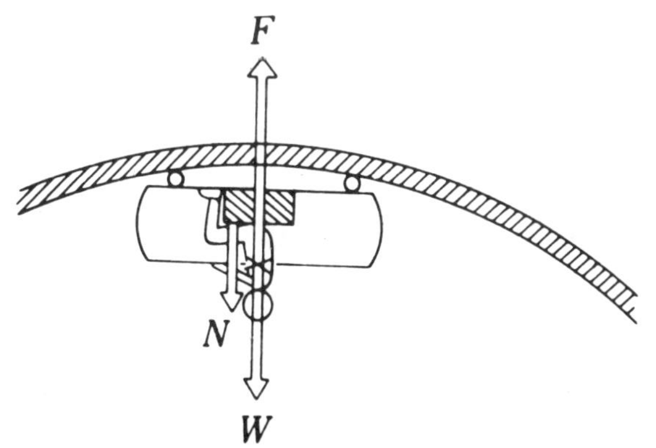

2-34 젯트코스터내의 승객은 중력 W, 바닥으로부터의 항력 N과 원심력 F가 균형을 이루기 때문에, 차내에 머물 수 있다.

것이다. 이 때 승객이 받고 있는 힘으로써는 중력과 차체로부터의
항력(몸으로 차체를 누르고 있다고 느낄 때 몸은 그 반작용으로
써 되밀리는 힘을 받고 있다) 및 원심력으로, 이 사이에 균형관계
가 성립하고 있다(그림 2—34). 만일 스피드가 부족하면 원심력이
지나치게 작아져서 균형은 깨지고, 인간은 중력방향으로 떨어져
버린다.——물론, 유원지의 코스터는 어느 지점에서도 충분한 스피
드가 유지될 수 있도록 설계되어 있지만, 만일의 안전대책으로써
차체는 항상 레일로부터 이탈하지 않도록 맞물려 있고, 승객은

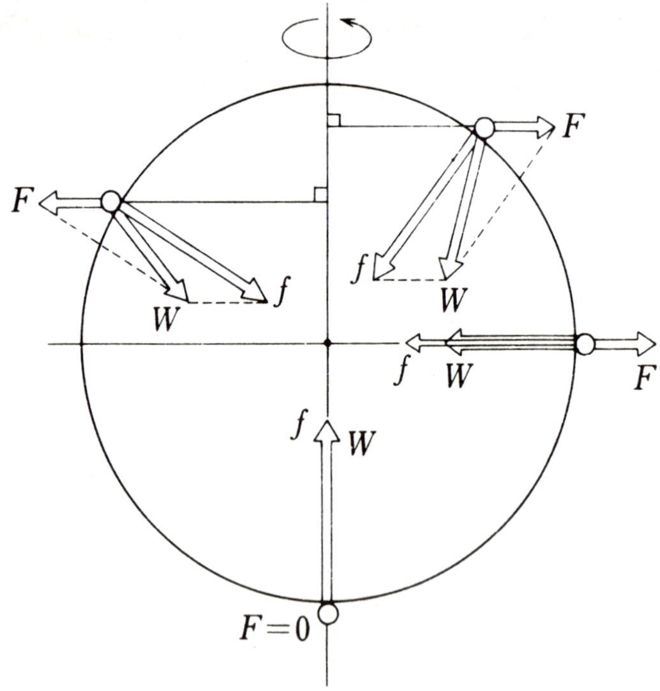

2—35 만유인력 f와 자전에 따르는 원심력 F의 합력이 현실의 중력
W가 된다(F를 과장해서 크게 그리고 있다).

서포터로 차체에 꽉 눌려 있다.

전항에서도 서술했듯이, 운동을 생각할 때 무엇을 기준으로 해서 (물리용어를 사용하면, 어떤 좌표계에 대해서) 운동을 관찰한 결과인가를 확인해 두는 것이 제일 중요하다. 그것에 따라서 운동법칙의 적용 방법도 달라진다. 원운동의 경우로 말하자면, 원심력을 생각할 필요가 생기는 경우도 있다. 따라서, 원운동이라고 말하면, 곧 원심력이라고 하는 견해는 옳지 않은 것도 이해되리라고 생각한다.

앞에서 지면 또는 지면 위에서 등속운동하고 있는 물체를 기준으로 운동을 생각한다고 말했지만, 지면(즉 지구)은 자전 및 공전이라고 하는 회전운동(가속도 운동)을 하고 있다. 그러나 우리들이 보통 취급하는 정도의 거리로써는 100 m 정도까지, 시간으로써는 수 초 이내라고 하는 소규모적인 운동을 취급할 경우에는 지구 그 자체의 각 점의 운동은 거의 등속도 운동으로 간주해도 좋다. 따라서, 지면을 기준으로 관찰한 운동에는 운동법칙은 그대로 적용된다.

그러나 지구 전체에 관계되는 것 같은 문제를 생각할 경우에는 필요에 따라서 지구의 회전의 영향도 고려할 필요가 생긴다. 예를 들면, 지상의 물체가 받는 중력(주로, 지구로부터 물체에 작용하는 만유인력)은 지구 내부가 균일하다고 간주하면 지구상의 어디에서라도 지구 중심을 향하는 방향을 취하지 않으면 안되지만, 일반적으로는 매우 약간이지만, 방향이 어긋나 있고 중심을 향하는 것은 적도상과 양극점 뿐이다. 이것은 우리들이 자전하는 지구상에서 관찰하고 있기 때문에 지상의 물체에는 지축 주위의

각지의 중력가속도(1971)

지 명	위 도	$g(cm/s^2)$
헬 싱 키	60°10′N	981.90
포 츠 담	52°23′N	981.26
와카나이	45°25′N	980.62
동 경	35°39′N	979.76
카고시마	31°34′N	979.47
호놀룰루	22°20′N	978.94
기크(에콰도루)	0°13′S	977.26
케이프 타운	33°57′S	979.63
소화기지	69°0′S	982.53

회전에 따르는 원심력이 작용한다고 생각하지 않으면 안되기 때문이다. 즉, 만유인력과 이 원심력의 합력이 그 물체가 지구로부터 받는 중력으로써 관찰된다(그림 2—35). 원심력의 크기는 가장 큰 적도에서조차 만유인력의 0.3% 정도에 불과하지만, 중력의 방향은 지구 중심을 가리키는 방향으로부터 조금 벗어나서, 지구의 형태가 극방향보다 적도방향으로 약간 길다고 하는 사실도 덧붙여서, 그 어긋난 방법이나 중력의 크기도 위도에 따라서 다르다. 더욱 자세하게 보면, 지각의 구조의 차이에 따라서도 차이가 생기는 것이다(위의 표).

〈중력을 느끼지 않게 될(?) 때〉

 지구의 자전으로 인한 원심력(遠心力) 때문에 지구상에서 받는 중력의 크기는 만유인력으로써의 인력보다 작아지는 것을 알았다. 현재 자전의 속력은 24시간에 1회전(360°)이라고 하는 정도이기 때문에 이 영향은 매우 사소하지만, 만일 지구의 자전이 좀 더 빨라지면 원심력도 커지고, 중력은 더욱 약해질 것이다. 지구의 자전이 어느 정도 빨라져야 마침내 지구상에서 느끼는 중력이 0이 될까. 또, 그런 영향은 지구상의 어느 곳에서라도 똑같이 일어나는 것일까. 아니면, 지구상의 위치에 따라 차이가 있는 것일까. 간단히 하기 위해서, 지구를 반경 6400km의 완전한 구(球)라고 한다.

〈힌트〉

반경rm 의 원주상(円周上)을 속력 vm / s로 회전하는 mkg의 물체가 받는 원심력의 크기 FN(뉴우톤)은,

$$F = \frac{mv^2}{r}$$ 라고 표시된다.

한편, 지구로부터의 인력(引力)은 (9.8 m) N이다.

〈답〉

원심력＝인력이 되는 경우란, 적도상에서는,
$$m \times v^2 / 6400000 = 9.8\, m$$ 이므로,
회전속도 v＝7919.5(m / s)에 해당한다.

이 때, 지구가 일주(一周)하는 시간이란, 적도에서의 일주의 길이를 이 v로 나누면 되므로,
$$T = 2 \times 3.14 \times 6400000 \div 7919.5$$
$$= 5077.6(s) = 1.41(\text{시간})$$

즉, 지금의 17배 정도로 자전속도가 증가했을 경우라고 하는

것이 된다.——물론, 이와 같은 대이변이 일어나면 이런 큰 속력에 이르기 이전에 지구 그 자체의 구조가 붕괴 현상을 일으키게 될 것이다.——

원심력의 영향은 지축 주위의 회전으로 인해서 생긴다. 따라서, 영향은 적도에서 최대이고, 극에 접근할수록 0에 가까워진다.

Ⅲ. 운동법칙의 확장

지금까지 뉴우톤이 정리한 운동법칙을 중심으로 그 법칙의 의미를 생각하고, 또 그것을 여러 가지 운동에 적용시켜서 설명해 보았다.

그런데 17세기 말에 뉴우톤이 정리한 이론은 그 대부분이 1개의 물체가 외부로부터 힘을 받아서 운동하는 경우를 문제삼고 있고, 또한 그 물체에 크기가 있다고 하는 점은 고려하지 않았다. 물론, 그 물체가 가지고 있는 질량까지 무시한 것은 아니다.

이와 같이 크기는 0이지만(또는 무시할 수 있다) 질량을 가지고 있는 물체를 물리 용어로는 '질점(質点)'이라고 한다는 것은 앞에서도 서술했다. 즉, 뉴우톤은 운동의 본질적인 점을 명백하게 하기 위해서 우선 질점이라고 하는 이상화된 물체를 예로 들었던 것이다. 그러나 이렇게 해서 본론에 관계되는 문제에 대한 확실한 전망이 확립된 덕택으로, 그 후의 연구자들이 크기까지 고려한 물체의 운동이론도 포함해서, 운동법칙을 19세기 전반까지 완성하는데 쓸데없는 우회를 하지 않고 해결하게 된다. 또 그 속에서, 운동을 속도, 가속도, 힘이라고 하는 면에서 문제 삼았을 뿐만 아니라, 운동량, 에너지 등의 새로운 개념을 도입하므로, 통일적으로 운동을 생각하는 일도 가능해졌던 것이다.

본서도 지금까지의 2장에 걸쳐서는, 말하자면 질점의 역학 범위에서 운동과 힘의 관계를 생각해 보았다. 그로부터 출발해서 보다

현실적인 운동에 몰두하는 것은 좀 벅찬 문제와 마주치는 일이 되겠지만, 모처럼 이해할 수 있었던 기본적인 운동의 법칙이 어떤 면에까지 확장되는지, 그러기 위해서는 어떤 새로운 개념의 이해가 필요한지 등의 점을 공부해 보기로 하겠다.

〈작용과 반작용〉

양다리로 물을 세차게 뒷쪽으로 밀고, 자신은 그로 인해 앞쪽으로의 운동량을 얻는 개구리.

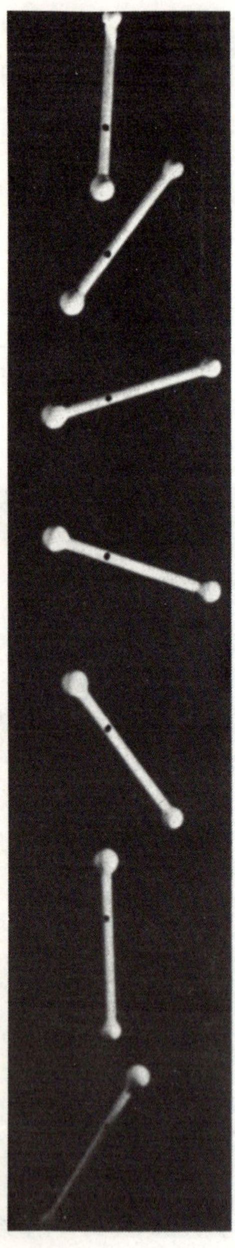

〈낙하운동〉

연필의 양쪽 끝에 무게가
다른 구슬을 붙인 물체의 낙하운동.
언뜻 복잡한 운동도,
전체의 중심(•표)의 낙하는
질점의 낙하와 다름없이,
그 주위에 생기는 회전운동이
이것과 짝을 이루고 있음을
알 수 있다.

Ⅲ-1. 충돌로 인해 변하는 것, 변하지 않는 것

충돌하면 차의 범퍼도 찌브러지고 모양도 변한다고 하는 현실적 이야기로 건너뛰는 것은 잠깐 기다리고, 여기에서는 우선 단단한 질점끼리의 충돌에 대해서 검토하겠다.

다음 페이지의 사진은 앞에서도 이용한 필름스냅카메라와 마르티스트로보에 의한 촬영으로, 위에서부터 차례대로 10분의 1초 간격으로 촬영한 스트로보 사진의 나열 상태이다.

화면은, 직선 상태의 레일 위를 오른쪽으로부터 굴러 온 공B가 정지하고 있는 공A와 충돌한 경우이다.

동시에 촬영되어 있는 자의 눈금도 참고로 해서 이 사진을 검토해 보면, 충돌 전이나 후나 공 A나 B 모두 등속으로 운동하고 있지만, 충돌로 인해 추돌한 공B는 속력이 느려지고, 반대로 추돌당한 A쪽은 움직이기 시작하고 있음을 알 수 있다.

이들 사실을 이미 몸에 익힌 운동법칙으로 해석해 보면, 공이 각각 떨어져서 운동하고 있는 동안은 마찰력의 영향도 거의 무시할 수 있을 만큼 작기 때문에 외부 어느 곳으로부터도 힘은 작용하지 않아 일정한 속력으로 계속 움직이는 것이 당연하다. 두 공의 속력이 변화한 것은 충돌로 인해 매우 짧은 시간이라 해도 서로 힘을 미친 결과이며, 그 경우 추돌한 공B는 A를 왼쪽 방향으로 밀고, A는 그 반작용에 해당하는 힘으로 B를 오른쪽 방향으로 되민다. 따라서 A는 가속되고, B는 감속되는 것을 이해

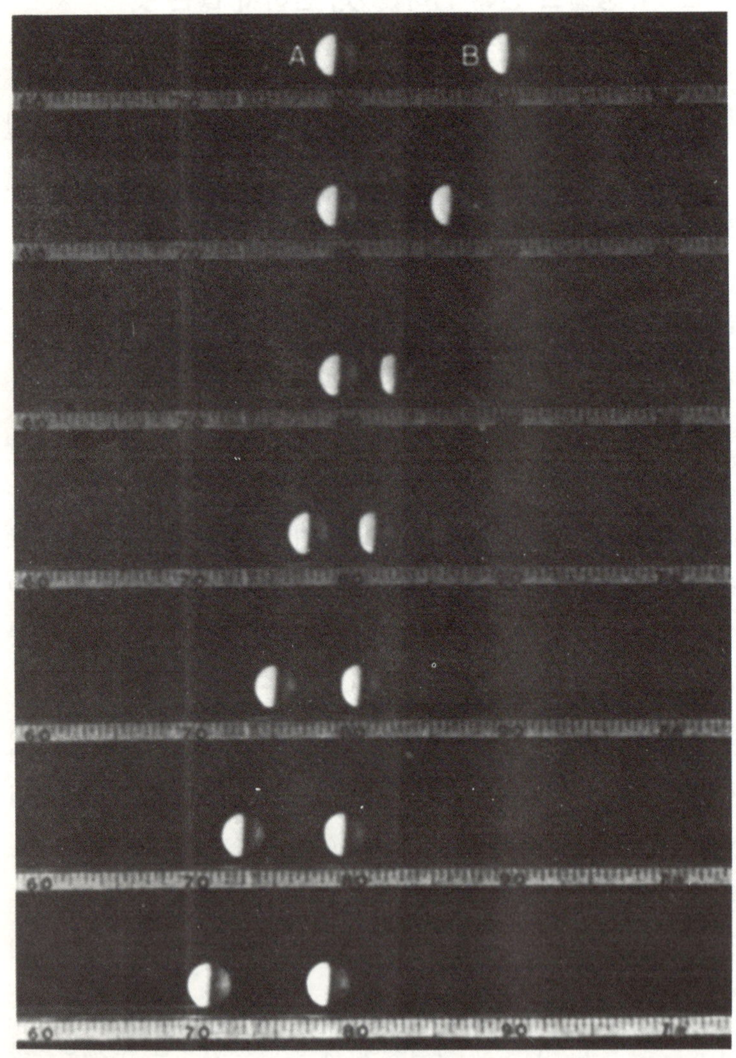
A
B

할 수 있다.

이것을 조금 더 자세하게 검토해 보자. 속도의 변화는 두 공이 힘을 서로 미치고 있던 매우 짧은 시간(이것을 Δt로 표시하자) 동안에 B가 A에게 힘 f, A가 B에게 힘 $-f$를 가했기 때문에 발생했다. 여기에서 B가 받은 힘을 $-f$라고 한 것은, 작용·반작용의 법칙(Ⅰ·10 참조)으로부터 A가 받은 힘과 크기는 같고 또 동일 방향, 반대 방향임을 고려했기 때문이다. A의 충돌전의 속도를 v_1, 충돌 후의 속도를 v'_1, B에 대해서도 각각 v_2, v'_2라고 하면, 이 힘으로 인해 생긴 가속도 a_1, a_2는,

$$a_1 = \frac{v'_1 - v_1}{\Delta t} \qquad a_2 = \frac{v'_2 - v_2}{\Delta t}$$

와 같이 표시된다.

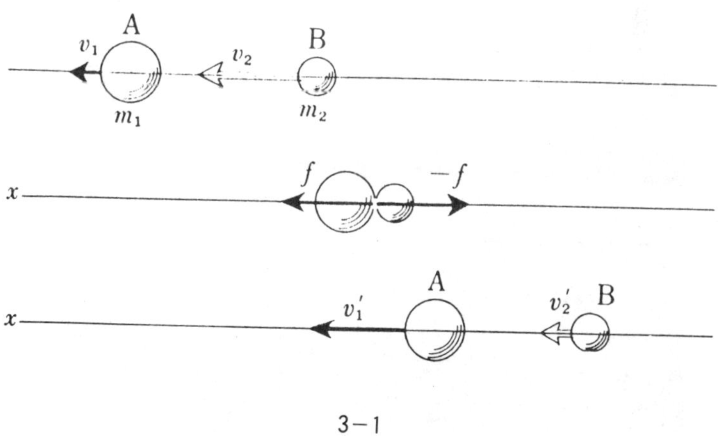

3—1

여기에서 A, B의 질량을 각각 m_1, m_2라고 하면 운동 제2법칙으로부터 다음의 관계식이 성립한다.

A에 대해서, $f = m_1 a_1 = \dfrac{m_1 v_1' - m_1 v_1}{\varDelta t}$

B에 대해서, $-f = m_2 a_2 = \dfrac{m_2 v_2' - m_2 v_2}{\varDelta t}$

이 두 식을 합치면, $f - f = 0$에 의해,

$$\dfrac{m_1 v_1' - m_1 v_1}{\varDelta t} + \dfrac{m_2 v_2' - m_2 v_2}{\varDelta t} = 0$$

혹은, 식의 내용을 정리해서,

3-2 비스듬한 충돌

$$m_1v'_1 + m_2v'_2 = m_1v_1 + m_2v_2$$

(충돌 후에 관한 양) (충돌 전에 관한 양)

으로 표시할 수도 있다.

이 식에서는 4개의 양이 모두 (질량×속도)라고 하는 형태로 표시되고 있는데, 이 양을 운동량이라고 해서 운동의 세기, 운동하고 있는 물체가 다른 물체에게 주는 영향의 정도를 나타내는 척도로써 이용하고 있다. 즉 위의 식은,

충돌한 두 공의 운동량의 합은 충돌 전후에 변화하지 않는다 (운동량 보존의 법칙).

이것을 나타내고 있다. 사진의 예에서는 두 공의 질량은 같기 때문에 속력만을 독해하면, 충돌 전의 A는 0cm / 초, B는 약 38 cm / 초, 충돌 후는 각각 약 22cm / 초, 약 16cm / 초로 합을 구하면

3-3 반발해서 좌우로 움직이기 시작한 수레

거의 변화하지 않았음을 알 수 있다.

속력의 관계 뿐만 아니라 운동량, 즉 질량×속도에서 생각해야 할 것은 질량이나 운동방향도 다른 경우의 충돌을 보면 알 수 있다(그림 3—2).

운동의 특징을 파악하는데 속도 뿐만 아니라 질량과 속도와의 크기를 잡는 것에 대해 최초로 주목한 사람은 16세기의 데카르트였지만, 그는 속력과의 크기를 생각했다. 이것을 현재의 견해에 가깝게 거의 완성시킨 사람은 17세기의 호이헨스이다.

이와 같이 운동량의 합이 일정하게 유지되는 것은 충돌 뿐만 아니라 2개 이상의 물체가 서로 미치는 힘만이 원인으로, 각각의 운동상태가 변화하는 경우에는 항상 성립한다.

예를 들면, 처음에는 정지하고 있던 물체끼리 서로 반발력을 미치면 서로 반대방향으로 움직이기 시작한다. 이 때의 속력은 질량에 반비례하지만, 이것도 운동량의 합이 일정(이 경우는 0)하다고 하는 관계로부터 유출된다(그림 3—3).

전에는 달착륙선을, 최근에는 혹성탐색기를 발사하는 로케트가 전진할 수 있는 것도 연료를 태워 발생시킨 고온의 가스를 고속도로 후방으로 분사할 때, 가스가 가진 운동량과 같은 크기로 역방향(즉, 전방으로)의 운동량을 로케트 본체에 부여하는 원리를 이용하고 있기 때문이다.

〈신안특허(?) 자주차〉

에너지절약 시대의 교통편으로써, 전항에서 공부한 운동량 보존의 법칙을 기반으로 해서 자전거가 아닌 '자주차(自走車)'를 고안

했다.

　시작에 들어가기 전에 그 효과를 시산(試算)해 보자.

　마찰의 영향을 무시할 수 있다고 하는 조건에 접근하기 위해서 넓고 평범한 빙원(氷原)에서 우선 움직여 본다. 그러기 위해서 가능한 한 가벼운 재료로 튼튼한 썰매를 만든다. 2사람 정도 함께 탈 수 있고, 뒤는 연료(?)용의 스페이스를 부착할 수 있을 정도의 크기로 해서, 공기 저항도 0으로 간주할 수 있도록 유선형(流線形)의 커버도 씌워 두자.

　그런데 이 신형차의 엔진이나 연료는 사실 적당한 크기의 돌멩이나 금속덩어리인 것이다.

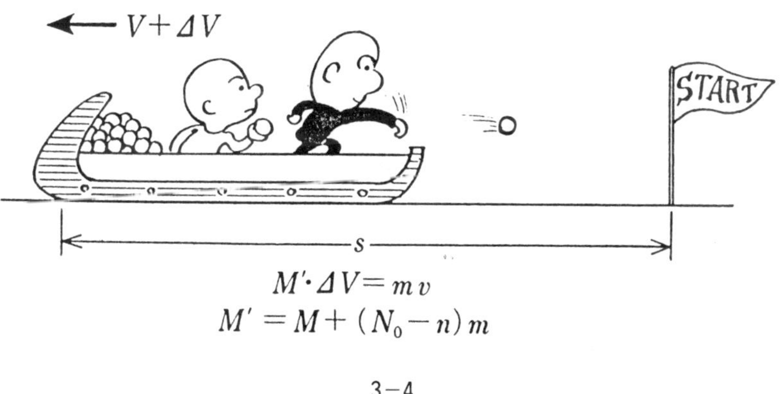

$$M' \cdot \Delta V = mv$$
$$M' = M + (N_0 - n)m$$

3-4

　즉, 승무원은 이것을 후방으로 힘껏 던진다. 이 전후에서 운동량은 보존되지 않으면 안되기 때문에, '자주차'는 돌이 얻은 운동량과 같은 크기로 역방향(즉 전방으로)의 운동량을 획득하지 않으면 안되어, 전방으로 미끄러지기 시작한다. 이런 동작을 몇 번이나 반복하면, '티끌모아 태산'이라는 비유와 같이 상당한 스피드에 도달하지 않을까라고 하는 것이 이 이아디어이다. 대단치 않다. 인공위성 발사 정도의 화려함은 없지만, 고속가스를 분출하는 반동으로 나아가는 로케트와 같은 원리이다. 이와 같은 축적의 결과는 그다지 어렵지 않은 수학적 처리로 도출할 수 있지만, 그것은 다른 책의 해설에 양보하고, 여기에서는 앞에서도 시도해 본 찔끔찔끔거리는 수치계산의 반복으로 구해 보자.

이 때 사용하는 식을 이 조건에 근거해서 정리하면 다음과 같이 될 것이다.

승무원과 차체의 합계 $M\text{kg}$ 위에 1개에 $m\text{kg}$하는 '연료'를 N_0개 실었다고 하고, 여기에서 n개 째의 '연료'를 던지려고 하고 있을 때 이미 이 '자주차'가 $V\text{m}/s$로 달리고 있다고 하자. 여기에서 1개의 '연료'를 후방으로 차체에 대해서 $V\text{m}/s$의 속력으로 던지면 차체가 반동으로 얻는 속력의 증가분 $\Delta V\text{m}/s$는,

$$\{M+(N_0-n)\times m\}\times \Delta V=m\times v$$

를 정리해서,

$$\Delta V=\frac{m\times v}{\{M+(N_0-n)\times m\}} \quad \cdots\cdots ①$$

로 주어진다. 여기에서, $\{\ \}$안은 사람과 차체와 남아 있는 '연료'의 합계 질량이다.

이 '연료'를 던진 순간의 위치를 출발점으로부터 $S\text{m}$으로 하고, 다음에 던질 때까지의 시간을 Δt초라고 하면, 그동안 차는 $(v+\Delta V)\text{m}/s$의 속력으로 계속 달리기 때문에 도달하는 위치 $S'\text{m}$은,

$$S'=S+(V+\Delta V)\times \Delta t \quad \cdots\cdots ②$$

로써 구할 수 있다.

계산을 간단하게 하기 위해, 최초는 정지하고 있었다고 하고, 빈 차체 80kg, 체중 60kg의 승원이 2명, 합계 M=200kg, '연료' 용의 덩어리는 1개에 대해서 m=0.5kg, 이것을 No=200개 준비했다고 하자. '연료'는 두 사람이 협력해서 1초에 1개의 비율로 (즉, $\mathit{\Delta}$t= /1s), 항상 차체에 대해서 $v=30m / s$의 속력으로 후방으로 던진다고 해 보자(이것은 108km / 시에 해당하며, 프로야구로 말하자면 슬로우 볼에 속하는 스피드이다. 단, 이것은 달리고 있는 차체에 대한 스피드로, 빙원(氷原)을 기준으로 해 보면 (30−V)m / s의 속력으로 후방으로 움직이게 된다).

빙면(氷面)의 마찰, 공기의 저항도 여기에서는 0으로 간주하기로 하고, S=0, V=0부터 시작해서, ①, ②의 식으로부터 우선 n=60개를 다 던질 때까지의 속력 V, 도착지점 Sm를 계산해 보자. 결과는 다음과 같은 표로 정리해 두면 좋을 것이다.

던진 횟수 n	전질량 $\{M+(N_0-n)m\}$kg	① 던질 때 속력의 증가분 $\mathit{\Delta}V$m/s	속력 $(V+\mathit{\Delta}V)$ m/s	② 던질 때까지 시간 $\mathit{\Delta}t\ (=1초\ )$ 후의 도착위치 S'm
0 출발전	300. 0	0	0	0
1	299. 5	0. 050	0. 050	0. 050
2	299. 0	0. 050	0. 100	0. 150
⋮	⋮	⋮	⋮	⋮

〈답〉

참고 삼아 200개 전부를 다 던질 때까지의 결과를 10개 째마다의 값에 대해서만 표로 표시해 둔다.

던진 횟수 n	전질량 $\{M+(N_0-n)m\}$kg	①던질 때 속력의 증가분 ΔVm/s	속력 $(V+\Delta V)$ m/s	②던질 때까지시간 $\Delta t\ (=1\text{초})$ 후의 도착위치 S' m
0 출발전	300.0	0	0	0
1	299.5	0.050	0.050	0.050
10	295.0	0.051	0.505	2.769
20	290.0	0.052	1.018	10.631
30	285.0	0.503	1.540	23.674
40	280.0	0.504	2.072	41.991
50	275.0	0.055	2.613	65.674
60	270.0	0.056	3.164	94.822
70	265.0	0.057	3.725	129.537
80	260.0	0.058	4.297	169.923
90	255.0	0.059	4.880	216.089
100	250.0	0.060	5.475	268.150
110	245.0	0.061	6.081	326.223
120	240.0	0.063	6.701	390.432
140	230.0	0.066	7.979	537.773
160	220.0	0.068	9.314	711.266
180	210.0	0.071	10.711	912.104
200	200.0	0.075	12.176	1141.592

이렇게 해 보면 1분 후에 초속 3.1 m (사람이 빠른 걸음으로 걷는 정도)에 달하고, 약 95 m 전진하고 있다. 전체 '연료'를 다 사용한 200초(=3분 20초) 후에는 초속 약 12 m (100 m 레이스에서의 최고속 정도)에 이르고, 약 1km 앞에 도달해 있게 된다. 그 동안의 평균 속력은 5.7 m / s, 시속 20.5km로, 자전거보다 조금

빠르다고나 할까. 연료를 다 사용한 다음에도 전연 마찰이 영향을 미치지 않으면 12.2 m / s(시속 44km)의 속력으로 계속 달린다. 그러나, 실제 마찰력이나 공기의 저항력 때문에, 우선 획득할 수 있는 속력이 이상적인 경우의 반정도일 것이기 때문에, 용수철이라도 사용해서 '연료'를 좀 더 고속으로 던질 필요가 있을 것이다. 게다가, 저항력에 대항할 수 있을 정도의 가속을 유지하지 위해서는 상당량의 '연료'를 쌓아 둘 필요도 있을 것 같다.

더구나, 성공했을 경우의 일을 생각하면, 몇 대나 달리고 있을 때 뒤에서 오는 차는 앞 차가 사용한 '배기가스'와 부딪친다고 하는 우려도 있다. 양자가 거의 같은 속력으로 달리고 있으면 앞 차로부터의 '배기가스'는 뒷차에 대해서는 30 m / s로 다가오게 된다. 그러나 던진 높이가 바닥면에서 불과 1.5 m의 높이라고 하면 0.6초 정도 사이에 바닥면으로 떨어져 버린다. 따라서, 바닥에 떨어진 '배기가스'가 뒤따라 오는 차의 방해물이 되지 않도록 연구를 해 두어, 차 사이의 간격을 20 m 이상 두면 이 점은 걱정할 필요가 없다.

이 상태의 방법으로는 직선 코오스밖에 진행할 수 없다. 커브를 하고 싶을 때는? 좀, 여러 가지 연구를 해 보라.

〈아폴로 계획〉

아폴로 계획에서의 새단 로켓의 예를 들자면, 매초 약 13톤의 연소가스를 초속 약 2.8km로 분사한다. 이 결과, 본체는 윗쪽으로 같은 크기의 운동량을 획득하는데, 1초당 운동량의 변화, 즉 받는 힘의 크기는,

$$(1.3\times10^4\text{kg} \ / \ s\times2.8\times10^3\text{m}/ \ s)=3.6\times10^7\text{N}(\text{뉴우톤})$$

이 된다.

이 힘은 최초의 전 중량 약 2900톤을 들어올리는데는 충분하지만, 가속도 a는 $(2.9\times10^6\text{kg}\times a\,\text{m} \ / \ s^2=3.6\times10^7\text{N}-2.9\times10^6\text{kg}\times9.8\,\text{m} \ / \ s^2)$에서 $2.6\,\text{m} \ / \ s^2$ 정도로 구해진다.

즉, 1초간 1.3 m, 10초에 130 m 까지 올라가는 느릿느릿한 운동이다. 그러나 연료 소비에 따라 본체는 차츰 가벼워지기 때문에 가속도는 커지고, 제1단 로켓을 분리할 무렵에는 g 의 4배 이상이나 된다.

Ⅱ-2. 기계의 효과

인류가 지구상에서 다른 동물을 누르고 특수한 존재가 될 수 있었던 것은 불을 다루는 기술과 겸해서, 도구를 다루는 방법을 깨닫고, 후에는 그것을 기계로 발전시켰기 때문이다.

5000년 이상이나 전의 토목공사에서도 대규모적인 도구가 사용되었음은 잘 알려져 있다.

이런 단순한 기계의 이용으로 노리는 효과의 하나는 힘의 크기를 확대할 수 있다는 점이다. 바퀴 축에 있어서 마찰을 무시할 수 있을 정도로 작은 경우에는 축의 반경에 반비례해서 힘의 크기는 확대할 수 있다(사진 오른쪽). 또한, 도르래를 사용하면 짐 무게의 반(도르래의 무게를 무시할 수 없으면, 짐＋도르래의 무게의 반)의 크기의 힘으로 짐을 들어 올릴 수 있다(左)

그 밖에 비슷한 작용을 하는 기계로써 지레를 들 수 있지만, 이런 기계를 통해서 상대에게 작용을 걸면 인간이 기계에 가한 힘에 비해 기계가 상대에게 가하는 힘의 크기를 몇 배로 확대할 수 있다.

그러나, 그 한편으로 기계를 사용해서 짐을 어느 높이까지 들어 올리려 할 때, 인간 쪽에서 기계를 움직이지 않으면 안되는 거리(바퀴 축이나 도르래의 예를 들자면 밧줄을 잡아 당기는 길이)는 더욱 길어진다. 양자가 움직이고 있는 시간은 같기 때문에 손이 움직이는 속력보다 짐의 움직임은 느려진다. 즉, 기계를 이용

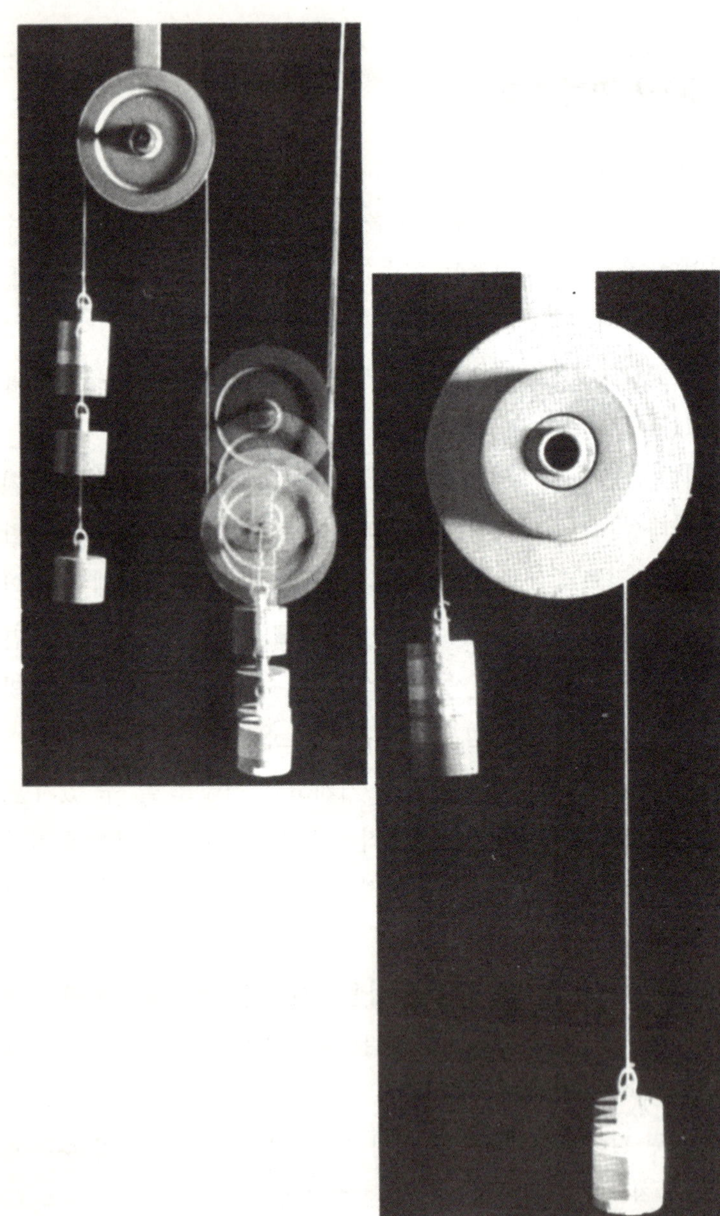

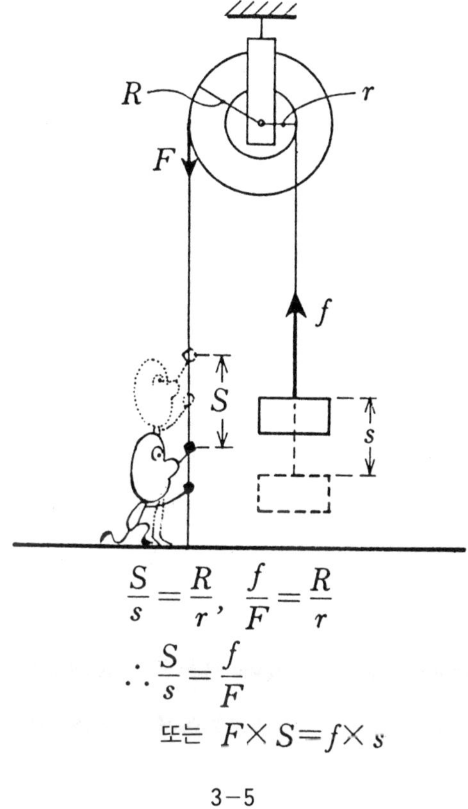

$$\frac{S}{s} = \frac{R}{r}, \quad \frac{f}{F} = \frac{R}{r}$$

$$\therefore \frac{S}{s} = \frac{f}{F}$$

또는 $F \times S = f \times s$

3-5

해서 힘의 크기를 확대하면, 그 반면 움직이는 거리(혹은 속력)
는 작아져 모두가 득을 본다고 할 수만은 없는 것이다.

다시 수량적으로도 검토해 보면, 바퀴 축을 예로 들어, 힘은
축의 반경에 반비례해서 작아지지만 움직이는 거리는 반경에
비례해서 커진다(축의 주위에 감기는 밧줄의 길이를 생각해 보
자)(그림 3—5).

지금 인간이 기계에 가한 힘의 크기와 이동시킨 거리의 크기

(만일 움직인 방향과 힘의 방향이 다른 경우는 움직인 방향에 대한 분력과 움직인 거리의 크기)를 사람이 기계에게 한 일, 기계가 상대에게 가한 힘의 크기와 상대를 움직이게 한 거리의 크기(방향이 다를 경우는 먼저와 같이)를 기계가 한 일이라고 정의하면, 이들 일의 양은 같다. 즉, 기계를 사용해도 일은 유리하지 못하다고 하는 말이 된다. 바꿔 말하자면, 특정한 상대를 일정한 거리만큼 이동시키기 위해서 필요한 일은 인간이 직접 상대를 움직이게 했을 때나 기계를 이용해서 움직이게 했을 때나 변함이 없다는 것이다.

오히려, 기계의 움직이는 부분에 마찰이 있다거나, 기계 자신의 무게를 무시할 수 없을 때는 기계 그 자체를 움직이게 하기 위해서 여분의 일을 하게 되어 손해를 가져온다.

그러나 기계를 이용하므로써 인간이 낼 수 있는 한계 이상의 큰 힘을 상대에게 가할 수 있다거나, 상대를 보다 빨리 움직일 수 있다(직접 움직일 때 보다도 큰 힘을 필요로 하지만)고 하는 이익이 있기 때문에, 가능한 한 마찰이 적은 가벼운 기계를 연구해서 사용하는 것이다.

이와 같이 기계를 사용해도 일의 득을 볼 수는 없지만 힘의 크기나 움직이는 거리(속력)의 한편만은 이득을 얻을 수 있다.

그러나 지금 한 가지 기계의 중요한 효용은 이런 장치를 통해서 인간 이외의 힘으로 일을 시키는 것이 가능해진 것이다. 상당히 빠른 시기부터 인간은 가축의 힘을 이용하는 방법을 실행했고, 더구나 물의 흐름, 바람의 움직임에 따르는 힘을 이용하는 방법을 연구했다.

18세기 이후가 되자 고온의 증기가 팽창하려고 할 때의 힘을 이용하는 기술까지 개발되었다. 이런 자연력(自然力)의 특징은 인간만의 힘으로, 기계에 일을 시킬 때와 비교해서 같은 시간 내에 현격하게 대량의 일을 할 수 있게 된다.

단위의 시간 내에 하는 일의 양(量)으로 일률을 나타내는데, 기계의 효과는 일률의 비약적인 증대를 가능케 하기도 했다.

기계의 효과를 생각하는데 '일률'이라고 하는 개념을 처음 도입한 것은 증기기관의 개량으로 유명한 와트이다. 그는 튼튼한 말이 하는 일의 양을 계산해서 일률의 단위 1마력을 결정했다. 현재는 일부에서밖에 이용되고 있지 않지만, 이것은 746와트의 일률에 해당한다.

그런데, 기계의 도움을 빌리든 빌리지 않든 인간이 일을 계속하면 피로감이 증가해서 호흡은 빨라지고, 때로는 휴식하고 식사라도 하지 않으면 쓰러져 버린다. 자연계의 힘을 이용하는 경우도 보다 많은 일을, 보다 큰 일률로 해결하려고 하면 물레방아에 떨어지는 물의 양이나 속력을 보다 크게 하지 않으면 안되고, 증기기관이라면 보다 많은 연료를 사용해서 보다 고온의 증기를 보다 다량으로 공급할 필요가 있다. 그리고 일을 다 끝낸 물이나 증기는 속력도 감소하고, 온도도 내려가서 더 이상 일을 할 수 없는 상태가 된다.

즉, 일을 할 때에는 한편으로 반드시 이러한 변화가 따르고, 인간, 물, 공기, 수증기와 같은, 기계에게 일을 시키는 물체의 일을 하는 능력은 감소해 간다.

이와 같은 경험에서 19세기에 들어와서 '일을 할 수 있는 상

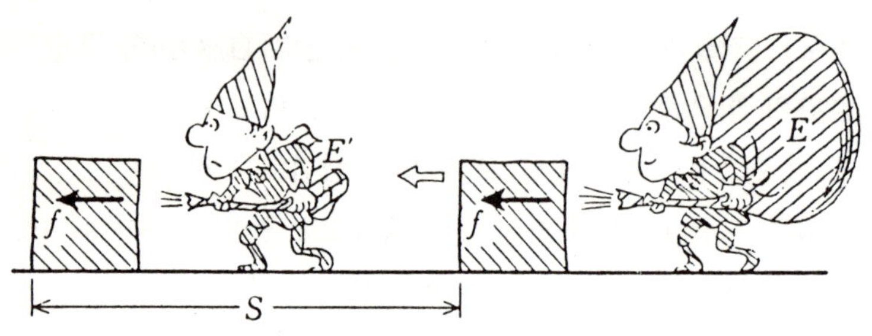

한 일 W=f×s 에너지의 감소 e=E−E′
W=e

3−6

태'를 '에너지'라고 하는 양(量)으로 측정하려고 하는 사고방식이 굳어져 갔다. 일을 계속할 때는 그 물체가 지닌 에너지는 감소하고, 일을 하는 능력도 감소해 간다.

그 동안에 한 일의 양으로 감소한 에너지의 양을 측정할 수 있다(그림 3—6).

에너지의 개념은 17세기 말 이후 운동과 관련해서 역학의 이론 중에 등장했지만, 그것이 일과의 관계를 포함해서 현대의 모습으로 정착하게 된 것은 19세기 중반 이후의 일이다.

이렇게 해서 자연현상을 이해하는데 있어서, 또한 기술의 기초로써 중요한 역할을 맡게 된 에너지의 법칙을 조금 더 파고 들어가기로 하자.

〈아르키메데스와의 대결〉

기원전 3세기, 당시 그리스의 식민지였던 시라쿠사에 살고 있던 아르키메데스가 남긴 업적에 대해서는 여러분도 여러 가지 알고 있을 것이다.

그 중에서도 아르키메데스는 역학을 연구해서 이것을 지레, 도르래 등의 기계설계에 활용했다.

그 성과를 어필하기 위해서, 그는 '나에게 발판이 될 다른 장소와 충분히 긴 지레를 준다면 지구를 움직여 보이겠다'고 공언하고, 왕 앞에서 지구를 움직이지는 못했지만 도르래로 큰 배를 가볍게 움직여 보였다고 한다.

그런데, 아르키메데스의 말을 굳이 진짜로 받아들여 지구 표면으로부터 10,000 m 되는 곳에 이 지점을 만들었다고 하자(이것도 어려운 문제이지만). 그럼, 지구상에서 60kg의 물체를 들어올릴 수 있는 힘을 낼 수 있는 사람이 지구를 움직이기 위한 발판(즉, 지레 말단의 위치)은 어느 정도의 거리에 설정하면 좋을까.

단, 지구의 질량은 kg 단위로 6의 뒤에 0을 24자릿수나 나열한 값을 갖는다(이 값을 6×10^{24}kg이라고 쓴다). 상당한 거리가 될 것은 분명하기 때문에 참고 삼아 우주에서 사용하는 거리의 단위를 나타내면, 지구~태양간의 평균거리를 1천문단위(A · U)라고 하는데, 그 값은 1억 5000만km(1.5×10^{8}km), 또 빛이 1년간에 진행하는 거리를 1광년(L . Y.)이라고 하는데, 그 값은 9조 5000억km (9.5×10^{12}km)에 해당한다.

또한, 그 발판에 서서 지레의 끝을 1cm 움직였을 때 지구는 어떻게 될까. 계산해 보자.

*이와 같은 표시법을 지수표시(指數表示)라고 한다. 이 표시로 인한 수를 사용한 계산방법을 잊은 사람을 위해서 예를 들면,

$(3\times10^8)\times(2\times10^3)$이라면,

3과 2를 보통으로 곱하고, 10의 지수는 $(8+3)$으로 해서, 답은 6×10^{11}이 된다.

$(3\times10^8)\div(2\times10^3)$이라면, $(3\div2)$와 $(8-3)$의 결과를 이용해서,

1.5×10^5라고 표시하면 된다.

〈답〉

지구 그 자체를 움직일 때에 지구 표면에서 물체를 들어올리는 것과 같은 비율로 필요한 힘을 산출할 수 있을까 하는 점은 크게 의문이지만, 아르키메데스는 막연하게 그와 같이 생각하고 있었던 것이기 때문에 우선 그대로 생각하기로 하자.

아르키메데스는 지점과 역점과의 거리의 역비로 작용하는 힘의 크기의 비가 결정된다는 것을 알고 있었기 때문에, 지점부터 먼 발판까지의 거리는 $x$km, 지구와 지점의 거리가 10,000 m, 즉 10 km이므로,

$$60 : 6\times10^{24} = 10 : x$$

라고 예상했던 것 같다. 물론, 지구의 질량이 이 정도로 크다고는 생각하지 않았겠지만.

따라서,

$$x = \frac{6\times10^{24}\times10}{60} = 1\times10^{24}\,(\mathrm{km})$$

라는 것이 된다.

이 정도의 큰 값을 어떻게든 이해하기 위해서 다른 단위, 예를

들면, 광년(光年)으로 표시해 보면,

$$1\times10^{24}\div(9.5\times10^{12})=1.1\times10^{11}$$

로 인해, 1100억 광년이라는 것이 된다.

그러나 이 거리는 우리들이 속하는 은하계 밖으로 밀려나는 것은 물론, 이 우주 속에서 정보를 얻을 수 있는 한계도 넘고 있어, 우선 도달 불가능한 거리이다. 따라서 아르키메데스가 이런 사정을 알고서, '…을 준다면'이라고 말했는지 어떤지는 모르지만, 다행히 지구를 움직이는 지레는 만들 수 없다.

V_1
S_1
V_2
S_2
(a)
(b)
(c)
(d)

Ⅲ-3. 운동의 세력과 에너지

마찰이 있는 바닥 위에서 물체를 밀어내기 위해서는 바닥이 수평에 있을 경우에 일을 하지 않으면 안된다. 진행을 방해하려고 하는 마찰력을 극복할 정도의 힘을 가하면서 그 방향으로 진행하게 되기 때문이다.

왼쪽 페이지의 사진은 바닥을 따라서 나무토막을 밀고 가는 일을, 화면 왼쪽에서 등속도로 달려 온 수레가 자기 몸을 부딪쳐 충격을 주고 실행해 가는 상황을 포착한 마르티스트로보사진이다. 충돌한 수레는 그대로 나무토막을 밀고 가지만, 표적에 주목하면 분명히 알 수 있듯이 차차 스피드가 떨어져 어느 거리만큼 진행한 지점에서 정지해 버린다(느린 수레(a)가 미는 경우(b), 빠른 수레(c)가 미는 경우(d)).

이것을 전항에서 다룬 일과 에너지라고 하는 관점에서 생각하면 기세좋게 운동해 온 물체는 일을 하는 능력, 즉 에너지를 가지고 있음을 알 수 있다. 그리고 나무토막을 밀며 일을 계속 하는 사이에 에너지를 차차 잃어, 전부 다 사용한 지점에서 정지한 것이다.

이 경우에, 부딪친 나무토막은 같은 물체를 사용하고, 충돌해 오는 수레의 조건을 바꿔 본다.

예를 들자면, 수레에 무언가를 싣고 질량을 늘려 보면 충돌전의 속력은 같아도 정지하기까지 나무토막을 밀고 가는 거리가 길어

$$S_1 = 9.73\text{cm}, \quad S_2 = 4.53$$

따라서 $\dfrac{S_1}{S_2} = \dfrac{9.73}{4.53} = 2.15$배 $\fallingdotseq 2$배

$$V_1 = 18.8\text{cm / s}, \quad V_2 = 402.0\text{cm / s}$$

따라서 $\dfrac{V_1^2}{V_2^2} = \dfrac{3.46 \times 10^3}{1.76 \times 10^3} = 1.97$배 $\fallingdotseq 2$배

3-7

진다. 즉 보다 많은 일을 할 수 있게 된다.

이와 같은 효과는 질량은 같아도 수레의 충돌전 속력을 증가시키므로써도 얻을 수 있다. 특히 속력을 바꿔 본 경우는 가능한 일의 양(즉 나무토막을 밀고 가는 거리)은 속력의 2승에 비례해서 변화한다(그림 3—7).

이와 같이, 운동하고 있는 물체는 일을 할 수 있는 능력, 즉 에너지를 가지고 있다는 사실을 알 수 있다.

그리고 이와 같은 운동 상태에 따르는 에너지를 운동에너지라고 부르는 것, 또 그 에너지의 양을 운동이 중지하기(즉 정지한다)까지 그 동안에 하는 일의 양과 대응시키기 위해서는 운동물체의 질량 m과 속력 v를 이용해서 $\dfrac{1}{2}mv^2$이라고 나타내면 된다는 것 등은 19세기 중반 무렵에 차차 확고해진 사고방식이다.

그보다 먼저, 17세기 후반부터 힘의 효과, 혹은 그 결과 생긴 물체의 운동을 평가할 때 mv^2이라고 하는 양에 주목한다고 하는

사고방식이 나타나기 시작했다.

예를 들면, 호이헨스는 충돌을 논하는 속에서, 충돌하는 그 물체는 충돌 전후의 운동량(mv)의 합뿐만이 아니라 mv^2의 합도 일정하게 유지된다고 서술하고 있다(1669). 단, 후에 언급되듯이(1212페이지 참조), mv^2의 합이 일정하게유지될 수 있다고 하는 것은 특수한 충돌의 경우에 한해서이지만, 라이크니찌도 1686년 논문 속에서, 힘의 효과를 측정할 때에는 mv^2에 주목하는 것이 옳다고 서술하고, 이 양에 활력(vis viva)이라고 하는 명칭을 부여했다.

이 시대에는 힘(vis)이라고 하는 용어가 지금 말하는 에너지의 의미로도 사용되어, 개념이 반드시 명확해지고 있었던 것은 아니지만, 그로써는 운동에너지에 해당하는 개념을 표현하려고 했던 것임에 틀림없다.

힘, 운동량, 운동에너지라고 하는 개념이 확실히 구별되어, 그 표현 형식이 정리된 것은, 앞에서 언급했던대로 그로부터 150년 정도 지난 후의 일이 된다.

이와 같은 운동에 따르는 에너지의 양은 그 물체가 정지할 때까지 실행할 수 있는 일의 양으로 표시한다고 말했지만, 가령 멈추지 않아도 속력이 변화했을 때에는 외부와 일의 교환으로 운동에너지는 변화하고 있다.

예를 들면, 질량 m의 물체의 속력이 v에서 v'로 변했을 때, 운동에너지의 변화를,

$$\frac{1}{2}mv'^2 - \frac{1}{2}mv^2 = \mathrm{W}$$

와 같이 나타내면, W는 이 속력이 변화하는 동안에 교환한 일의 양을 나타낸다.

여기에서 W가 마이너스(즉, v'가 v보다 작아졌다)라면, 이 물체가 외부에 대해서 일을 하고 그 양만큼 에너지가 감소했다는 것을 의미한다.

반대로, v'가 v보다 클 때는 외부로부터 운동 방향 쪽으로 힘이 가해져, 그 힘이 한 일의 양만큼 운동에너지가 증가했던 것이다.

이와 같이 운동을 에너지라고 하는 관점에서 보면, 예전 아리스토텔레스는 계속 힘을 가하지 않으면 물체는 일정한 속력으로 계속 움직이지 않는다고 오해하고 있었지만, 그것은 외부로부터 가해진 힘에 의한 일이 물체가 마찰력에 저항해서 전진하기 위해 필요한 일을 마침 보충해서, 물체가 일정한 운동 에너지, 즉 일정한 속력으로 계속 달린다고 하는 특별한 경우에 해당하는 것이라고 설명할 수 있다.

〈마찰 연구〉

지금까지의 이야기 속에서는 마찰력의 존재는 운동의 관성대로 물체가 운동하는 것을 방해해서 운동의 양상을 복잡하게 만들고, 또 운동에 있어서는 여분의 에너지를 주입하지 않으면 안되는 원인으로써 등장하고 있다.

그러나 만약 마찰력이 없었다면 우리들도 지면을 걸어 다닐 수 없고, 끈으로 물체를 붙들어 매려고 해도 불가능해지는 등 불편함은 이루 다 말할 수 없게 된다.

고대의 대토목 공사에서 굴림대를 이용하거나 미끄러져 움직이는 면에 기름을 붓는다고 하듯이, 경험으로부터 마찰을 컨트롤하는 기술은 연구되고 있었지만 그것에 관한 과학적인 연구는 르네상스 시대에 시작된다.

유명한 천재 레오나르드 다빈치의 수기에도 마찰력과 미끄러지게 할 수 있는 물체의 재질의 관계 등을 조사한 실험 기록이 있다. 뉴우톤조차 문제삼지 않았던 마찰력을 힘에 끼워 넣고 물체의 균형이나 운동에 대한 효과를 이론적으로 논하게 된 것은 18세기로 특히, 그 후반의 오일러의 공헌에 의한다고 말해도 좋다. 그리고 마찰력에 관한 실험법으로써 현재도 통용되는 크론의 법칙은 1785년에 발표되었다.

전기력이나 자기력의 크기에 관한 역2승의 법칙으로도 이름을 남기고 있는 그는, 당시 기술혁명의 진행에 따르는 대형 기계의 성능 향상을 위해 프랑스의 과학아카데미가 기획한 '마찰에 관한 논문 모집'에 응해서 수상한 바 있다. 그 내용을 정리하면,

1 마찰력의 크기는 마찰면에 작용하는 수직력에 비례하고, 접촉면의 대소와는 관계없다.

2 동체간의 마찰력(동마찰력)의 크기는 미끄러지는 속력에 관계없다.

3 동마찰력은 정마찰력의 최대치보다도 작다고 하는 것이 될 것이다.

이런 연구로 인해 마찰의 원인에 대한 추구도 시작되었지만, 정답을 얻은 것은 20세기에 들어와서, 고체 표면의 분자간의 응착력에 대한 연구가 실시되고부터이지만, 그런 문제는 여기에서는 언급하지 않겠다.

부록 퀴즈 : 줄다리기에서는 ① 일반적으로 체중 합계가 많은 조가 유리하다.

② 한 번 끌려서 미끄러져 버리면 버틸 수 없다. 그 이유는 크론의 법칙 몇 번째로써 각각 설명할 수 있을까.

〈답〉①—⑴, ②—⑶

Ⅲ—4. 역학적 에너지

앞 장에서 종종 다루었듯이, 높은 곳에서 낙하하는 물체, 흔들리고 있는 진자의 추 등은 낮은 위치로 올수록 속력이 빨라진다는 것은 다음 페이지의 사진으로도 알 수 있다.

속력이 증가했다고 하는 것은, 전항의 사고방식에 따르면 운동에너지가 증가한 것이 된다. 낮은 위치까지 내려오는 동안에 중력이 일을 한 것이기 때문에 당연하다고도 말할 수 있다.

그러나 이와 같은 상태를 실현하기 위해서는 우선 물체나 진자의 추를 높은 곳까지 들어 올리지 않으면 안되고, 그 때에 물체나 추에 작용하는 중력에 거슬러서 이동시키기 위한 일을 해 주지 않으면 안된다.

단순히 직상(直上)으로 들어올릴 경우에 대해서 생각하면, 이 동안에(물체에 작용하는 중력의 크기)×(높이)에 해당하는 일을 한 셈이 된다(그림3—8).

이 때, 그 일의 양에 해당하는 만큼 물체의 에너지가 증가했다고 생각하면 운동의 설명에 일관성이 생긴다. 즉, 그 높이에서 낙하하는 물체의 속력, 따라서 그 운동에너지가 증가해 가는 것은 이 높은 곳에 올라갔을 때에 가지고 있던 에너지로 스스로 일을 하고 가속했다고 생각한다. 이 새로운 형태의 에너지는 중력이 있는 세계에서 높이를 변화시킬 때 증감하는 에너지이기 때문에, 중력으로 인한 위치에너지라고 부른다.

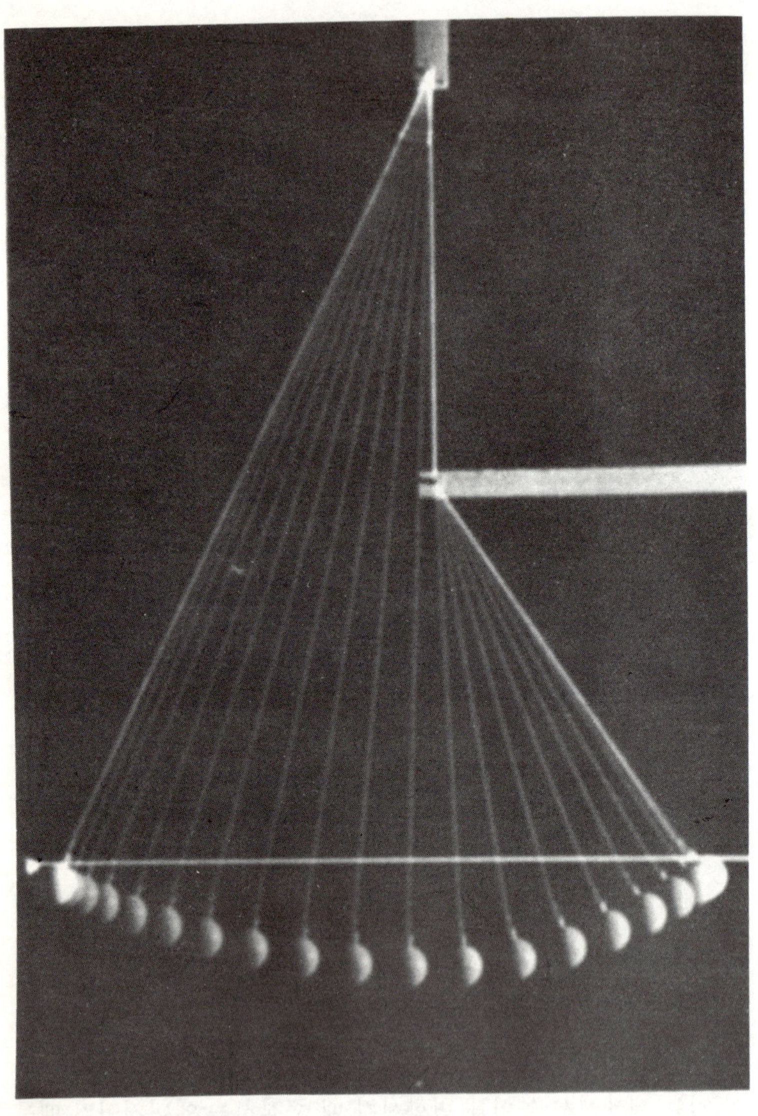

지금 본 현상은 중력으로 인한 위치에너지가 감소하고, 그대신 운동에너지가 증가한 것이라고 할 수 있다.

그 반대도 발생한다. 예를 들면, 손이 단시간 동안에 한 일로 인해서 어떤 속력으로 운동에너지를 받아 윗쪽으로 튀어 나간 물체는 상승함에 따라서 중력으로 인한 위치에너지가 증가하지만, 그것은 처음에 받았던 운동에너지의 감소분으로 보충하고 있다.

따라서 가장 높이 올라갔을 때의 운동에너지, 즉 속력은 최소가 된다(그림3—9).

앞에 있었던 진자운동에서는 이 중력으로 인한 위치에너지와 운동에너지가 한 쪽이 감소하면 다른 한 쪽이 증가한다고 하는 관계를 서로 반복하고 있는 예이다.

더구나 진자가 반대쪽에서 최고점까지 흔들릴 때(즉, 운동에너지는 0으로 되돌아갔을 때) 처음과 같은 높이까지 올라가 있는 것이기 때문에, '중력으로 인한 위치에너지와 운동에너지는 서로 엇갈리고, 더구나 그 합, 에너지의 양은 일정하다.'고 하는 관계를 발견할 수 있다.

다만, 이 관계가 성립하기 위해서는 위치에너지의 원인이 되는 힘 이외의 힘이 이 물체에게 작용하고 있지 않을 것이라고 하는 조건이 필요하며, 이 관계를 '역학적 에너지 보존의 법칙'이라고 한다.

자유낙하나 방물운동에서는 앞에서 서술했듯이 중력 이외의 힘은 작용하지 않고 있다(공기 저항력을 무시하면). 진자의 추에는 중력 이외에 끈의 장력(張力)이 작용하고 있지만, 끈의 장력은

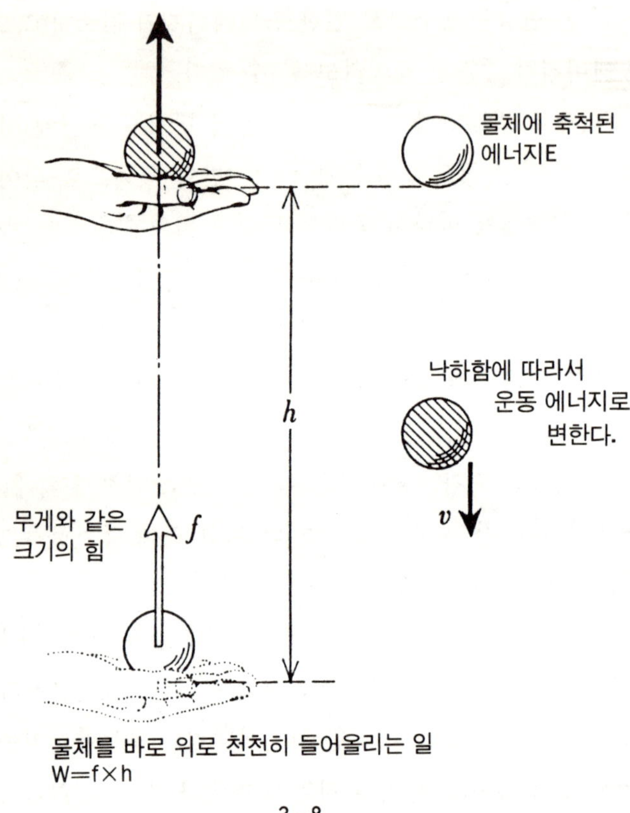

3-8

추가 움직이는 원호에 항상 수직으로, 운동방향과 수직인 힘은 일을 하지 않기 때문에 역시 이 보존법칙은 성립한다.

위치에너지는 중력이 원인이 되는 경우 이외에도, 예를 들면 늘어나거나 줄어들거나 하는 용수철이 가진 위치에너지 등도 생각할 수 있다.

이 용수철을 놓으면 붙어있던 추가 움직이기 시작하는 것은

3-9

용수철의 탄성력에 의한 위치에너지가 추의 운동에너지로 바뀐 것이기 때문이다.

위치에너지에 해당하는 원어는, 영어루 퍼텐셜 에너지인데, 이것은 '잠재적 에너지'라고 하는 의미이다.

예전, 활력을 생각한 라이프니찌도 위치에너지에 해당하는 개념을 사력(死力 : vise mortua)이라고 부르고 있었다.

앞에서 서술한 조건부이지만, 위치에너지와 운동에너지의 합, 즉 역학적 에너지가 일정하게 유지된다고 하는 사실은 운동을 생각할 경우 중요한 근거가 된다. 운동량과 함께 이와 같이 일정한 값을 지니는 양(이것을 보존량)을 발견해 내고, 이것에 주목해서 물리현상을 설명하고 있는 것은 물리학이 취해 온 하나의 특징적 방침이기도 하다.

이 점을 강조하면 물리현상이란 에너지가 형태를 변화시키므로써 발생한다고 말할 수도 있다.

예를 들면, 진자의 진동은 위치에너지와 운동에너지를 주기적으로 교환하는 동안에 생기는 현상이다. 이와 같이, 에너지에 주목하는 것이 물리현상의 통일적인 이해와 연결된다는 사실을 여러 가지 사례를 통해서 나타내 보기로 하겠다.

〈낙하물체와 역학적 에너지〉

공기중을 낙하해 가는 물체에 대해서 공기의 저항력 영향을 무시할 수 있을 정도의 짧은 거리 사이는 역학적 에너지보존의 법칙이 성립하겠지만, 그것을 실례를 들어 확인해 보기로 하자.

앞에 나오는 Ⅰ—9에서 자유낙하하고 있는 물체의 마르티스트로보 사진에 대해서 각 순간의 위치를 독해하고 속력을 구했다 (그림 1—23). 이 속력은 각 0.05초간의 평균속력이지만, 그 값을 연결한 직선그래프를 이용하면 임의의 순간의 속력도 구할 수 있다.

이렇게 해서 사진상으로 공이 취하고 있는 순간의 속력과 그 때의 위치(공 하단의 최저위치를 0이라 한다)를 나타내면 아래표와 같이 된다.

가속도 g 는 같은 데이타로부터 $9.8\,\mathrm{m}/s^2$ 라고 구할 수 있다. 이 경우에 역학적에너지는 보존되고 있다고 말할 수 있을까.

시각(t^2)	0.05	0.10	0.15	0.20	0.25
속력($v\mathrm{m}/s$)	0.48	0.97	1.46	1.95	2.44
높이(h^{m})	0.293	0.256	0.194	0.109	0.00

〈답〉

공의 질량을 m, 속력을 v, 그 때의 높이를 h라고 하고, 중력의 가속도를 g라고 하면 역학적 에너지는,

$$\frac{1}{2}mv^2+mgh$$

로 주어진다.

m은 변하지 않으므로 역학적 에너지가 일정한지 어떤지는, $(\frac{1}{2}v^2+gh)$의 값을 조사해 보면 된다.

결과는 다음 표와 같이 되어, 우선 일정하다고 간주해도 좋을 것이다.

t	0.05	0.10	0.15	0.20	0.25
v	0.48	0.97	1.46	1.94	2.42
h	0.293	0.256	0.194	0.109	0.00
$\frac{1}{2}v^2+gh$	0.299	0.299	0.297	0.295	0.293

〈속 · 역학적 에너지〉

207페이지의 사진에서 좌측, 높이 12.5cm의 지점에 풀어진 진자도 못 바로 아래 근처의 우측에서는 실의 전장은 2 m 정도나 있기 때문에 거의 직선운동이라고 간주할 수 있다. 오른쪽 끝 2개의 상을 보면 플래시의 발광 간격 0.0377초간에 6cm 이동하고 있다. 이 값으로부터 속력을 구해서 출발 위치에서 가지고 있던 중력의 위치에너지가 그대로 보존되고 있는지 어떤지 확인해 보자.

〈답〉

$$mgh = \frac{1}{2}mv^2 \text{이라면,}$$

$$2gh = v^2$$

$$v = 6 \div 0.0377 = 159(\text{cm}/\text{s})$$

$$v^2 = 159^2 = 2.5 \times 10^4$$

$$2gh = 2 \times 980 \times 12.5 = 2.5 \times 10^4$$

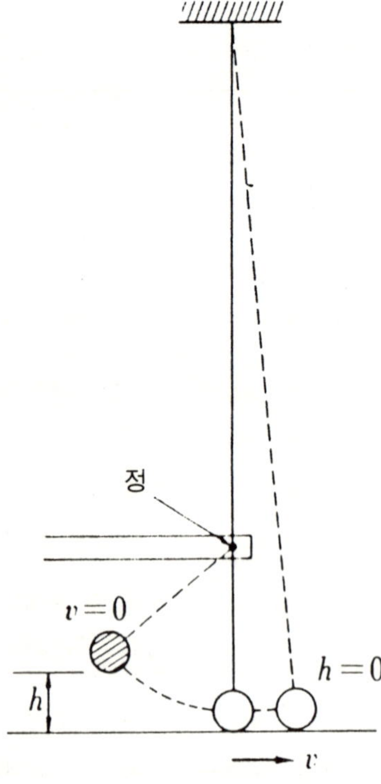

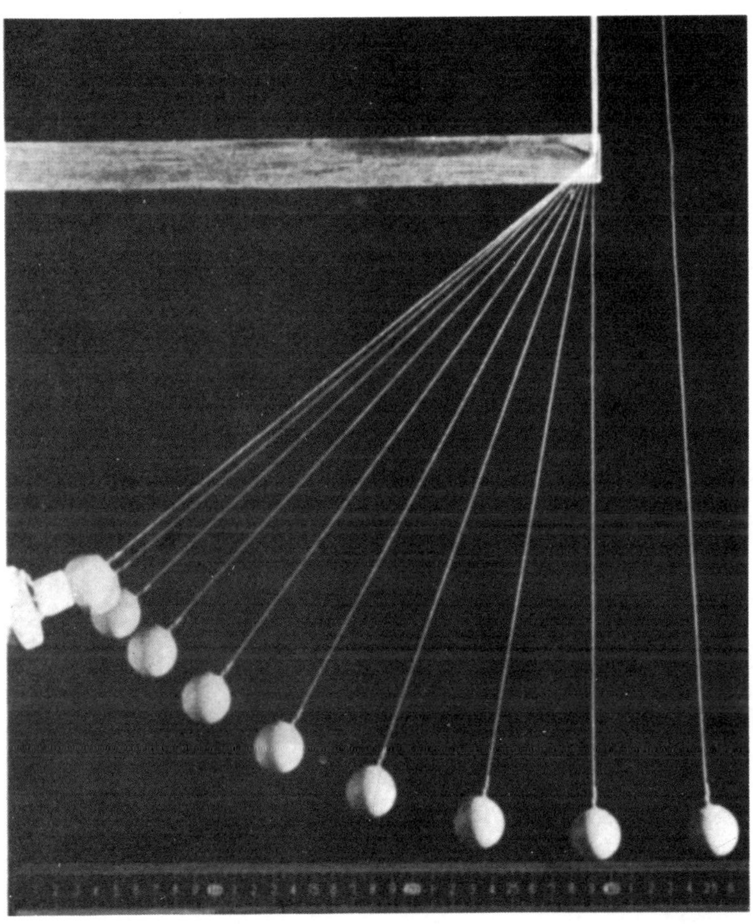

Ⅲ—5. 튀어 오르는 공

왼쪽 페이지의 사진은 바닥에 부딪치고 튀어 오르는 공의 움직임을 포착한 마르티스트로보 다중사진인데, 눈에 익은 이 현상도 이런 사진으로 새삼스럽게 들어다보니 거기에는 여러 가지 물리현상이 서로 관계되어 있음을 깨닫게 된다.

우선 분명한 점은, 바닥에 부딪치고 튀어오를 때마다 올라가는 높이가 낮아지고 있는 것으로, 이것은 바닥에 부딪치기 직전의 속력과 비교해서 튀어오른 직후의 속력이 작아졌음을 의미한다. 정신을 차리고 잘 보면 확실히 바닥에 충돌하는 전후에서의 스트로보 사진상에서의 상(像)의 간격은 변화하고 있다.

앞의 충돌현상의 경우는 충돌하는 물체끼리의 운동량의 합을 구하면 그 값이 항상 일정하다는 것을 알았다(Ⅲ—1 참조). 지금과 같은 경우는 충돌하는 물체가 공과 바닥인데, 이 때는 운동량 보존의 법칙이 어떻게 될까. 공은 충돌로 인해서 속력, 방향까지도 변하고 있기 때문에 충돌 전후로 분명히 운동량은 변화하고 있다.

그럼, 상대편은 지금 공과 그것이 충돌한 바닥이나 책상에서 하나의 '계'를 생각하자. 운동량의 합이 일정하게 유지된다고 하는 조건은, 충돌하는 물체의 운동이 서로 영향을 미치는 힘만으로 지배될 때에 성립하는 것임을 상기해주기 바란다. 공은 바닥에서 되밀려서 튀어 올라가고, 동시에 같은 크기의 힘으로 바닥을 민

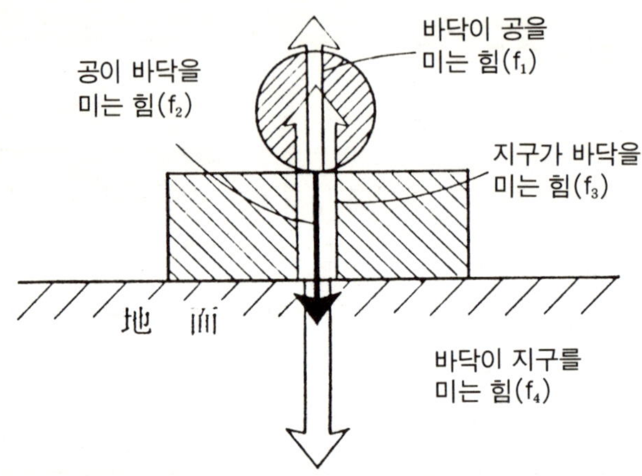

3-10　f_1과 f_2, f_3와 f_4는 서로 작용·반작용이다.
　　　　f_3의 힘은, 공과 바닥에 대해 외부로부터 가해지는 힘이 되며,
　　　　운동량은 보굴 되지 않는다.

다. 그러나 그 결과 바닥은 지구를 밀게 되고, 지구는 당연히 같은 크기의 힘으로 바닥을 되밀지만 바닥은 움직이지 않는다(그림 3—10).

이것은 '서로 영향을 미치는 힘' 이외의 힘으로, 공과 바닥을 합쳐서 생각했을 때 운동량의 합이 변화해도 하는 수 없는 것이다.

이와 같은 충돌에서도 충돌 상대에 대한 공의 속도(상대속도)는 충돌 전에 비해서 반드시 충돌 후는 역방향이 되고, 또 그 값은 작아진다.

게다가 그 작아지는 비율은 충돌하는 물체끼리의 조합으로 결정되는 일정한 값을 취하며, 이 값은 '반발' 계수라고 부른다.

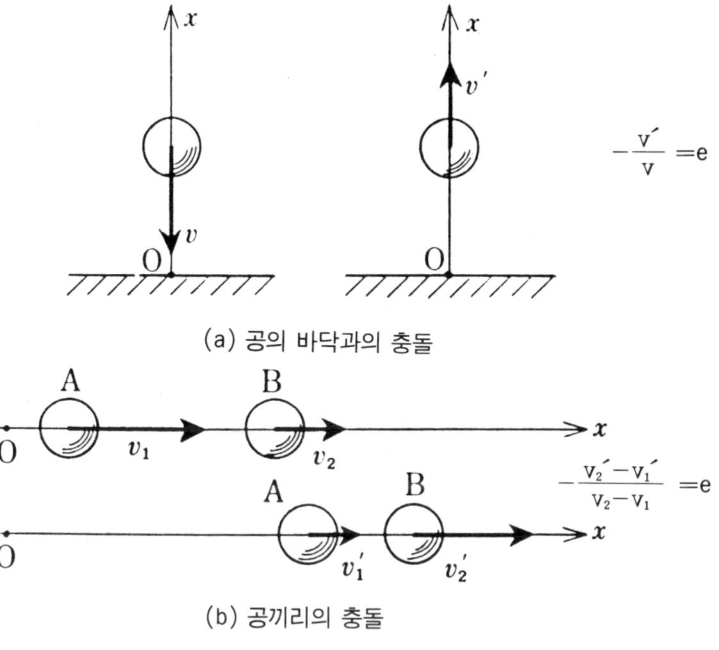

3-11

사실, 이 관계는 앞의 사진과 같이 충돌하는 물체끼리 움직이고 있는 경우에도 성립하고, 운동량보존의 법칙과 함께 충돌 후의 상태의 근거 중 하나가 되는 조건이다.

반발계수는 1을 넘을 수는 없다. 1과 같을 때는 바닥에 부딪치면 같은 높이까지 튀어오르게 되며, 철과 철, 철과 상아의 충돌 등이 거의 이것에 가깝다. 이상적으로 1과 같아지는 충돌을 탄성충돌(彈性衝突)이라고 한다. 비탄성충돌의 극단적인 경우가 반발계수 0의 경우로, 충돌 후는 양자가 일체가 되어 움직인다. 바닥에 부딪칠 경우는 점토 덩어리와 같이 그곳에서 정지해 버린다.

3-12

앞의 공의 충돌도 비탄성충돌이지만, 이 현상을 에너지면에서 보면 역학적 에너지도 보존되고 있지 않음을 깨닫게 된다. 즉, 튀어 올라서 최고점에 달했을 때를 비교하면, 운동에너지는 0이므로 중력(重力)으로 인한 위치에너지만으로 비교하면 분명히 충돌 때마다 역학적 에너지는 감소하고 있음을 알 수 있다.

그것은 앞에서 지적했듯이, 바닥쪽은 항상 부동이고 튀어오르는 공의 속력, 따라서 운동 에너지가 감소하는 것으로도 나타나고 있다.

이와 같이, 역학적 에너지는 모든 경우에 보존되는 것은 아니라는 사실을 알 수 있다. 공끼리의 충돌에서도 비탄성충돌의 경우는 계산해 보면 알 수 있듯이 운동 에너지의 합은 충돌로 인해서 감소하고 있다. 이상적인 탄성충돌의 경우만이 역학적 에너지도 보존되는 것이다.

역학적 에너지가 감소했다고 하면 그 원인은 무엇일까.

　이것은 그림 3—12의 사진과 같은 극단적인 변형이 아니더라도 충돌한 순간에 일반적으로 물체의 변형이 일어나기 때문에 그로 인해 일부 에너지가 역학적 에너지 이외의 형태로 변해버리는 것이다. 앞 장에서 다룬 공기저항의 영향이 있을 경우의 방물운동에서도 저항을 극복하는 일의 양만큼 에너지는 감소해서 역학적 에너지의 보존은 성립하지 않는다.

〈반발계수의 측정〉

　약간 연습이 필요할지도 모르지만, 반발계수의 측정 실험을 해 보자.

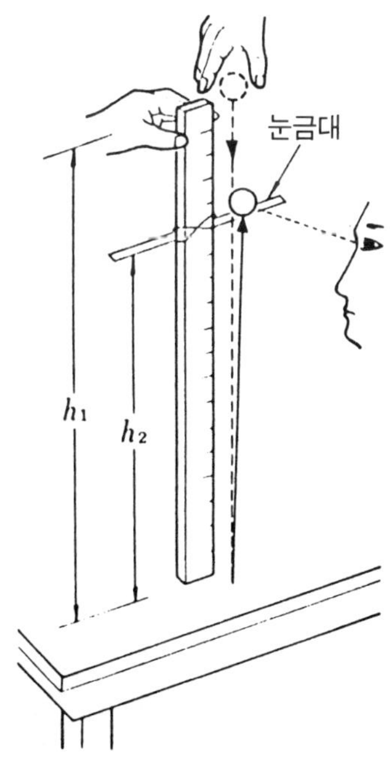

214

탁구공, 아버지에게 빌린 골프공, 구슬 등. 단단한 나무 책상, 쇠철판 등. 그것과 1 m의 자를 준비한다.

책상 위에 자를 연직으로 세우고 가능한 한 높은 높이 h_1에서 조용히 공을 놓는다(쇠철판 위로 떨어질 때는 그 윗면으로부터의 높이를 h_1이라 한다). 튀어 오른 후, 가장 높이 올라가는 높이 h_2를 재빨리 읽는다. 같은 공과 바닥의 조합으로 몇 번인가 되풀이한다. 그 조합에서의 반발계수 e의 크기는 다음의 계산으로 구할 수 있다.

바닥에 떨어졌을 때의 속력 :

$$v_1 = \sqrt{2gh_1}$$

튀어 올랐을 때의 속력 :

$$v_2 = \sqrt{2gh_2}$$

반발계수의 정의부터, 그 크기는

$$e = \frac{v_2}{v_1} = \sqrt{\frac{h_2}{h_1}}$$

측정례

	h_1	h_2	e
탁구공 / 나무책상	100	64	0.8
테니스공(경식) / 나무책상	100	52	0.72

Ⅲ-6. 'T자 균형막대'와 균형

최근, 책상 위의 장식을 겸한 재미있는 모티프가 여러 가지 눈에 띈다. 사진에서 보는 것과 같은 'T자 균형막대'는 상당히 크게 기울여도 그대로 넘어지지 않고 진동하면서 차츰 원래 자세로 되돌아 온다.

이와 같은 물체는 '안정성이 좋은 균형'을 유지하고 있다고 말할 수 있다. 그러기 위한 조건에 대해서 조금 생각해 보기로 하자.

물체에 작용하는 힘이 균형을 이루고 있다. 힘의 효과가 바깥으로 나타나지 않고 있을 때는 일정한 속도로 계속 움직이든가, 정지한 채 있다는 것은 앞에서 배웠다($Ⅰ-6$). 이 두 가지 상태는 물리적으로는 완전히 같은 의미를 가지고 있기 때문에 여기에서는 생각하기 쉽도록 정지하고 있는 상태에 대해서 다루도록 하자.

물체에 크기가 있을 경우는 그 물체상의 모든 점이 어느 쪽으로도 움직이고 있지 않다는 것을 확인하면 정지 상태임을 확인할 수 있지만, 이와 같은 것은 물체상의 어느 한 점이 어느쪽 방향으로도 움직이고 있지 않는 것과, 물체 전체가 그 점을 중심으로 하는 회전 운동을 하고 있지 않다고 하는 것으로써도 확인할 수 있다.

힘이 물체를 회전시키는 효과는 힘의 크기 뿐만이 아니라, 회전 중심으로부터 어느 정도 떨어진 점에 어느쪽 방향으로 그 힘이

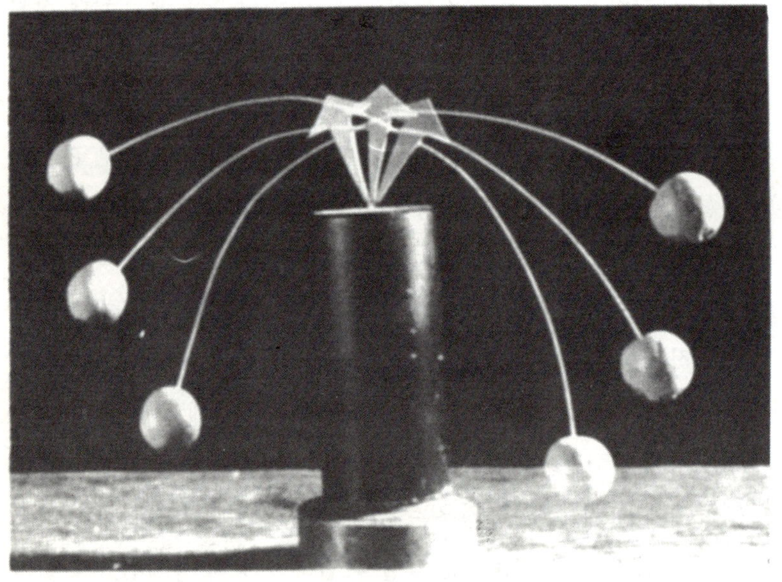

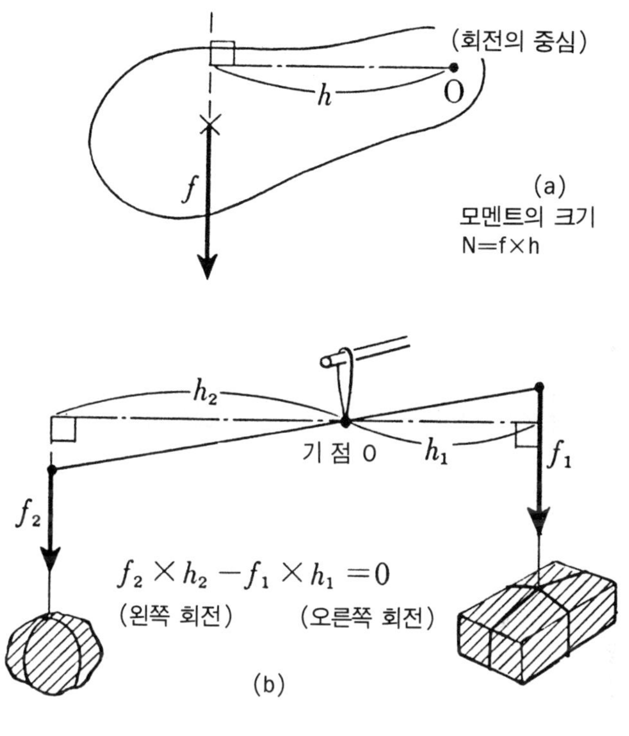

$$f_2 \times h_2 - f_1 \times h_1 = 0$$

3-13

작용하고 있는가 하는 것으로 결정된다. 이런 회전의 효과를 힘의 모멘트라고 부르며, 그 크기는 힘의 크기와 회전 중심으로부터 힘의 작용선에 내린 수선의 길이의 크기로 나타내기로 약속한다 (그림 3—13(a)). 복수의 힘이 작용하고 있는데도 불구하고 물체가 회전하지 않을 때는 이런 힘의 모멘트가 0, 혹은 왼쪽 회전 (시계 반대 방향)의 모멘트에는 ＋(플라스), 오른쪽 회전의 모멘트에는 —(마이너스)부호를 붙여, 합산한 결과가 0이 되고 있다 (그림(b).

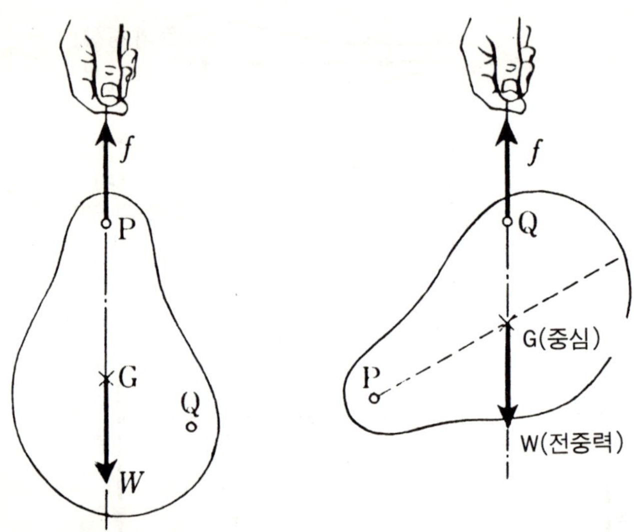

3-14 '중심은 항상, 지점의 바로 아래에 있다'하는 원칙으로,
중심 G를 찾아낼 수 있다.

*디지탈 시계밖에 모르는 사람은 회전의 중심을 왼손으로 쥐고,
그 주위를 걸어가는 방향이라고 생각해 주면 좋겠다.

그런데 크기가 있는 물체가 어딘가 한 점으로 지탱하려고 하면
그 때 정해진 자세를 취하게 할 필요가 있고, 그 자세를 허물면
회전을 일으킨다는 것은 경험상 알 수 있는 사실이다.

이 때, 물체에 작용하고 있는 힘은 물체를 지탱하기 위해 지점
에 가하고 있는 힘과 물체의 각 부분에 작용하는 중력(重力)이
다. 그러나 이 지점 주위에서 물체를 지탱하는 힘으로 인한 모멘
트는(그림3—13에서의 수선의 길이 h가 0이므로) 항상 0이므로
물체가 회전하지 않고 균형을 이룰 때는 각부분에 작용하는 중력

으로 인한 모멘트의 합이 0이 되고 있을 것이다. 그렇게 되면
이들 각부분에 작용하는 중력이 모두 어느 한 점에 집중해서 작용
한다고 간주할 수 있는 점을 결정할 수 있다면, 그 점에 작용하는
전 중력(즉, 물체의 무게와 같은 힘)이 지점의 주위에 만드는
힘의 모멘트도 또한 0이 된다. 이것은 그 힘의 작용선이 지점을
통과하는 연직선상에 있다는 것을 의미한다(지점으로부터 내린
수직의 길이가 0이 되지 않으면 안되므로).

반대로, 이와 같은 관계를 이용해서 물체에 작용하는 중력이
그곳에 집중적으로 작용한다고 간주해도 좋은 점을 결정할 수
있다.

이 점을 중심이라고 부른다(그림3—14). 중심을 정해 두면
크기가 있는 물체의 균형이나 운동을 생각할 때 편리하다. 예를
들면, 언뜻 위험한 물체의 균형도 중심에서 내린 수선이 물체를

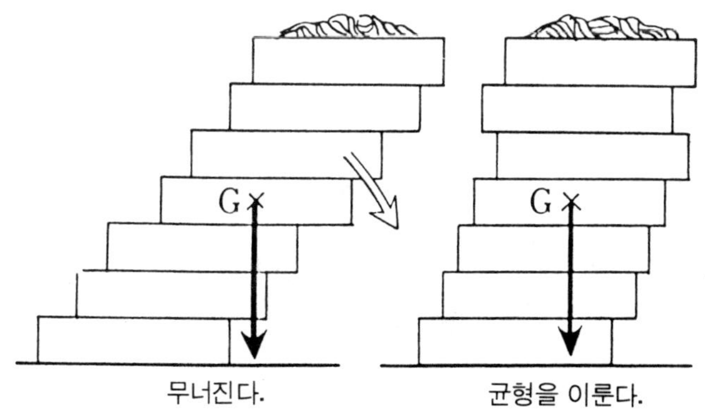

3—15

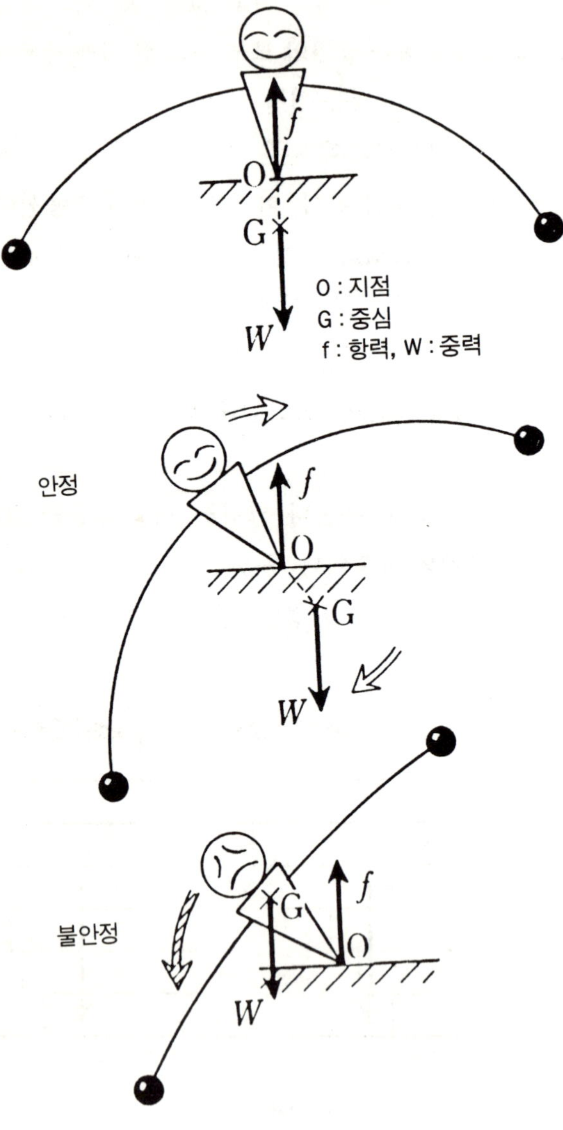

3－16

지탱하는 저면으로부터 밀려나지 않으면 무너지지 않는다, 라고 판정할 수 있다(그림 3—15).

이야기가 다른 방향으로 흘렀지만, 사진의 T자형 균형막대는 전체의 중심이 매우 낮게 만들어져서 지점보다도 아래에 있다(그림 3—16).

중심이란 앞에서 서술한 것 같이 정의되는 점이기 때문에 이 경우와 같이 실체가 없는 부분에서 밀려 나온 위치를 잡아도 좋다.

따라서, 물체를 균형의 위치로부터 기울여도 지점에서의 항력이 만드는 모멘트는 항상 0이고, 중심에 작용하는 중력이 만드는 모멘트는 반드시 균형이기 때문에 엇갈림을 원상태로 되돌리는 작용을 가지고 있으며, 더구나 엇갈림이 클수록 그 효과도 크다. 이것은 복원력(Ⅱ—6)의 조건에 꼭 들어맞고 있으며, 전체는 진동하면서 원 균형 상태에 가까워져 간다. 이것이 만일, 중심이 지점보다 위에 있는 구조라면 가만히 그대로 연직으로 세울 때만 균형을 유지하고, 조금이라도 기울이면 적하물을 높이 지나치게 실은 배가 큰 파도를 만났을 때와 같이 잠시도 지탱하지 못하고 쓰러져 버리는 것이다.

〈**모빌을 만들자**〉

어려운 계산문제는 그만두고 (그림 3—17)과 같은 모빌로 방을 장식할 방법을 생각하자. 큰 물고기와 작은 물고기의 무게의 비는 2 : 1, 철사나 실의 무게는 무시할 수 있다고 하면, 당신은 철사 A, B의 어디에 각각 매다는 끈 a, b를 연결하겠는가.

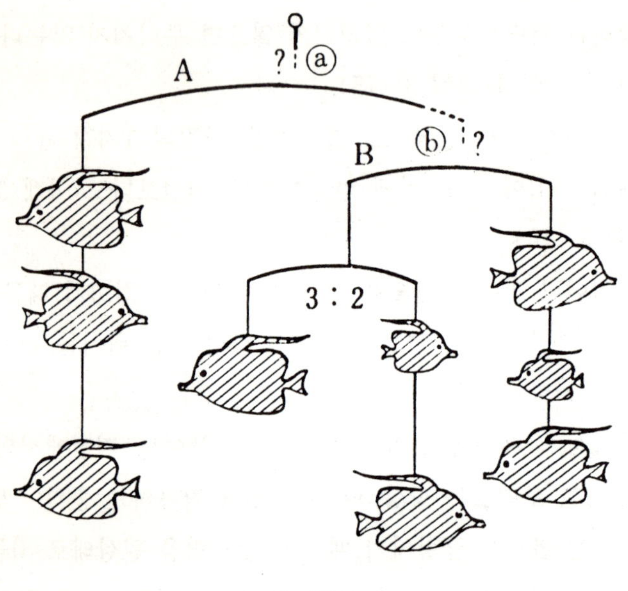

3-17

〈답〉

철사B의 왼쪽 끝에는 합계 2.5의 무게가 달려 있게 되므로 b
는 B의 중앙에 연결하면 된다. 이 결과 A의 오른쪽 끝에는 5의
무게가 달리므로 a는 A의 오른쪽에서 $\frac{3}{8}$ 의 위치에 연결하면 된
다.

〈균형을 이루고 있는 힘〉

물체에 작용하는 외력이 균형을 이룰 때 그 물체는 정지한
채 있다고 하는 사실을 이 항에서 다루었다. 만일, 그 물체가 운동
하고 있을 때는 일정한 속도로 계속 움직인다고 하는 것이 관성의
법칙이다.

　이 사진과 같이 낙하중인 물방울
의 경우, 하향의 중력과 상향에 작
용하는 부력과 저항력의 합이 균형
을 이루어 $8.4\,\mathrm{m}\,/\,\mathrm{s}$의 일정한 속력
으로 낙하하고 있다. $10\sim11\,\mathrm{m}$ 낙
하 후의 상황, 물방울의 모양도 재
미있다.　내려오는 빗방울도 이런
모양일지 모른다.

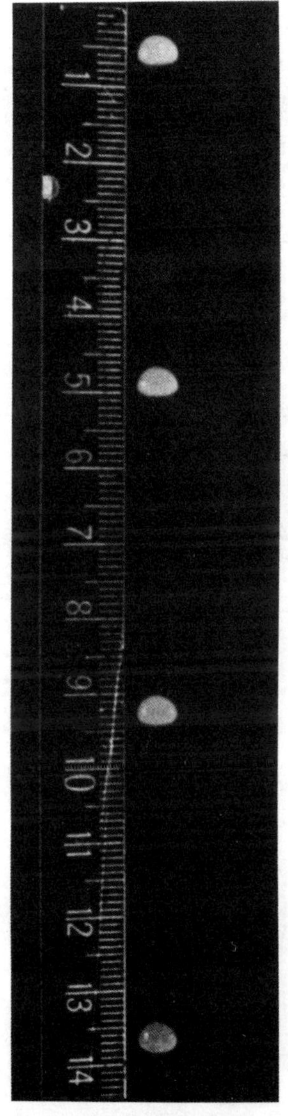

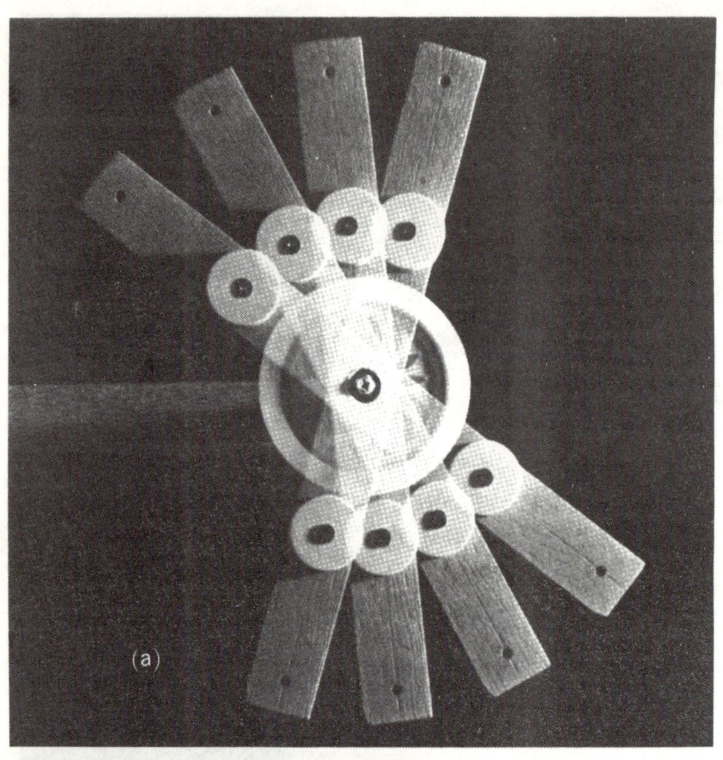

(a)

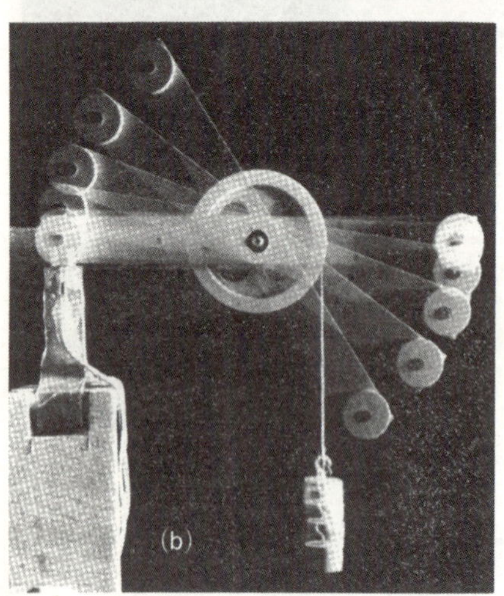

(b)

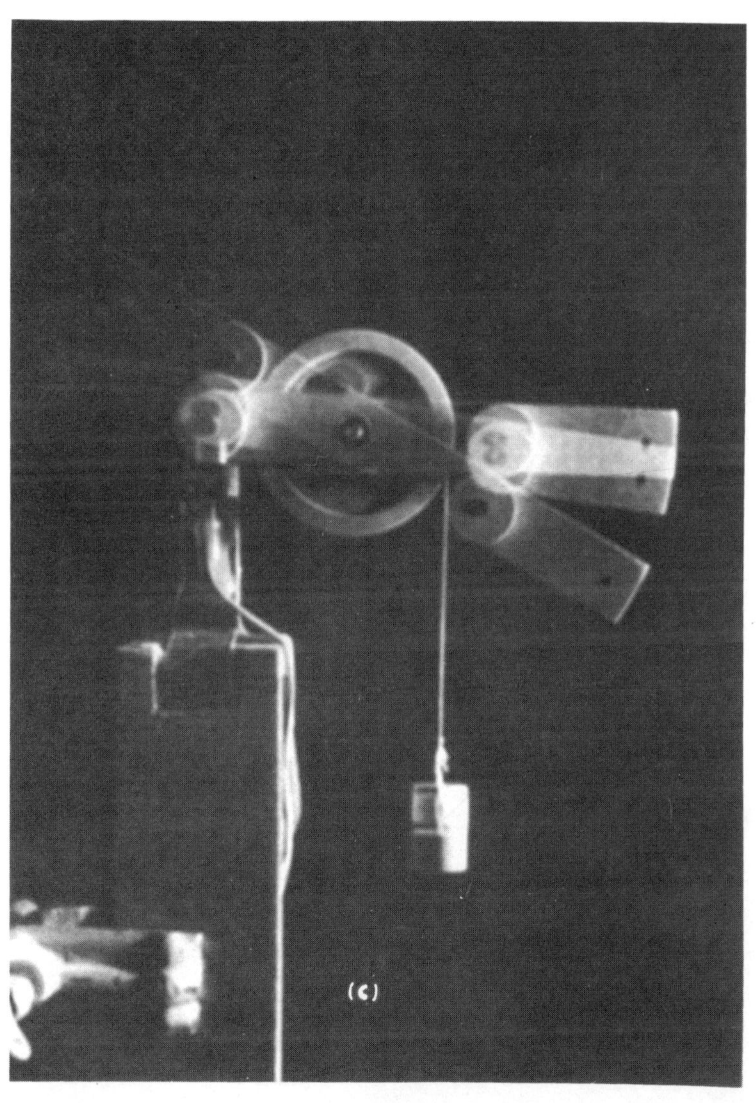

(c)

Ⅲ—7. 회전운동의 법칙

제Ⅰ장 이후, 지금까지 이용해 온 운동법칙은 궤도를 따라서 미끄러져 움직이는 운동을 머리에 그리면서 논해 왔다. 전항에서 생각했던 것과 같은 크기의 어떤 물체의 회전도 운동임에는 틀림 없기 때문에, 기본적으로는 지금까지 이용해 온 운동의 법칙이 적용될 수 있지만, 또 회전이라고 하는 운동에 특유의 법칙성이 보일 것도 예상된다.

앞 페이지의 사진은, (그림 3—18)과 같은 구조의 물체를 중심을 통과하는 수평의 마찰이 매우 작은 축으로 지탱해서, 여러

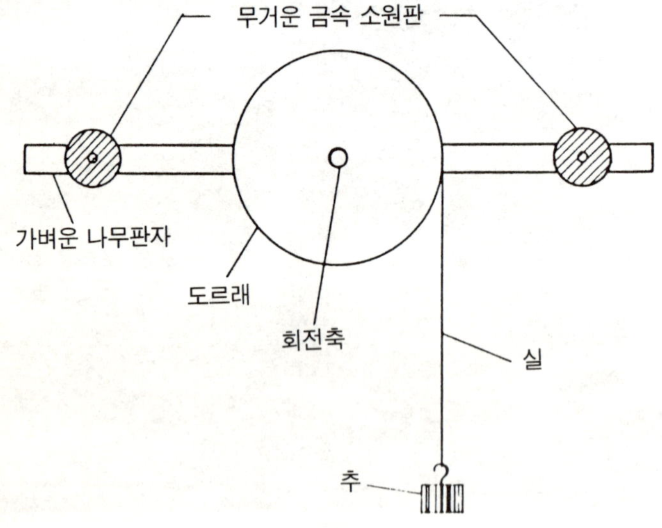

3-18

가지 방법으로 회전시켰을 때의 상태를 나타낸 것이다. (a)는 이 물체의 한쪽 끝에 일순간만 힘을 가해 회전시킨 것으로, 마르티스트로보 사진의 상황은 일정한 각속도로 회전이 계속되고 있음을 나타낸다.

이것은 마찰력도 포함해서 외부로부터 힘을 받고 있지 않은 물체는 일정한 속도로 계속 움직이든가, 정지한 채 그대로 있다고 하는 운동의 제1법칙에 해당하는 상태라고 말할 수 있다.

다만 이 경우는 물체에 크기가 있고, 더구나 중심축으로 고정되어 있다고 하는 사정이 있기 때문에 일부가 움직이면 반드시 그것과 반대방향의 같은 속력으로 움직이고 있는 부분이 있어, 결과적으로 일정한 회전이 계속된다.

즉, 외부로부터의 힘의 모멘트가 가해지고 있지 않은 물체는

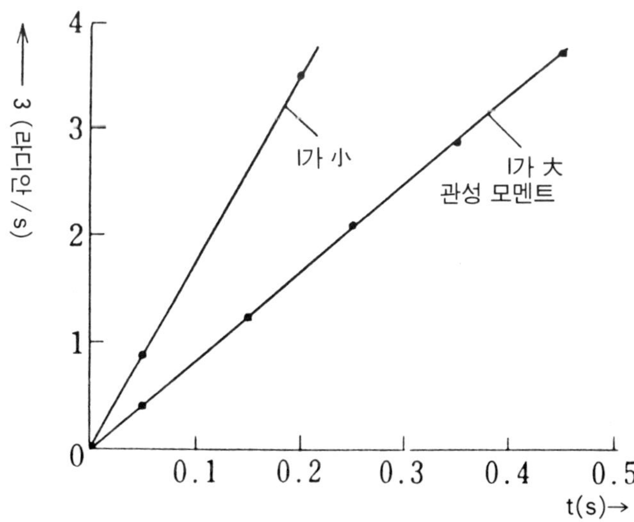

3−19 각속도 · 시간의 그래프

일정한 각 속도로 계속 회전하든가, 또는 정지해 있다고 말해도 좋다.

운동의 제2법칙은, 외력이 작용했을 때의 가속도를 결정하는 조건을 서술한 것인데, 회전운동에서는 어떻게 될까. 사진(b)는 회전축으로부터 떨어진 점에 힘이 작용해서 모멘트를 계속 가하면 회전의 속도가 차츰 빨라진다는 것, 즉 각 가속도가 생기는 것을 보여주고 있다. 사진에 대해서 측정해 보면, 힘의 모멘트가 일정할 때는 각 가속도의 크기도 일정해진다는 사실을 알았다 (그림 3—19).

그런데 제2법칙은 같은 크기의 힘을 받아도 질량이 클수록 가속도는 작다. 즉 관성(慣性)이 크다고 하는 의미가 포함되어 있었다. 회전운동의 경우는 그 점이 어떻게 될까.

사진(c)는, 회전운동의 경우 각 가속도의 크기는 질량의 크기 이외에 물체 내에서의 질량 분포에 따라서도 변한다는 것을 보여

형	길이 l 의 막대기	반경 a의 원판		반경 a의 구	반경 a, 높이 l의 원기둥	
축	중심을 통과 막대기 직각	중심을 통과 판자와 직각	직경	직경	중심축	중심을 통과 중심축과 직각
관성 모멘트	$\dfrac{Ml^2}{12}$	$\dfrac{Ma^2}{2}$	$\dfrac{Ma^2}{4}$	$\dfrac{2Ma^2}{5}$	$\dfrac{Ma^2}{2}$	$M\left(\dfrac{a^2}{4}+\dfrac{l^2}{12}\right)$

3—20

주고 있다.

　즉, 이 경우는 사진 (b)의 경우와 마찬가지로 전체의 질량도, 또한 가하고 있는 힘의 모멘트도 같게 하고 있음에도 불구하고 각가속도만은 커지고 있다. 이 경우는 회전체의 팔에 달려 있는 추를 중심축에 접근시키는 것이다. 이와 같이 하면 회전 속도가 변하기 쉽다. 즉, '회전운동에 관한 관성'이 작아지는 것이다. 질량이 관성의 크기를 측정하는 척도가 되듯이, 회전운동의 관성의 크기를 측정하는 척도를 그 물체의 '관성 모멘트'라고 한다. 관성 모멘트 I 는 전 질량이 클수록, 또한 질량이 같다면 회전중심으로부터 떨어진 곳에 배치할수록 커진다(그림 3—20 참조). 기계의 회전 부분에서 외부로부터 영향을 받아도 회전 속도가 변하기 어렵게 하기 위해서 관성 모멘트의 크기 속도 조절 바퀴라고 하는 장치를 부착하는 것은 이 성질을 이용한 것이다.

　크기가 있는 물체가 회전하고 있다면 그 물체를 구성하고 있는 각부분이 각각 운동량, 운동에너지를 가지고 있다. 그래서 각부분에 대한 값을 모두 합산한 것을 이 물체의 각 운동량(회전에 따르는 운동량), 회전 운동에너지라고 부른다. 이들의 값도 그 물체의 관성 모멘트에 비례한다는 사실이 알려져 있으며, 관성 모멘트의 값은 그 물체의 회전운동에 대해서 생각할 때 중요한 요소가 된다. 관성 모멘트는 앞에서도 서술했듯이 회전축의 주위에 어떻게 질량이 분포하고 있느냐에 의해서 결정된다. 균일한 재료로 만들어진 다음과 같은 형태의 물체의 관성모멘트를 나타내는 식만을 앞 페이지의 그림 3—20에 나타내 두겠다. M은 물체의 전체 질량이다.

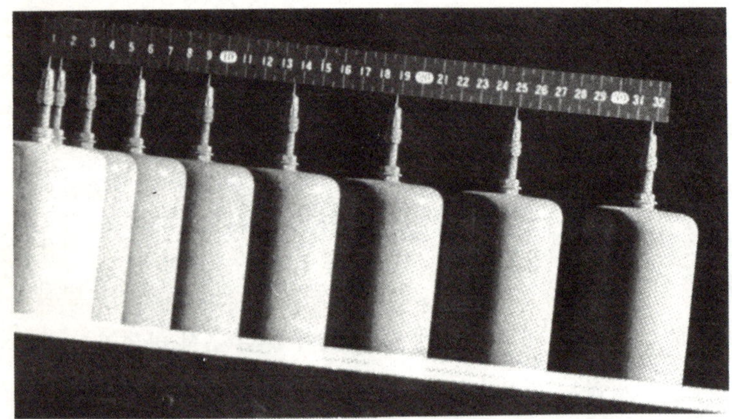

(a)

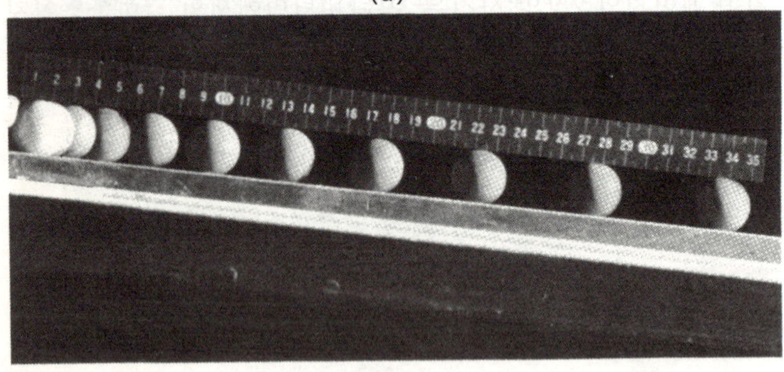

(b)

Ⅲ—8. '미끄러지다'와 '구르다'의 차이

스키의 겔렌데나 유원지의 미끄럼틀 위를 미끄러져 내려오는 것과 굴러 떨어지는 것에는 큰 차이가 있는데, 이 점을 물리적으로 조금 더 자세히 검토해 보기로 하자.

비탈면을 따라서 물체를 떨어뜨리면 중력(重力)의 효과를 약화시켜 작은 가속도로 운동시킬 수 있기 때문에 이 특징을 갈릴레오도 이용했다는 이야기는 앞에서도 다루었다(Ⅰ—5). 그러나 이 경우에는 마찰의 영향은 무시했고, 물체의 크기에 대해서도 고려하지 않았다. 여기에서는 그런 조건도 포함해서 생각하기로 한다.

왼쪽 페이지의 2장의 사진은 모두 비탈면에서의 낙하운동이지만, (a)는 마찰을 0으로 간주해도 좋은 비탈면 위로, 이것과 평행하게 미끄러져 떨어지고 있는 경우, (b)는 얼마 안되는 마찰이 있는 비탈면 위에서 조금 큰 공이 굴러 떨어지고 있는 경우를 보여주는 마르티스트로보 사진이다. 사진에 대한 측정으로부터 모두 등가속도 운동임은 분명하지만, 비탈면의 기울기가 거의 같은데도 불구하고 가속도 a, a'를 구하면 후자가 현격하게 작다 (그림 3—21). 왜 그럴까.

설명에는 몇 가지 방법이 있지만, 여기에서는 에너지에 주목해 보자. 물체가 비탈면 위의 일정한 위치에 가만히 놓였을 때, 최초로 가지고 있는 것은 중력에 의한 위치에너지 뿐이지만, 마찰의

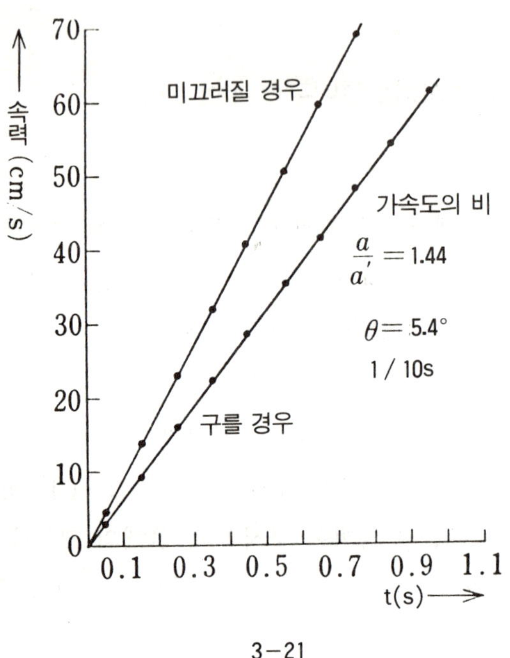

3-21

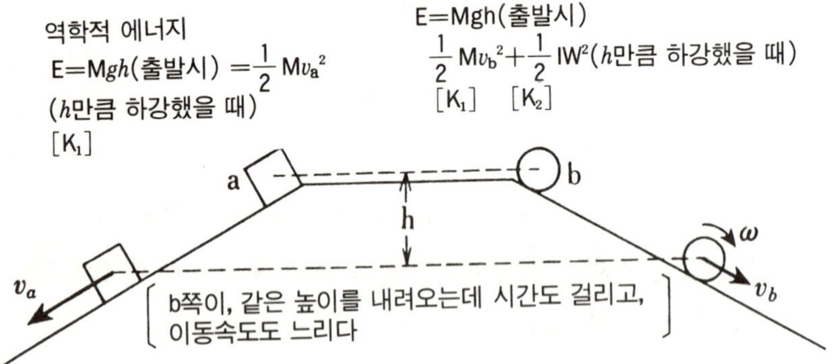

3-22 마찰이 없는 비탈면 위에서 h만큼 하강한 질량 M인 물체
a(미끄러진다), b (구른다)의 비교.

영향을 무시할 수 있다고 하면 역학적 에너지는 그 후도 일정하게 유지된다. 즉, 비탈면을 따라서 내려가면 중력에 의한 위치에너지의 감소분만큼 운동에너지가 증가한다. 미끄러져 내려가든, 굴러 내려가든, 비탈면의 기울기를 같게 해서 같은 높이까지 내려왔을 때, 그곳에서의 운동에너지 K는 같은 값을 가지게 된다.

이 때, 전체 질량 M인 물체(정확하게는 물체의 중심)가 비탈면을 따라서 속력 v로 움직이고 있다고 하는 것에 대응하는 운동에너지 $K_1(=\frac{1}{2}Mv^2)$과, 구르고 있을 경우에는 물체의 회전운동에너지 K_2도 가져야만 하기 때문에, 미끄러질 경우에 a, 구를 경우에 b라고 하는 문자를 첨가해서 구별하면,

$$K=K_{1a}=K_{1b}+K_{2b}$$

따라서, $K_{1a}\rangle K_{1b}$

이다. 2장의 사진기록으로부터 비탈면을 따라서 이동하는 속도 v를 구해 같은 위치에 도달했을 때의 위치를 비교하면 a쪽이 빠르다는 것을 알 수 있다. 즉, 운동에너지는 물론 가속도도 크다는 것을 의미한다.

관성 모멘트 I의 물체가 각속도 ω로 회전하고 있을 때의 회전운동 에너지는 $\frac{1}{2}I\omega^2$으로 주어진다는 것을 이용해서 사진 b와 같이 공이 굴러 떨어질 경우의 가속도를 계산해 보면, 같은 비탈면의 기울기에서도 단지 미끄러져 떨어질 경우의 5/7가 되는데, 그림 3—21에 나타난 결과는 이 결론을 거의 뒷받침하고 있다.

현실적으로 움직이고 있는 물체에는 회전하고 있는 부분(예를

들면 차바퀴와 같이)이 포함되어 있는 경우가 많다. 에너지의 면으로 봐도 전 에너지에 비해서 회전운동 에너지가 작기 때문에 무시할 수 있다(예를 들면, 회전부분의 관성모멘트나 회전의 각속도가 작다는 등의 이유로)면 단순한 질점의 운동과 같이 다룰 수 있지만, 그렇지 않을 경우에는 회전운동에 관한 법칙도 동시에 고려하지 않으면 안된다고 하는 것이다.

그러면 처음 문제가 해결되었으니 다시 기본적인 문제로 거슬러 올라가서 생각해 보자. 즉, 비탈면을 미끄러지는지, 구르는지는 어디에서 결정될까, 하는 문제이다. 만일, 마찰이 완전히 0인 비탈면이라면 물체가 미끄러지기 시작한 것은 확실하다. 게다가 중심

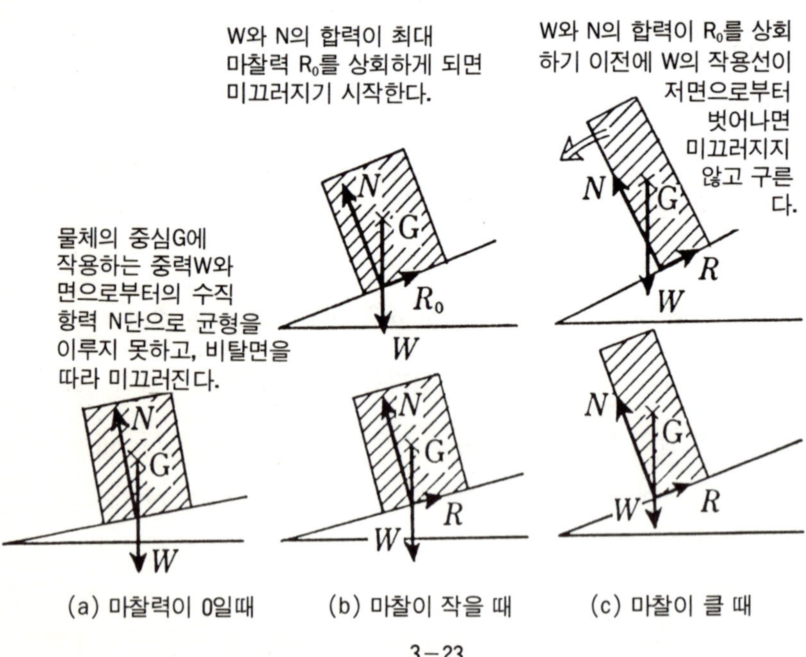

(a) 마찰력이 0일때　　(b) 마찰이 작을 때　　(c) 마찰이 클 때

으로부터 내린 연직선이 물체의 저면을 벗어났다면 동시에 회전도 일어나서, 구르면서 미끄러져 내려온다고 하는 이야기가 된다(그림 3—23(a)).

그러나 마찰이 있다면 이야기는 조금 복잡해진다. 비탈면의 기울기가 완만한 동안은 중심이 비탈면을 따라서 움직이려고 하는 중력의 분력(分力)이 접촉면에서의 최대 마찰력보다 작은 동안은 미끄러지기 시작할 일은 없다. 기울기를 증가해 가면 중력의 분력은 증가하는 반면, 최대마찰력은 감소하기 때문에(면으로부터의 항력에 비례해서) 미끄러지기 시작할 조건이 갖추어질 기회는 증가한다. 이렇게 해서 미끄러지기 시작해 버리면 그대로 미끄러져 움직일 뿐이다(그림 3—23(b)).

그러나 마찰력이 커서 미끄러지기 시작할 조건이 갖추어지지 않은 사이에 중력의 작용선의 방향이 저면으로부터 벗어나면 회전이 시작돼 버려, 새로운 자세로 낙착해서 다시 위에서 생각했던 것 같은 조건의 비교가 반복된다(그림 (c)).

최초의 사신b와 같이 공이 비탈면을 탔을 때는, 이 사고방식으로 말하자면 반드시 구르기 시작하게 되겠지만, 조금이라도 마찰이 있으면(현재의 비탈면을 사용했을 때는 아무리 매끄럽게 해도 이 조건에 가깝다) 동일점에서 접한 채 미끄러질 때의 최대 마력보다도 구를 때의 마찰력이 현격하게 작기 때문에 이 사진과 같이 우선 미끄러지지 않고 굴러가는 것이다.

〈구르기 운동의 불가사의〉

그림 3—24와 같은 형태의 물체가 비탈면을 굴러 떨어져서

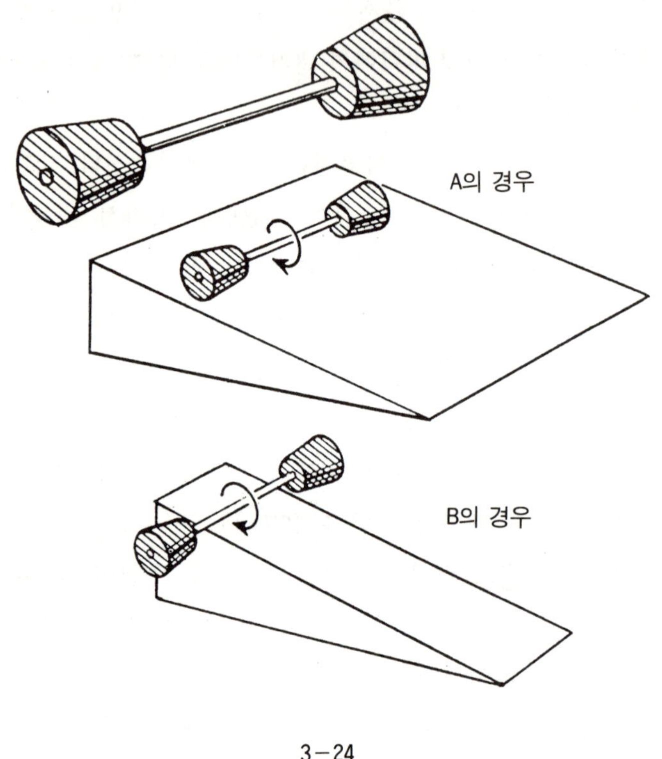

3-24

그대로 수평 바닥 위를 굴러가는 상황을 생각해 본다. 같은 각도의 바탈면을 같은 물체가 굴러 가는데도 불구하고 같은 그림 A에 비해서 B의 경우는 비탈면에서 바닥으로 이동한 순간에 구르는 속력이 갑자기 증가하고 있음을 알 수 있다. 이 이유를 잘 설명할 수 있을까.

그림에서도 알 수 있듯이, 비탈면에 대해 얹어 놓은 방법이 A의 경우는 회전체 그 자체를, B의 경우는 중심의 가는 축이 비탈면에 접하도록 얹어놓았다.

〈답〉

약간 고급스런 문제이지만, 중심에 대해서 생각한 병진운동 (竝進運動) 에너지와 중력의 위치에너지에, 회전 에너지를 더한 총합이 일정하다고 하는 관계(233페이지 참조)로부터 설명할 수 있다. A의 경우는 비탈면의 하단에서의 운동과 평면으로 이동 하고나서의 운동조건에는 변화가 없기 때문에 중심의 병진운동의 속력도 회전의 속력도 변하지 않는다. 그러나 B의 경우는 비탈면 위에서는 가는 축의 주위에서 회전하고 있기 때문에 회전의 속 력, 따라서 회전의 에너지가 크다. 그것은 비탈면을 따르는 병진운 동의 에너지는 작다는 것을 의미한다. 이 물체가 평면 위로 이동 하면 바깥쪽으로 바닥에 접하기 때문에 회전반경은 커지고, 따라 서 회전의 속력은 느려진다. 이것은 회전의 에너지가 작아지는 것을 의미하지만, 그만큼 병진운동 에너지가 증가되어 중심의 이동 속력은 갑자기 증가하는 것이 당연하게 된다.

〈어떻게 변화할까〉

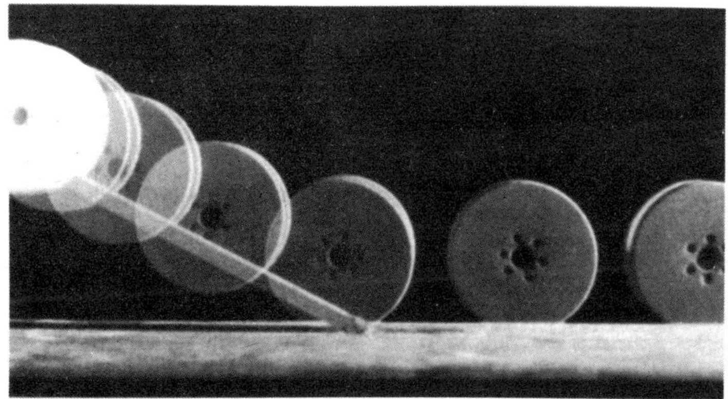

전술의 컬럼기사 실험B의 경우를 포착한 마르티스트로보 사진.

사용한 것은 안쪽의 지름 약 4cm, 바깥쪽의 지름 약 10cm인 에나멜선용의 빈 보빈.

수평면으로 이동하고나서의 중심의 이동속도는 분명히 빨라지고 있지만, 관성 모멘트가 약간 커졌기 때문에 회전에너지는 회전 각속도의 감소의 영향이 그대로 나타나는 것은 아니다.

Ⅲ—9. 회전기의 비결

체조경기나 피겨스케이트 등에서의 회전 스핀은 볼 만한 기술의 대표적인 것이리라. 그것을 주의해서 보고 있으면 공중회전 때 몸전체를 작게 웅크리면 순간 회전이 빨라진다고 하는 현상이 곧잘 이용되고 있음을 깨닫는다(사진 참조). 다시 손발을 크게 벌리면 운동은 천천히 원상태로 되돌아온다. 외부로부터 전연 힘이 작용하지 않은 상태에서 이와 같은 변화를 만들어 낼 수 있는 이유는 무엇일까.

앞에서, 운동량에 대해서 생각했을 때에(Ⅲ—1 참조) 외부로부터 힘이 작용하고 있지 않은 물체, 또는 물체의 집합의 경우, 운동량의 총량은 일정하게 유지된다고 하는 것을 알았다.

회전하고 있는 물체에 대해서는 회전에 따르는 운동량, 즉 각운동량(角運動量)을 생각할 수 있다고 발했지만(Ⅲ—7), 외부로부터 모멘트가 가해지고 있지 않을 경우는 물체의 각운동량은 일정하게 유지된다고 하는 성질이 알려져 있다.

물체상에서, 회전의 중심O로부터 r의 거리에 있는 질량 m의 부분이 전체적으로 각속도 ω로 회전하고 있다고 하자(그림 3—25). 문제의 부분은 중심을 O로 해서 원을 그리며 움직이고 있기 때문에 궤도상의 속력을 v라고 하면 운동량 mv를 가진다. 단지, $v=r\omega$라고 하는 관계가 있기 때문에, 이 운동량은 $mr^2\omega$라고도 표시된다. 같은 운동량이라도 중심으로부터 떨어져 있을 때는

심하게 회전하기 때문에 여기에 반경 r을 곱한 값 $mr^2\omega$를 이 부분의 각운동량이라고 한다. 이런 값을 물체상의 모든 점에 대해서 합산한 값을 이 물체의 각운동량이라고 한다. 이 값 L도 물체상에서 질량이 회전의 중심 주위에 어떻게 분포하고 있느냐에 따라서 결정되고, 관성 모멘트 I와 각속도 ω의 크기로 표시된다.

$$L = I\omega$$

L의 크기는 외부로부터 모멘트가 가해지지 않으면 ω가 일정하므로 일정하고, 모멘트가 가해져서 ω가 변화하면 그것에 비례해서 변화한다.

예를 들면, 마찰이 거의 없는 회전대 위에 얹혀서 적당한 회전수로 회전되기 시작한 사람은 아무 것도 하지 않으면 외부로부터 모멘트가 가해지지 않기 때문에 일정한 각속도, 즉 일정한 각운동

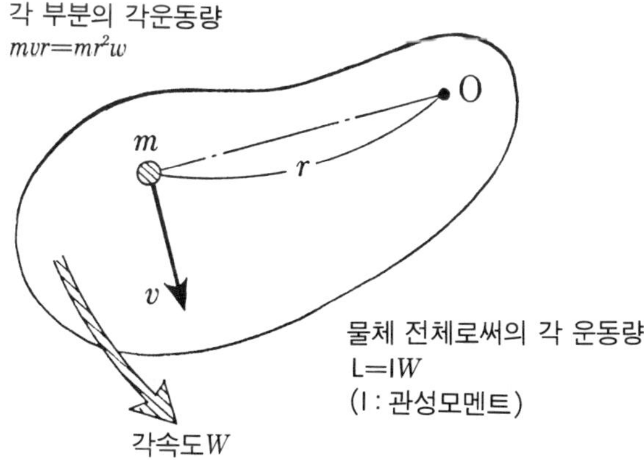

3-25

3-26

량으로 계속 회전하게 된다. 그러나 이 경우에도 그때까지 벌리고 있던 손을 웅크려 보면 회전수는 갑자기 빨라진다. 손을 웅크린 것은 무엇을 의미하는 것일까. 앞에서 관성 모멘트는 질량이 회전 중심으로부터 멀리 놓여 있을수록 커진다고 했다(Ⅲ-7 참조). 지금, 손을 벌리든지, 웅크리든지 전질량에는 변화가 없지만, 관성 모멘트로써는 손을 웅크린 후가 작아진다. 그러나 이 변화 동안에도 회전대나 인간에 대해서 외부로부터의 모멘트가 가해지고 있지 않기 때문에, 각운동량은 일정하지 않으면 안된다. 그러나 관성 모멘트만은 작아져 버렸기 때문에 다른 한 쪽의 각속도는 좋든 싫든간에 커지지 않을 수 없는 것이다. 따라서, 손을 처음 상태로 되돌리면 당연히 속도도 원래대로 되돌아온다.

처음에 예로 든, 스포츠에서의 여러 가지 회전기도 이 원리를 몸으로 체득해서 단시간 내에 실행하고 있는 결과이다. 잘 이용하면 회전을 단시간에 완료하고, 착지 그 외의 경우는 다시 몸을 벌리면 느릿느릿한 속도로 동작을 쉽게 컨트롤 할 수 있다. 이와 같이 각운동량 보존이라고 하는 조건은 회전을 수반하는 운동을 생각할 때 중요한 포인트가 된다. 전연 다른 예를 들면, 헬리곱터는 큰 로터(회전날개)를 수직인 축 주위에서 회전시키므로써 상승력이나 추진력을 얻는다. 그러나 처음 헬리곱터는 완전히 정지해 있고, 물론 어느 방향으로도 회전하고 있지 않았던 것이, 저 정도 관성 모멘트가 큰 로터가 회전하기 시작해서 큰 각운동량을 갖게 되었다. 이때, 어느 곳으로부터도 모멘트를 주지 않으면 기체가 각운동량의 합계를 처음과 같은 0으로 유지하려고 로터의 회전 방향과 반대 방향으로 회전하려고 하는 불안정한 상태가 되어 버린다. 헬리곱터의 후부에서 수평축 주위로 회전하는 작은 프로펠러는 이 기체의 회전을 멈추는 모멘트를 부여하는 중요한 역할을 담당하고 있다(그림3—26). 최근 대형 헬리곱터에서 2개의 로터를 가진 경우는 이와같은 이유로, 2개의 회전 방향은 반드시 반대가 된다.

〈**회전의자에서의 실험**〉

이런 실험을 위해서 베어링 등을 넣어서 가능한 한 순조롭게 회전할 수 있도록 만든 전용 회전대도 있지만, 사무용 회전의자 위에서도 제법 즐길 수 있다.

회전의자에 앉아서 바닥으로부터 발도 띄운 상태로 팔과 함께 상체를, 예를 들면 왼쪽 방향으로 갑자기 비틀어 보도록 하자 (Ⓐ). 하반신과 의자는 어떻게 될까.

다음에, 우선은 같은 회전의자 위에 팔을 크게 벌린 자세로 앉는다. 양손에 조금 무거운 책이나 추라도 가지면 더욱 좋다. 스스로 바닥을 차든가, 사람에게 밀도록 부탁하든가 해서 의자째 회전해서(Ⓑ), 반회전 정도 한 지점에서 갑자기 팔을 웅크려 몸에 붙이는 자세를 취하면(Ⓒ), 어떤 일이 일어날까. Ⓒ의 상태에서 출발해서 Ⓑ의 상태로 바꾸어도 좋다.

〈답〉

순조롭게 회전할 수 있는 의자로 실험해 보면 결과는 분명히 나오고, 아마 이 항에서 공부한 것을 이해한 분들은 그 이유도 이해했을 것임에 틀림없다. Ⓐ의 경우 하반신은 상반신과는 반대 방향으로 회전한다. 이것은 처음 각운동량은 0으로, 외부로부터 모멘트가 가해지지 않았는데도 불구하고 상체에 오른쪽 방향의 회전이 일어나면 그 각운동량을 제거할 만큼의 회전이 다른 부분에 일어나지 않으면 안된다. 체조의 마루운동이나 수영의 다이빙에서의 '비틀기', 혹은 무중력(無重力) 상태에서 유영(遊泳) 중인 우주비행사가 방향을 바꾸는 테크닉에도 이용되고 있다.

Ⅲ—10. 팽이의 운동

다음 페이지의 사진은, 팽이 중에서도 비교적 새로운 형의 '지구팽이'라고 불리고 있는 것을 사용해서 팽이 특유의 목흔들기 운동의 상태를 나타낸 것이다. 이런 팽이 특유의 성질은 큰 관성 모멘트를 가진 물체가 고속으로 회전하고 있는 경우에 보여지는 것이다. 따라서 기본적으로는 물체의 회전운동법칙을 적용시켜서 설명할 수 있지만, 팽이의 운동을 이해할 수 있다면 역학의 이론은 완전히 마스터한 것이 된다고 할 정도로 여러 가지의 난문이 포함되어 있다. 그러나 이 책에서도 역학(力學)의 여러 법칙을 배워 온 결말적 의미에서, 지금까지의 예비지식으로 취급할 수 있는 범위에서 팽이의 운동을 생각해 보자.

팽이를 돌리고 있을 때의 재미, 불가사의함은 외부로부터 가해신 힘에 고분고분 따르지 않고, 뭔가 '자신'의 의지로 반발하듯이 회전하는 것이다. 질량의 분포가 완전히 대칭적이라고 해도, 가는 축 끝으로 서 있는 자세는 매우 불안정하고, 조금 기울면 균형의 조건(Ⅲ—6 참조)으로 보아 당연 쓰러져 버린다(그림 3—27(a)). 그러나 그 팽이도 한 번 고속으로 회전하기 시작하면, 특히 축이 연직이 되었을 경우는 그대로의 자세로 계속 회전한다. 그 상태는 '수면팽이'라고 하는 표현에 딱 맞는다. 이것은 관성 모멘트가 큰 물체가 큰 각속도(角速度)로 회전하고 있을 때, 즉 각운동량 (Ⅲ—7 참조)이 클 때에는 회전운동의 관성의 표현으로써, 그

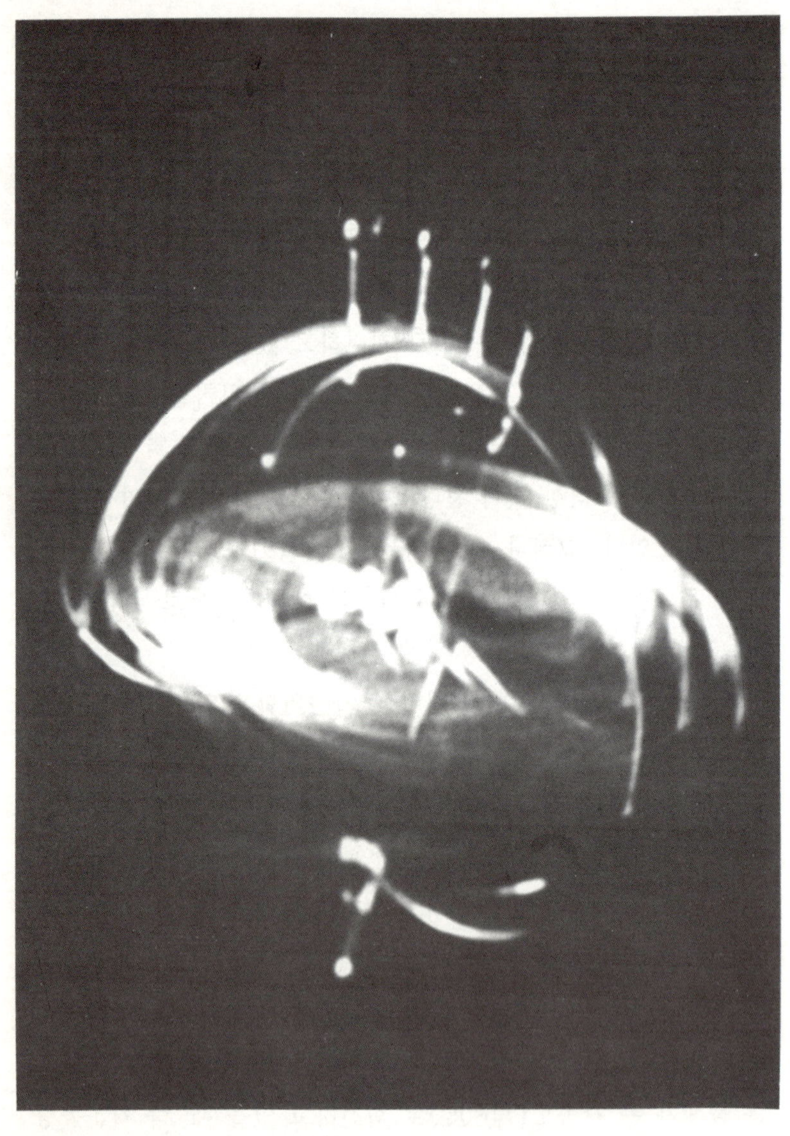

회전축의 방향을 일정하게 유지하려고 하는 성질이 현저해진다고 하는 성질에 의한다(그림(b)).

이와 같이 회전하고 있는 팽이는 축이 연직에서 조금 기울어도 정지하고 있었을 때와 같이 곧 쓰러지지 않고, 그 기울기의 각(角)을 유지한 채 목흔들기 운동을 시작한다(이 특수한 운동을 물리용어에서는 재차운동이라고 부른다)(그림 3—27(c)). 이 경우 바닥에 적당한 마찰이 있으면 축은 미끄러지지 않고 동일점 상에서 계속 회전한다.

이 목흔들기 운동에도 물론 일정한 법칙성이 있어, 다음과 같이 정리할 수 있다. 지금, 팽이의 회전축과 평행으로 둔 오른쪽 나사를 팽이의 회전방향으로 돌렸을 때에 이 나사가 진행하는 방향으로 팽이의 각운동량의 방향을 나타내기로 약속한다. 이렇게 하면 이 방향을 가리켜 각운동량의 크기에 비례하는 길이의 화살표로, 팽이가 가진 각운동량을 도시할 수 있게 된다(그림(d)).

이 화살표도 일종의 벡터이지만 힘이나 속도를 나타내는 벡터와는 조금 의미가 다르다. 그러나, 여기에서는 그 차이는 언급하지 않기로 하겠다.

이 표현을 빌리자면, '수면팽이'의 상태는 각운동량 벡터의 방향도 크기도 일정하게 유지된 상태라고 말할 수 있다.

그러나 축이 기울면 중력과 바닥으로부터의 수직항력(垂直抗力)이 만드는 모멘트는 기울기를 더욱 증가시키려고 작용한다. 이 모멘트의 효과도 각운동량을 화살표로 나타낼 때와 마찬가지로, 모멘트에 의한 회전의 방향으로 회전한 우향나사의 진행 방향을 향하는 화살표로 나타내고, 화살표의 길이는 모멘트의 크기에

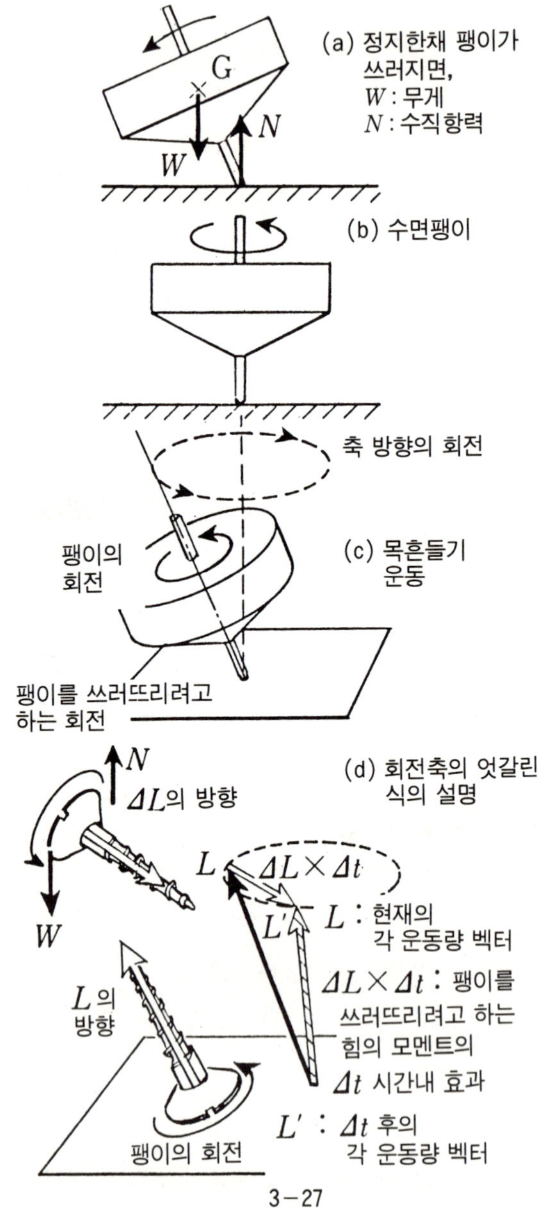
G
N
W
(a) 정지한채 팽이가
쓰러지면,
W : 무게
N : 수직항력
(b) 수면팽이
축 방향의 회전
팽이의
회전
(c) 목흔들기
운동
팽이를 쓰러뜨리려고
하는 회전
N
ΔL의 방향
W
(d) 회전축의 엇갈린
식의 설명
L
ΔL×Δt
L'
L : 현재의
각 운동량 벡터
ΔL×Δt : 팽이를
쓰러뜨리려고 하는
힘의 모멘트의
Δt 시간내 효과
L' : Δt 후의
각 운동량 벡터
L의
방향
팽이의 회전

비례한 크기로써 도시할 수 있다. 이런 상황 아래에서 팽이는
목흔들기 운동이 발생해서 팽이의 회전축 방향, 따라서 각운동량
의 벡터 방향도 변화해 간다. 그 관계는 최초의 각운동량의 벡터
L에 외부로부터 가해진 모멘트의 벡터 ΔL에 그 작용시간 Δt
를 곱해서 구한 벡터를 더해서(힘이나 속도의 벡터의 합성과 마찬
가지로 생각하고) 만든 새로운 벡터 L′가 Δt시간 후의 축 방향
을 나타내게 된다.

　이 사고방식으로, 팽이를 같은 방향으로 돌리면(예를 들어,
위에서 보아 시계 반대 방향으로. 사진의 예도 이 회전) 목을
흔들며 축이 돌아가는 방향도 마찬가지로 시계 반대방향이 된다
는 것, 팽이의 회전이 빠르고 각운동량이 큰 동안은 같은 정도의
모멘트를 가해도 목흔들기의 주기가 느려진다는 것 등을 설명할
수 있다.

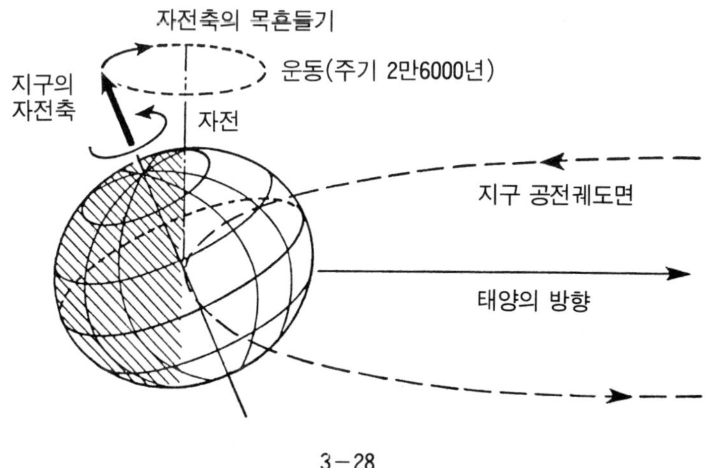

3-28

우리들이 체험하는 가장 대규모적인 팽이의 목흔들기 운동의 예는 지구의 '재차운동(再次運動)'이다. 지구는 적도 방향이 극방향보다 약간 긴 회전 타원체인데다가, 어떤 이유인지 자전축이 공전면에 대해 기울어져 있다. 이 때문에 태양으로부터의 인력(引力)은 지구의 이 기울기를 없애도록 작용하지만, 지구라고 하는 큰 팽이는 이것에 거슬러서 앞서 설명한 방향으로 목을

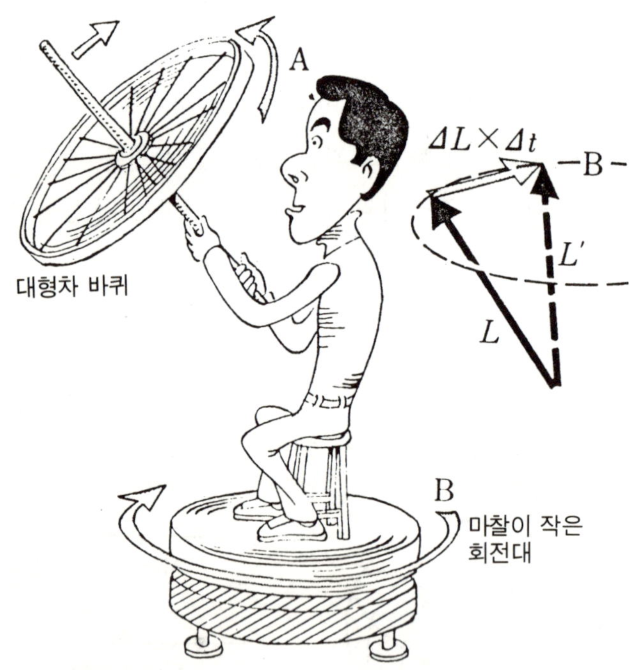

A방향으로 회전하고 있는 차바퀴의 축을 세우려고 하면
회전대도 함께 B방향으로 돌기 시작한다.

3-29 지구의 재차운동의 원리

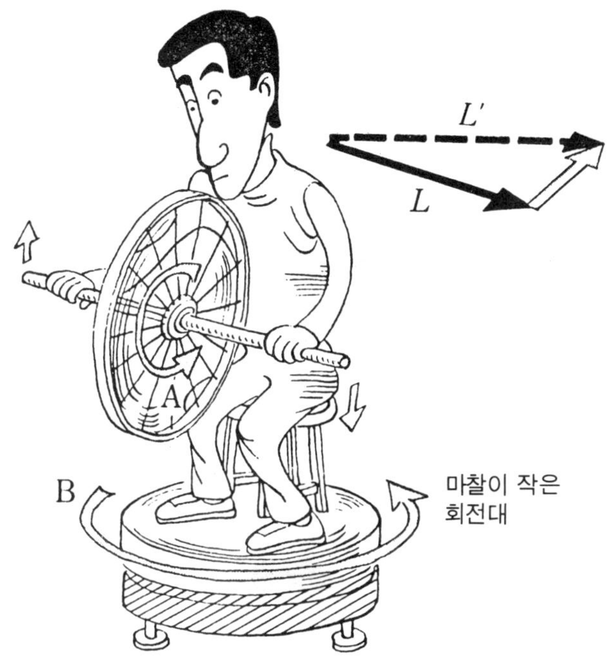

A의 방향으로 회전하고 있는 차바퀴의 축을 기울이려고 하면
회전대도 함께　B방향으로 돌기 시작한다.

3-30 손을 뗀 자진거 운동의 원리

흔든다(그림 3—28). 그 주기는 약 2만 6000년으로 계산되고 있
다. 이 때문에 지축의 방향에 해당하는 하늘의 북극, 그 근처에
현재 보이는 북극성도, 앞으로 수십년 후에는 그 이름에 어울리지
않는 터무니 없는 방향에서 보이게 될 것이다.

　이 사실은, 매끄러운 회전대를 타고 그림 3—29와 같이 큰 회전
체 축을 세우려고 하면 받침대를 포함한 전체가 재차운동을 하는
것으로 나타내어진다.

 좀 더 비근한 예로써, 손을 놓고 하는 자전거 운전이 있다. 축을 수평으로 유지하고 회전하는 자전거의 바퀴는 역시 회전축의 방향을 그대로 유지하려고 한다. 이것을 기울이려고 하면, 그 모멘트의 효과로 축은 수평상태로 방향을 바꾼다. 이것도 그림 3—29와 같은 회전체를 사용해서 실험할 수 있다(그림 3—30).

 자전거로 커브를 꺾으려고 원 안쪽을 향해서 몸을 기울이면 바퀴가 자연스럽게 커브해 가는 것은 이 이유 때문인 것이다(그림 3—31).

 지금까지의 설명은 모두 팽이가 안정된 상태에서 회전하고 있는 경우로써 생각했지만, 마찬가지로 안정된 상태에서 회전하고

3-31

있는 팽이에 지구 자전의 영향을 잘 조합시키면 끊임없이 축이 남북방향을 가리킨다. 이 특성을 이용한 사이로 콤파스의 원리, 혹은 바닥과 축 사이의 마찰력 관계에서 팽이의 축이 차차 일어서거나, 또는 축의 앞끝이 나선을 그리며 이동해 가는 등의 현상을 설명하기 위해서는 더욱 고도의 역학적 취급을 필요로 하기 때문에 고체의 운동역학 이야기는 이쯤에서 일단 그치기로 하자.

Ⅳ. 변형하는 물체의 역학

앞 장까지 대강 운동에 관한 역학의 법칙에 대해서, 크기는 무시한 질점(質点)부터 시작해서 크기가 있고 따라서 회전운동의 가능성도 포함한 물체의 운동에 대해서도 그 견해나 활용 방법을 설명해 왔다. 단, 그 경우도 힘을 받은 물체의 변형은 고려하지 않았다. 바꿔 말하자면, 전연 변형하지 않는 단단한 물체——강체——의 운동을 생각해 왔던 것이다.

따라서 변형하는 고체는 물론이거니와 공기나 물과 같은 유체의 운동도 당연 그 대상에는 포함되지 않았다.

유체(流體)라고 하는 개념은 최근 물리학의 진보에 따라서 이전보다도 넓은 의미로 해석되게 되었지만, 여기에서는 보통의 기체, 액체의 총칭이라고 하는 정도의 의미로 생각하기로 한다.

유체는 그 각부분(角部分)이 운동하고 있는 것은 확실하지만, 하나의 연속된 흐름이 되어서, 어느 부분만을 독립적으로 뽑아낼 수는 없다. 더구나 형태가 완전히 자유롭게 변화한다고 하는 특징도 가지고 있다.

그러나 각 부분의 운동은 주위를 빈틈없이 메우고 있는 유체의 다른 부분으로부터의 힘의 영향을 어떻게 고려하는가 하는 복잡함은 있어도, 기본적으로는 지금까지 다루어 온 운동법칙으로써 설명할 수 있을 것이다. 역학적 에너지에 관한 여러 원리도 당연 유체(流體)에도 적용된다. '구름을 붙잡는 것 같다'라고까지는 아니더라도, 복잡한 상대이기 때문에 그다지 깊이 파고들 수는 없지만, 우리들의 지금까지의 예비지식을 통해서 이해할 수 있는 범위에서 현상적으로 파악하기 쉬운 부분을 중심으로 이런 변형도 수반할 경우의 물체의 성질이나 그 운동을 다루어 보자.

〈관성역계〉

필자가 캘리포니아주립대학 산타바바라학교를 방문했을 때, 물리교실로 가는 엘리베이터 안에 다음 사진과 같은 장치가 부착되어 있었다. 엘리베이터가 출발할 때, 혹은 정지하려고 하기 직전에 중앙의 용수철 하단에 연결된 바늘이 움직인다. 이것은

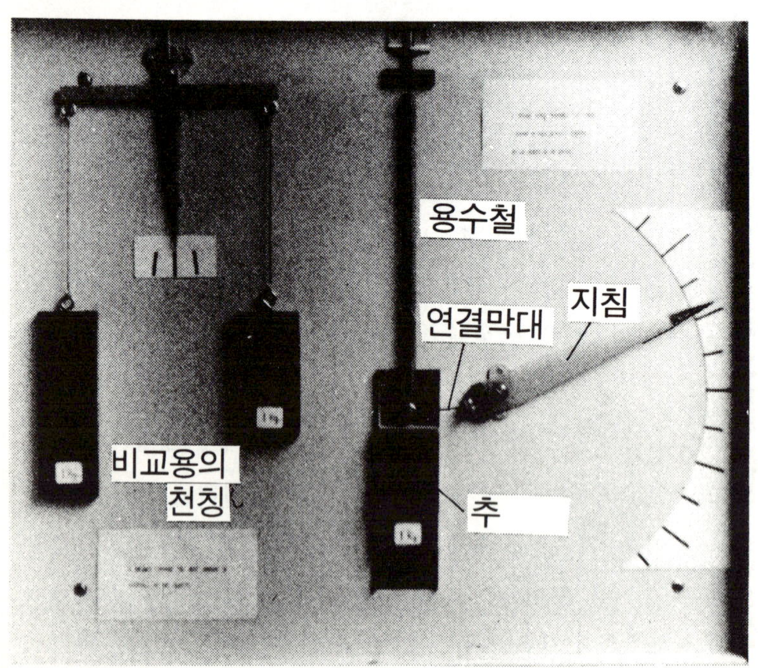

가속도를 가진 엘리베이터 안에서는 관성력(慣性力)이 가해지기 때문에 가속도 제로일 때 추와 균형을 이루고 있던 용수철의 길이가 변하기 때문이다. 몸으로 느끼는 변화를 이렇게 해서 객관화한 연구는 재미있다. 좌측의 2개의 추에는 모두 같은 관성력이 가해지기 때문에 균형은 변하지 않는다.

그럼, 이 엘리베이터는 상승 중일까? 하강 중일까?

〈답〉

출발 직후.

258

Ⅳ—1. 탄성과 소성

물체에 힘을 가하면 이상적인 강체 등은 실재하지 않기 때문에 정도의 차이는 있지만 여러 가지 변형이 발생한다. 고체가 변형한다고 하는 것은 고체를 이루고 있는 원자의 배열이나 서로 이웃한 원자간의 거리가 변형이 없었을 때와 비교해서 변화했기 때문이라고 생각된다. 이 상태를 내부에 '비틀림'이 발생한 상태라고 한다.

이런 물체 내부에서 발생한 변화는 직접 육안으로 볼 수는 없지만, 그림 4—1에서 보이는 것 같은 방법으로 플라스틱판과

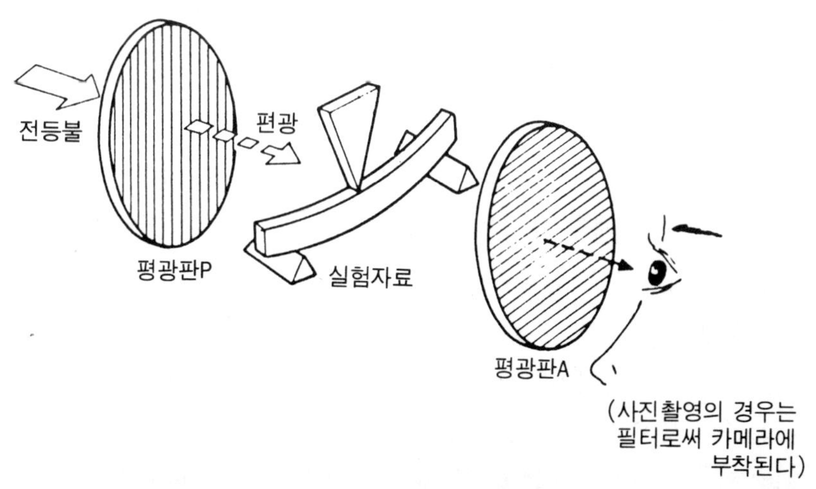

4—1 광탄성실험

같은 투명체의 내부에서의 변화를 포착할 수 있다.

이 방법은 광탄성실험이라 부르며, 빛의 파동으로써의 특징을 이용하면 비틀림이 큰 부분에는 빛의 간섭 줄무늬가 촘촘하게 나타난다고 하는 대응관계를 보이기 때문에 비틀림의 존재나 그 정도, 분포를 파악하는 실마리를 얻을 수 있다.

사진은 한 쪽 끝을 지탱한 플라스틱판을 변형시켰을 경우에 대한 광탄성실험(光彈性實驗)이다. 변형이 클수록 내부의 비틀림도 커지는 것은 당연하겠지만, 비틀림이 똑같이 분포하고 있지 않은 점에도 주목해 주기 바란다.

비틀림을 일으킨 물질 내에서의 원자 배열의 변화에는 몇 가지 형태를 생각할 수 있지만, 원자 간격이 보통 상태와 비교해서 한결같이 커진 경우, 그 반대로 작아진 경우를 각각 신장, 위축의 변형이라고 한다(그림 4—2(a), (b)). 이 상태는 원자를 포함한 면을 물체 내로 생각한 경우에, 면끼리를 잡아 떼어 놓는 방향(신장의 경우), 또는 접근시키는 방향(위축의 경우)의 힘이 어느 면으로나 작용하고 있다고 말해도 좋다. 비틀림을 일으킨 물체 내에서 발생하고 있는 힘을 일반적으로 '응력(應力)'이라 하며, 신장의 변형일 때의 응력을 '장력(張力)', 위축의 경우를 '압력(壓力)'이라고 이름 붙인다.

물체 내부에서는 신장과 위축이 동시에 발생하는 경우도 있어, 예를 들면 막대기를 양 끝부터 잡아 당기면 그 방향으로는 늘어남과 동시에 단면적(斷面積)은 작아진다(그림 (c)). 또한 사진과 같이 막대기나 판자가 휘어 있을 때는 휘어진 바깥쪽에서는 신장, 안쪽에서는 위축의 변형이 발생하고 있다(그림 (d)).

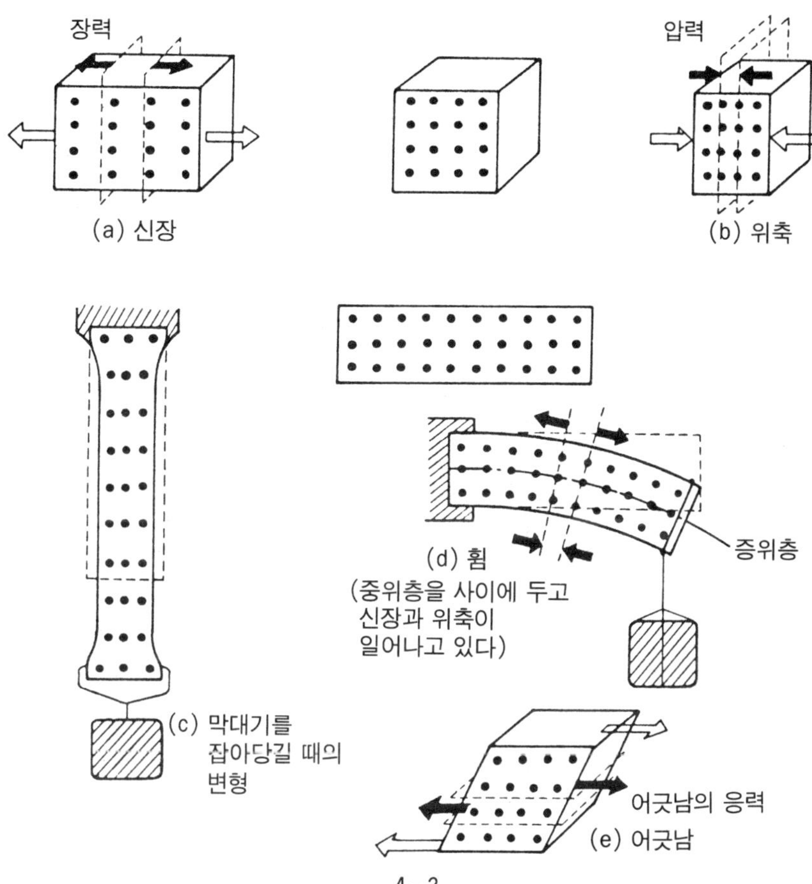

따라서, 그 중간에서는 변형 전과 같은 길이를 나타내는 부분이 있을 것이고, 이것을 중립층(中立層)이라고 한다. 광탄성 사진에서, 판자의 중앙부에서 간섭 줄무늬가 생기지 않는 부분(변형 전과 같이 투명한 상태를 나타내고 있다)이 여기에 해당한다.

변형에는 이런 물체 내부의 원자를 포함하는 면들이 면과 평행한 방향으로 어긋나는 경우도 있다. 이것을 층밀림 변형이라고 하며, 일방적으로는 형태가 변화한다(그림 (e)). 이 경우의 응력 (應力)은 면을 사이에 두고 이것과 평행으로 서로 반대 방향으로 발생한다.

모든 변형에서 비틀림의 정도가 그다지 크지 않은 범위에서 는 비틀림의 크기는 외력(外力)의 크기에 비례하고, 또한 응력 (應力)의 크기는 항상 외력의 크기와 같다. 그리고 외력을 제거하 면 변형도 0으로 되돌아간다. 이런 변형을 탄성변형(彈性變形) 이라고 한다.

탄성(elasticity)이라고 하는 말은, 그리스어의 '되돌아간다'고 하는 의미의 말이 어원으로 되어 있다.

탄성 변형을 일으키는 변형의 범위는 물질에 따라 크고 작고 가지각색이지만, 그것 이상의 변형을 주면 우선 힘과 변형의 비례

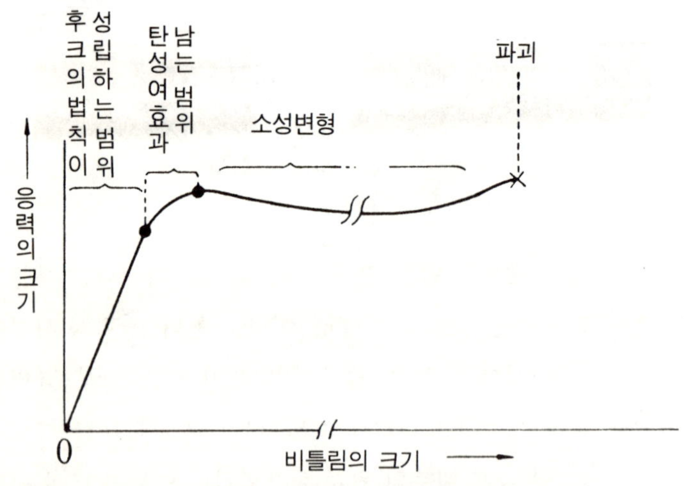

4-3 비틀림~응력의 관계 그래프(예)

관계가 무너지기 시작하고, 또한 대부분의 경우 외력을 0으로 해도 변형이 0으로 되돌아가기까지 얼마 동안의 시간이 걸리게 된다. 이것을 '탄성여효(彈性余効)'라고 한다.

　이 범위를 더욱 상회하는 변형을 주면 외력을 0으로 한 후에도

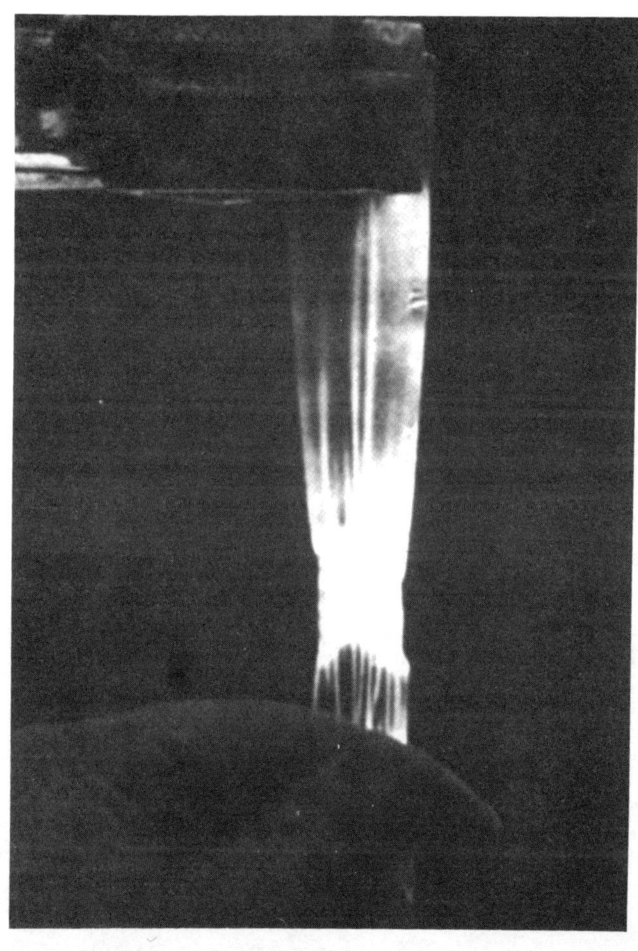

4—4

비틀림이 영구히 남아 버린다. 이 성질을 탄성에 대한 소성(塑性)이라고 하며, 이 변형을 소성변형(塑性變形)이라고 한다(그림 4—3). 그림 4—4는 폴리에틸렌의 시트를 강하게 잡아 늘렸을 경우에, 손을 놓은 후에도 영구 비틀림이 발생하고 있음을 나타낸 광탄성 사진이다. 소성변형의 정도가 너무 클 경우는 어떤 면에서 원자끼리의 결합이 끊어져 파괴가 일어난다.

그림 4—3에서 탄성 변형의 범위가 넓고, 더구나 큰 힘에 대해서도 비틀림이 그다지 증가하지 않은 물질은 튼튼한 탄성체이며, 밧줄은 그 전형일 것이다. 고무도 탄성변형은 있지만, 비례성은 일찍부터 무너져 탄성여효(彈性余効)도 남기 쉽다.

파괴될 때까지의 소성변형(塑性變形)의 폭(그림4—3)이 짧은 물질은 '무른' 재료이다. 적당한 크기의 힘으로 소성변형을 일으켜, 파괴까지의 여유가 크다고 하는 재료는 프레스해서 메랄 등을 만드는데 편리하다고 말할 수 있을 것이다.

〈광탄성 실험 이야기〉

이 항에서도 이용했듯이 광탄성 실험은 직접적으로는 포착할 수 없는 물질 내부에서의 원자배열 상태의 변화를 빛의 특성을 이용해서 시각화할 수 있는 편리한 방법이다.

빛은 전파나 X선 등과 같이 '전자파'라고 불리는 파동과 동류이다. 전자파는 파동이라고 해도 공기나 물과 같은 물질, 그 자체의 진동에 따르는 파동이 아니고, 전계(電界)와 자계(磁界)의 상태의 주기적 변화가 진공중이라도 전달되는 파동을 말한다. 그리고 변화가 발생하는 방향과 그 변화가 전달되어 가는 방향과는 직각

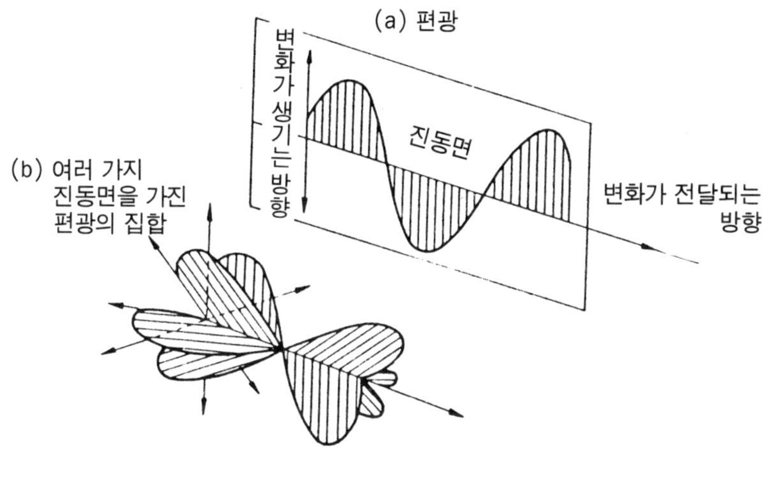

4-5 광파의 모델

이 되고 있는 파동, 즉 횡파(橫波)이다. 이 2가지 방향으로 결정되는 평면을 횡파의 진동면이라고 한다(그림 4—5). 보통의 광원에서 나오는 빛은 진행 방향은 공통이라도, 여러 가지 진동면을 가진 파동의 집합이다. 특히 하나의 진동면만을 가진 빛을 편광(偏光 : 평면편광)이라고 부른다. 자연광(自然光)을 편광으로 바꾸는 가장 간단한 방법은 편광판(포라로이드판)이라고 불리는 판자를 통과시키는 것이다. 그 결과, 편광판에 따라 결정되는 특정 방향의 진동면을 가진 편광만이 통과해 온다. 스키용의 편광 선글라스나 사진용의 편광 필터는 이 편광판의 응용이다.

보통의 투명한 플라스틱 판자에 편광을 비쳐도 아무런 변화도 없이 투과한다. 그러나 비틀림이 생기는 경우, 판자에 수직으로 편광을 입사시키면 이 편광이 비틀림의 방향에 따라 결정되는

2가지의, 서로 직교하는 방향의 진동면을 가진, 편광P_1, P_2(그림4
—6)으로 나뉜다고 하는 현상이 발생한다. 더구나, 이 2가지의
편광은 판자 속을 진행하는 속력도 다르다. 이 현상은 복굴절
(復屈折)이라고 불리며, 방해석(方解石)이나 수정(水晶)과 같은
일축성 결정의 내부에서는 항상 발생하는 현상이다.

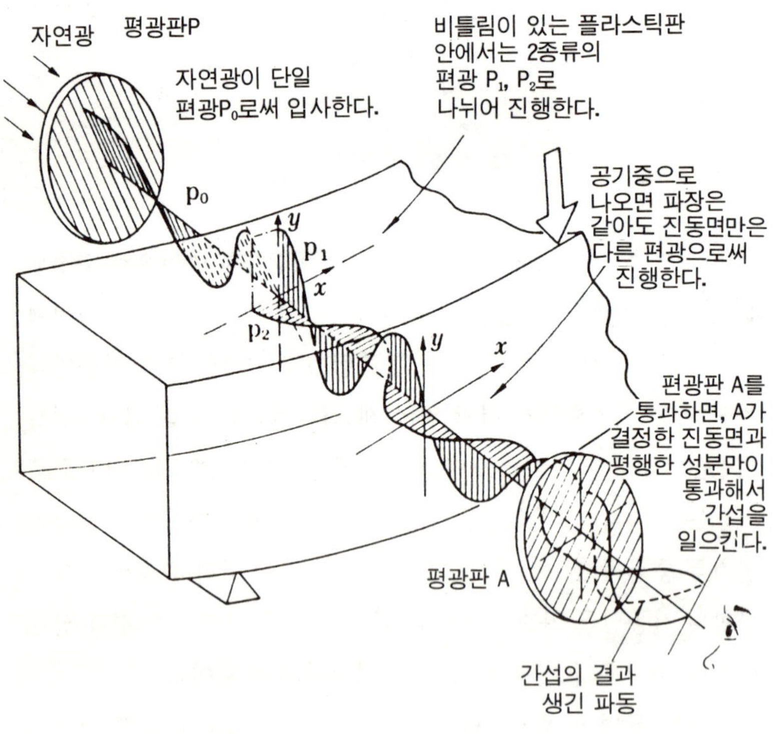

이 현상 때문에 비틀림을 일으키고 있는 판자 C를 통과한 빛은 2종류의, 더구나 위상이 다른 빛의 집합이 된다. 그래서 이런 빛을 다시 한 번 편광판 A로 받아내면 A로 인해서 결정된 공통의 진동면을 가진 성분만이 통과해 온다. 같은 진동면을 가진, 더구나 위상이 다른 편광끼리는 간섭을 일으켜서 위상의 엇갈린 정도에 따라서 밝기가 변화한다. 위상의 엇갈리는 방법은 빛이 통과한 부분의 비틀림 정도로 인해서 결정되기 때문에, 이런 통과 빛의 밝기 분포로부터 판자 내부의 비틀림 분포 상태를 추정할 수 있다.

〈고딕건축의 연구와 광탄성〉

최근 학문의 연구대상이 확대됨에 따라서 연구 방법에도 다른 과학의 방법을 채용하는 시도가 늘고 있다. 특히, 물리학적 방법은 이와 같은 장면에서 이용될 기회가 많다.

광탄성 실험이 구조 해식(構造解析)에 이용되는 것은 잘 알려져 있지만, 건축사에 대한 연구 재료를 제공할 것을 하나의 목적으로 해서 12~13세기에 세워진 프랑스의 고딕양식 대회당의 구조 해석에 광탄성 실험을 응용한 재미있는 연구 보고가 수년 전에 나와 있다.

고딕건축은 12세기 초 이래의 유럽에 있어서 부유한 상인계급의 성립을 배경으로 나타나, 1220년대의 대표적인 대회당의 출현으로 일단 그 구조적 특성은 확립되었다. 석재를 쌓고, 가늘고 긴 피아(기둥)로써 높이 30~40m의 천정 대들보를 지탱하며, 내부의 넓은 공간과 벽면에 큰 창을 가진 구조는, 기술적으로는 많은 어려움을 내포하고 있다. 이들 건축물은, 이에 800년 가깝게 유지되고 있다. 각 부분이 구조적으로 담당하고 있는 역할을 확인하여 건축 기술 사상의 데이타를 얻기 위해서 여러 대회당의 단면 모형이 에포키시수지판으로 만들어졌다. 그 각 부분에 연결된 끈에 계산된 무게의 추를 매달아 건물의 자중(自重), 혹은 측면으로부터의 풍압이 가해지는 상황을 만들어 내서 그대로 150°C로 온도를 올리고나서 식히면 플라스틱 내부의 비틀림은 그대로 동결된다. 각 부분에서의 비틀림의 분포 상태, 또는 각 부재(部材)가 구조상 담당하고 있는 역할도 해석할 수 있다. 물리학과 건축사, 미술사의 흥미있는 협력의 사례라 할 수 있다.

Ⅳ—2. 압축하는 것은 기체, 압축하지 않는 것은 액체

이와 같이 확실하게 판단하는 것은 물리학적으로 조금 지나치지만, 유체(流體)를 크게 2가지로 나눌 때의 표준으로써 압축성(壓縮性)에 주목한다. '물을 그릇에 따라……'라고 하는 중국의 옛말을 끌어 낼 필요도 없이, 물을 포함한 모든 유체의 특징은 형태를 자유자재로 바꾸는 점, 어렵게 말하자면 면(面)을 따라서 미끄러뜨리려고 하는 어긋남의 힘(260페이지 참조)에는 거의 저항하지 않는 점이다. 이것에 반해서, 체적을 바꾸려면 액체와 기체에서는 큰 차이가 생긴다.

다음 사진은, 액체는 압력을 받아도 체적을 거의 바꾸지 않는다는 것을 보인 일례다. 그림 4—7과 같이, 보통의 유리병에 한 번 비등시키시 기포(氣泡)를 내보낸 물을 가득 붓고, 여기에다 중앙에 금속막대를 찔러 넣은 고무마개를 꽉 끼운다. 이 경우 병 속에 공기가 남아 있지 않도록 주의한다. 이 병을 마개가 열리지 않도록 꽉 고정한 다음 고무마개에 끼운 금속막대의 상부를 쇠망치로 두드리면, 순간 사진이 보여주듯이 병은 산산이 부서져 버린다.

이 사실에는, 액체의 특성이 여러 형태로 관계하고 있지만, 그 하나가 비압축성(非壓縮性)이라고 하는 점이다. 위의 주의중에서 병 속에 공기가 남아 있지 않도록, 이라고 말했지만, 공기가 남아 있으면 이 실험은 성공하지 못하고, 금속막대도 어느 정도 안으로 깊이 들어간다. 즉, 이 경우에서 금속막대를 통해서 물에 가해지는

압력의 효과는 우선 상부에 남아 있던 공기를 압축하는 일에 흡수되어, 원 템포 후에 전체적인 균형 상태를 취한다. 이와 같은 좀 완만한 변화에는 유리벽도 견딜 수 있다(그림 4—8).

그러나 내부가 물 뿐일 때는 쇠망치로 두드렸을 때의 반응으로도 알 수 있듯이, 액체는 바로 '금속과 같이' 위축될 우려는 나타나지 않는다. 이 때문에 금속막대의 말단에 가한 힘은 그 순간에 압력의 강도(단위 면적당의 힘의 강도)를 변함없이 유리벽 전면에 가한다. 유리는 이와 같은 순간적인 힘에 특히 약해서 부서져 버린다. 유체(流體)로써 형태를 자유롭게 바꿀 수 있다고 하는 점은 공통이라도, 체적을 바꾸려고 하는 변화에 대한 반응이 기체와 액체가 크게 다른 이유는 각각의 물질 구조의 상태 차이 때문

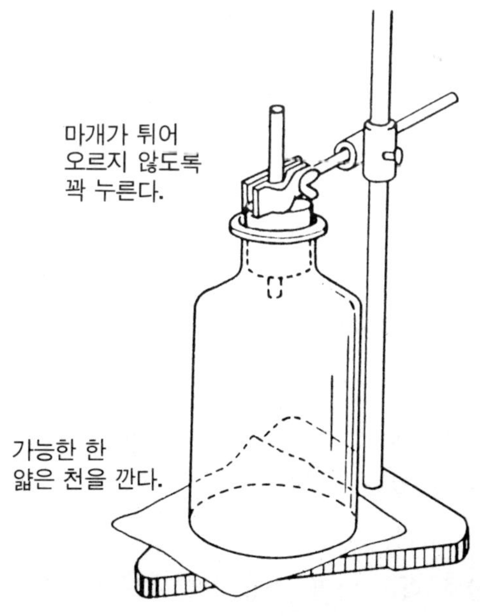

4—7

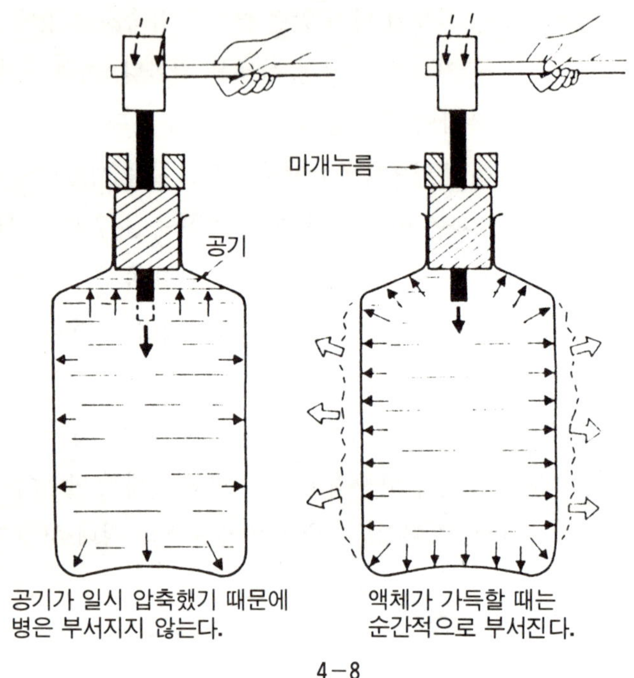

4-8

이라고 설명할 수 있다. 모든 물질이 분자로써 구성되어 있다는 사실은 현대에 있어서 상식으로써도 인정되고 있다. 물론, 분자의 자세나 형태를 직접 파악하는 것은 상당히 특수한 경우를 제외하고는 불가능하지만, 분자의 존재를 전제로 한 이론이 화학변화의 규칙성을 예측하고, 실증하는 일을 가능케 하고 있다든가, 물질의 물리적 성질의 대부분이 마찬가지로 분자나 그 운동을 가정한 이론으로 설명할 수 있는 등의 사실을 총합해서 우리들은 분자의 실재를 확신하고 있다.

단지 분자(分子)라고 하면 곧잘 일정한 크기를 가진 둥근 구(球)로써 그려지는 경우가 많지만, 이것으로 분자가 분명한 윤곽을 가진 구형(球形)의 덩어리로써 존재하고 있는 것같이 생각하는 것은 좀 지나치다. 실제, 분자들을 차차 접근시켜 가면 처음 동안은 서로 잡아당기는 방향의 힘이 작용하지만, 더욱 가까이 하면 힘은 반발력으로 바뀌고, 더구나 접근함에 따라서 급격하게 그 힘은 커져 어느 거리부터는 그 이상 접근하려고 하면 무한히 큰 힘(따라서 에너지)을 필요로 하게 된다. 이와 같이, 사실상 그 이상은 서로 접근할 수 없는 거리가 있다고 하는 것은 분자가 각각 불가침의 고유영역을 가지고 있다는 것을 의미하며, 더구나 어느 방향에 대해서도 동일 조건이라는 점도 고려하면 하나의 모델로써 그 범위를 나타내는 구형(球形)의 영역을 생각할 수 있다. 이것이 '둥근 분자'의 실태이다. 그 크기는 물질에 따라서 다소의 차이는 있지만 대충 어림잡은 값으로써, 1억분의 1cm 정도 이다. 예를 들어 설명하자면, 길이가 1cm인 철사를 100km(동경과 후지산 사이 정도)로 확장해 보면 분자가 數mm의 덩어리로써 보인다고 하는 계산이 된다.

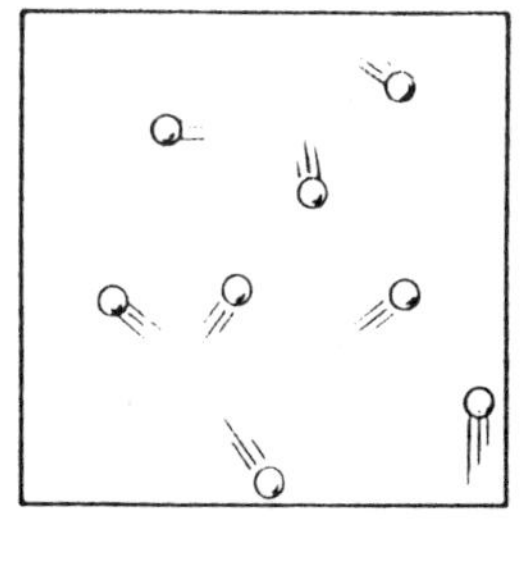

기체
(완전히 자유롭게
움직인다)

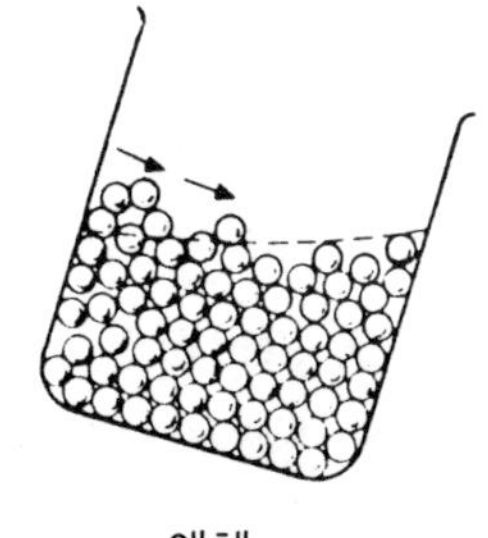

액체
(자유롭게 미끄러져
움직인다)

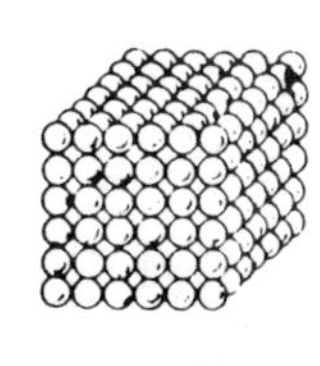

고체
(관계 위치는 일정)

4-9 물질과 분자

　매우 어림잡은 표현으로 말하자면, 이런 분자가 서로 이웃끼리 최대한으로까지 접근해서 밀어 넣어진 상태가 액체의 경우라고 말해도 좋다. 여기에 반해서 기체의 경우는 분자끼리는 보통의 상태(예를 들면, 압력 1기압, 온도 15°C)라면 분자의 크기의 수십배 이상이나 떨어져, 더구나 자유롭게 움직이고 있다. 때때로 서로 맞부딪치는 것 외에는 분자끼리도 전연 영향을 주지 않는다. 이 결과, 외부로부터 압력을 가하면 전체적으로 차지하는 체적을 상당히 압축하는 것도 가능하며, 또한 어떤 틈으로도 퍼져서 모양도 자유롭게 바꿀 수 있다. 액체의 경우는 이미 접근할 수 있는 한도까지 밀어 넣어져서 체적은 거의 변하지 않는다. 그러나 서로 이웃한 불과 수 개의 분자가 서로 견제하며 함께 행동하는데 불과하기 때문에, 내부에서는 분자가 자유로이 이동할 수 있고 모양을 바꾸는데는 저항도 없다.

　여기에 반해 고체 분자는 서로 빠듯하게까지 접근하고 있는 것은 물론, 서로 연결되어서 마치 일정한 위치를 접착제로 고정시켜 놓은 듯이 모양도 일정하게 유지되지 않을 수 없는 상태에 있다. 물론, 고체의 탄성변형, 소성변형(IV—1 참조)이나 액체, 기체의 실제적인 성질을 설명하기 위해서는 이 대충 어림잡은 모형으로는 불충분하겠지만 말이다.

　이런 분자의 상태도 고려하면서, 여기에서는 액체, 기체, 즉 유체(流體)의 역학적(力學的)인 성질을 몇 가지 살펴 보기로 하겠다.

Ⅳ-3. 정지유체와 압력

수학자, 물리학자, 철학자로서 유명한 프랑스의 파스칼은, 1653년에, '밀폐된 용기 안에서 정지하고 있는 유체의 1점에 압력을 가하면, 그 유체 내의 모든 점의 압력의 강도(단위 면적당의 압력의 크기)가 같은 값만큼 증가한다'는 사실을 발견했다. 이 파스칼의 원리라고 불리는 유체(流體)의 특징은 여러 장면에 응용되고 있다.

이 원리를 응용한 퀴즈를 한 문제. 가능한 한 '콧김이 강할 것 같은' 사람을 붙들고, 책상 위에 놓인 2~3kg은 될 것 같은 물체를 보이며, '이것을 당신의 숨의 힘만으로 움직여 달라'고 말을 꺼낸다. 그 어려운 문제를 풀어야 될 사람이 바로 당신이라면 어떻게 할까?

답은 간단하다! 물체와 책상 사이에 폴리에틸렌이나 고무제품의 기밀한 봉지를 깔고(만일, 물체의 저면적이 작을 경우였다면, 봉지 위에 $10 \times 20\,\text{cm}$정도의 판자를 얹어 그 위에 물체를 놓는다) 봉지 끝을 입에 대고 숨을 불어 넣어 주면 된다(그림 4—10). 물체를 힘들이지 않고 들어 올릴 수 있다(다음 페이지 사진). 물체가 2kg이었다고 하고, 봉지와의 접촉 면적이 $200\,\text{cm}^2$ 정도라면, 압력의 강도는 $1\,\text{cm}^2$당 $10\,\text{g}$ 중 정도이다. 이 정도 압력의 강도의 공기를 봉지에 불어 넣는 것은 어린아이라도 가능하며, 이 압력의 강도는 봉지의 전체 면적에 가해지기 때문에 물체의 무게

에 대항해서 이것을 밀어 올릴 수 있다.

밀폐 유체(流體)를 통한 압력의 전달은 자동차의 오일브레이크나 프레스용의 유압기 등에 널리 이용되고 있다.

이런 유체의 특징에 관계해서 생긴 현상 중 하나로, 액체를 넣는 용기의 벽은 깊은 곳일수록 튼튼하게 만들어지지 않으면 안된다고 하는 문제가 있다. 이 직접적인 원인은 지구상의 물체는 모두 그 질량에 비례한 크기의 풍력을 받고 있기 때문이다. 그러나 고체를 쌓아 올린 경우라면 각 부분의 중력은 연직하향으로만 전달되어, 겨우 밑바닥이 그것에 견딜 수 있을 정도로 튼튼하게 만들어 두면 된다.

그러나, 액체의 내부에서는 중력과 같은 강도의 압력은 연직하향 뿐만이 아니라, 어느 방향으로도 전달될 수 있기 때문에 같은 깊이의 경우, 어느 방향이나 같은 강도의 압력이 가해져, 그 강도는 깊이와 함께 증가해 간다. 이 결과, 용기는 바닥뿐만이 아니라 측면도 충분히 그 압력에 견디도록 민들지 않으면 안된다 (그림 4—11). 높이가 수 십 미터되는 댐*의 경우, 이런 영향도 무시할 수 없게 된다.

　*이것은 보통 눈에 띄는 중력식 댐에서의 대책이고, 아치식댐의 경우, 벽면의 형태 연구에서 이런 압력에 견딜 수 있도록 설계한다.

기체에서도 같은 문제는 있지만, 밀도가 작기 때문에 보통 다루는 정도의 양의 경우는 중력의 효과를 무시할 수 있기 때문에, 용기내의 기체 압력의 강도는 모두 한결같다고 생각해도 좋다.

4-10 기밀한 봉지에 공기를 불어 넣으면……

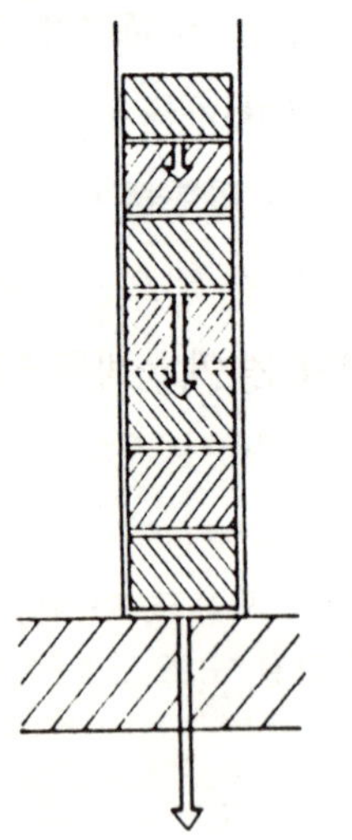

추를 쌓아 올렸을 때,
튼튼한 것은 저면만으로
좋다.

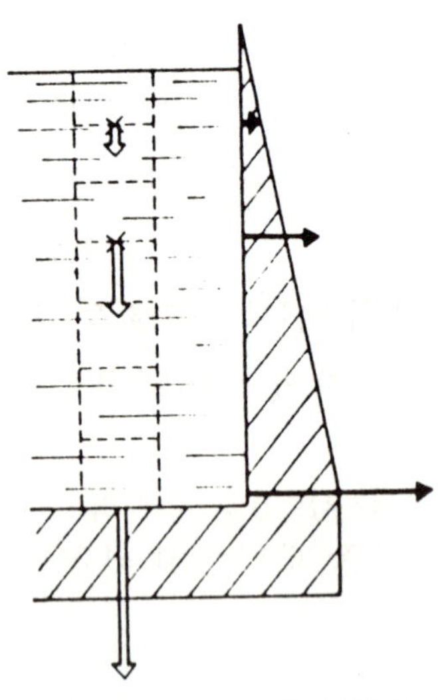

액체 속에서는, 깊은 곳일수록
압력이 증가한 영향이 어느 방향
으로나 미친다.

4-11

그러나 지상의 대기와 같이 수십 킬로미터나 쌓이면 상층의 공기의 무게가 전달되어 아래일수록(즉, 지표에 가까울수록) 대기의 압력은 높아진다. 단지 기체는 압력이 증가하면(압축되어서) 밀도도 커지기 때문에 '깊이에 비례해서'라고 하는 간단한 관계는 성립되지 않는다. 결과적으로 지표의 공기중에서는 어느 방향으로나 1기압(＝1cm²당 약 1kg중)의 압력이 발생하고 있다. 지상에 놓여진 액체의 표면에도 이 압력은 당연히 가해지고 있기 때문에, 액면(液面) 아래의 압력의 강도는 '대기압＋액체의 깊이에 따른 압력'으로 표시된다. 물의 경우는 10m마다 약 1기압이 가산되어 간다.

그런데, 고체에서는 그 일부에 가해진 힘은 그 방향으로밖에 전달되지 않는데, 액체, 기체의 경우는 모든 방향으로, 또 같은 강도로 전달된다고 하는 원인은 무엇일까. 그것은 한 마디로 말하자면, 앞에서도 다루었듯이 유체 내에서는 분자가 자유롭게 움직일 수 있는 상태에 있기 때문이다. 즉, 내부는 항상, '한결같이 뒤섞인' 상태에 있고, 어떤 부분에 일어난 변화는 어느 방향으로나 영향을 미쳐 전체적으로 균형을 이룬 상태에 있을 경우는(중력과 같이 방향성을 가진 힘의 영향을 제외하면) 어느 방향에 대해서도 균일한 상태가 발생하고 있는 것이다.

〈목욕탕에서의 물리학〉

액체 바닥에서는 그 깊이에 비례한 압력을 받는다고 하는 사실을 이 항에서 배웠고, 또 여러 사례도 소개되어 있다. 매우 비근한 체험을 해 보면, 수영장에서도 좋지만, 예를 들어 자택의 목욕탕에 고무호스가 있다면 목욕탕 바닥까지 찔러 넣은 호스의 이쪽으로 숨을 불어 넣어 보면 된다(그림 4—12). 목욕탕 물의 깊이를 1 m라고 하면, 그것에 따른 수압은 겨우 0.1기압이지만, 보통의 우리들은 그런 저항을 극복해서 숨을 내쉰 경험이 별로 없기 때문에 1할 정도의 압력 증가도 상당한 반응으로써 느낄 수 있을 것이다.

목욕탕으로 말하자면, 예의 전설이 많은 아르키메데스의 이야기를 떠올린다. 히에론 왕이 전쟁에 이겼을 때에 신의 가호에 감사해서 신께 봉납하기 위해 호화스런 금왕관을 만들게 했다. 훌륭한 솜씨였지만 세공인이 금을 일부 횡령하고, 대신 같은 중량의 은을 섞어서 속였다고 하는 소문을 듣고 그 검사를 아르키메데스에게 명했다. 이 난문에 골몰하고 있던 그가 어느날 공중 목욕탕에 가서 뜨거운 물이 가득 채워져 있는 탕 속에 몸을 담그었을 때,

4 − 12

흘러 넘친 뜨거운 물의 체적이 자신의 몸의 체적과 같다는 것을 깨닫고 '알았다'고 외치면서 벌거벗은 채로 집으로 달려왔다고 하는 이야기는 아마 각색되어 있을지도 모르지만, 기원전 25년에 편집되었다고 하는 책에 실려 있기 때문에 반드시 거짓말이라고는 할 수 없다.

즉시, 아르키메데스는 왕이 세공인에게 준 것과 같은 중량의 금덩어리와 은덩어리를 얻어서 이것을 각각 물 속에 넣고 흘러넘친 물의 체적을 측정했다. 물론 은의 비중이 작기 때문에 은의 체적은 크다. 이어서, 왕의 손앞에 도착해 있던 왕관의 체적을 이와 같은 방법으로 측정해 보자, 분명히 순금일 경우보다 체적이 커서 그 차이로 은이 섞인 양도 산출할 수 있었다고 한다.

단, 이런 과학적 감정의 경우, 감정의 오차도 큰 문제가 된다. 구체적인 의미에서, 왕이 준 금덩어리가 꼭 1000 g 이었다고 하자. 1cm³에서 금은 19.3 g, 은은 10.5 g 있다. 이 감정에서는 우선 왕관의 무게 그 자체를 측정하고, 다음에 그 체적을 측정하고 있다. 전부가 금이라면 체적은 51.8cm³이라고 계산할 수 있지만, 2중으로 측정을 중복했기 때문에, 5% 이내, 즉 약 2.5cm³ 이하의 차이에서는 뭐라고도 단언할 수 없다고 하면, 세공인이 '의심은 벌하지 않는다'고 하는, 현대형법의 정신(당시에 통용되었다고 하고)을 역용해서 달아나려고 한다면, 그 몇 g 까지를 은으로 살짝 바꾸는 정도로 참았다고 벌을 면할 수 있었을까.

이 계산은 투르카메산식으로 생각하여 일반적으로 풀 수도 있지만, 사용에 익숙한 전자계산기를 이용해서 여러 가지 수치를 대응해 봐도 좋을 것이다.

더욱이, 다음에 예로 든 아르키메데스의 원리라고 불리고 있는 법칙은 이 목욕탕에서의 발견과 직접적인 관계는 없지만, 후에 이런 수중에서의 물체의 균형을 논한 저서 중에서 다루어지고 있다.

〈답〉

여러 가지로 생각을 할 수 있지만, 금 1 g 대신 은 1 g 을 사용하면, 체적의 증가는,

$$\frac{1}{10.5} - \frac{1}{19.3} = 0.0434\,\mathrm{cm}^3$$

가 된다. 2.5 cm³정도의 체적 증가분 정도는 발견할 수 없다고 하면,

$$2.5 \div 0.0434 = 57.6\,\mathrm{g}$$

이 된다.

방정식을 세우는 것을 좋아하는 사람은, 금 xg, 은 yg을 섞어서 51.8＋2.5＝54.3 cm³가 되는 조합을 구하면,

$$x + y = 1000$$

$$\frac{x}{19.3} + \frac{y}{10.5} = 54.3$$

을 풀면, $y=57.3$ g 이 된다.

즉, 적어도 50 g 정도로 참아 두면 좋을 것을 좀 더 몽땅 금을 취했기 때문에 발각된 것이리라.

Ⅳ—4. 부력의 장난

옛날, 종종 눈에 띄던 장난감 중에 그림 4—13과 같은 것이 있었다. '부침자'라든가 '떠 오기' 등이라고 불리고 있었다. 이와 같은 원리의 물체는 그림 4—13와 같이 만들어진다.

깊은 유리원통에 상부 2~3㎝를 남기고 물을 넣는다. 한편, 주사액용의 다 쓴 앙플 속에 물을 조금 넣어 수면에 달락말락 떠 있도록 조절해서 이것을 원통의 수중에 넣는다. 원통 상단은 고무막이나 플라스틱 시트 등으로 밀봉한다. 이 막을 위에서 손바

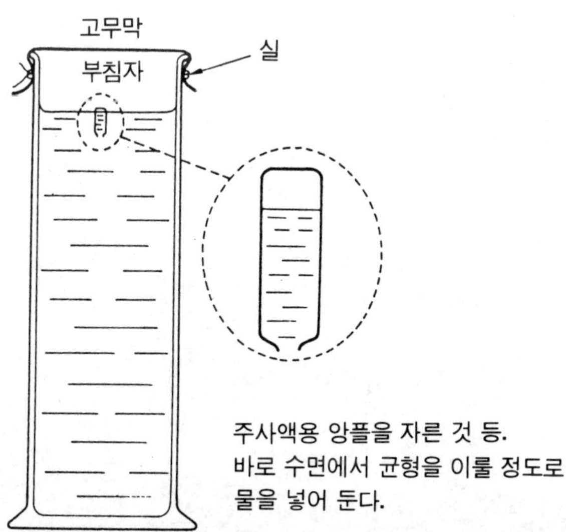

4-13

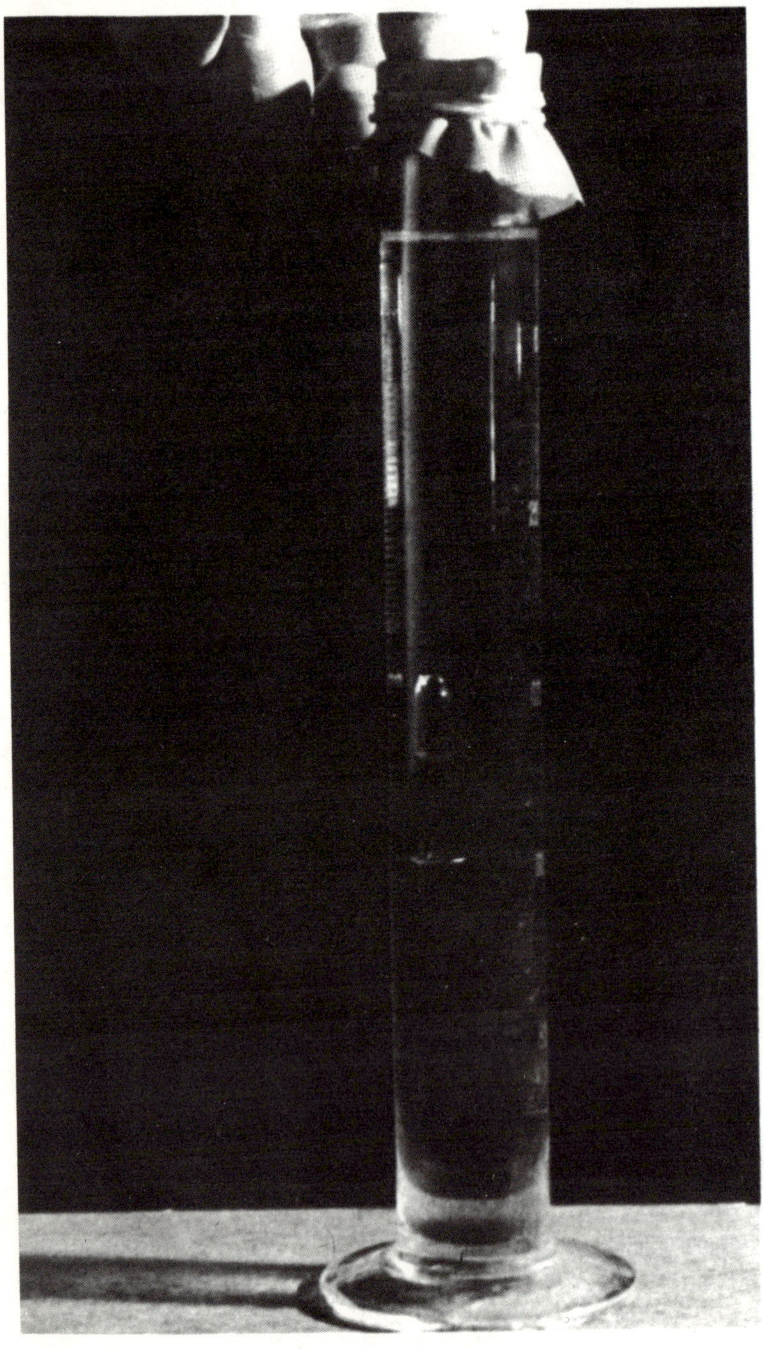

닥 등으로 꽉 누르면 앙플은 가라앉고, 손을 떼면 이것이 다시 떠오른다(왼쪽 페이지 사진). 옛날 장난감은 원통 안 물에 색이 칠해져 있었다거나, 떠올랐다 가라앉는 물체에 인형식으로 얼굴이나 손발이 그려져 있거나 했다.

이런 장난감류 중에서 볼 수 있는 변화도 당연 자연계의, 특히 물리학 법칙에 따르고 있다. 이 경우는, 전항부터 화제로 하고 있는 정지 유체 내의 압력 및 부력에 관계되는 현상이다.

수영하러 갔을 때나 목욕탕에 들어갔을 때 몸으로 실감할 수 있는 부력(浮力)은, 사실 유체(流體) 내의 압력과 관계가 있는 현상이다. 지금 액체 속에 놓인 물체 P(그림 4—14)를 생각하면, 이 물체의 표면에는 주위의 액체로부터의 압력이 가해지고 있다. 만일, 이 물체의 모양은 변하지 않게 하면서 매우 얇은 벽을 남기고 내부를 도려내서, 그 빈 부분에 바깥과 같은 액체를 채웠

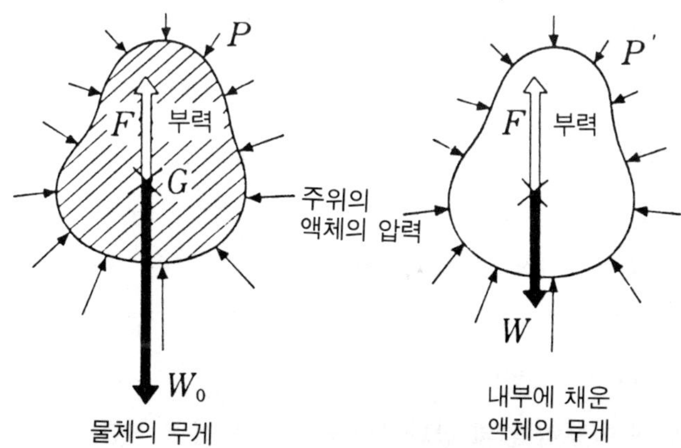

4-14

다고 하자(오른쪽 그림). 이 경우에도 바깥쪽의 액체가 물체의 벽에 가하는 압력의 강도나 분포도 전과 변하지 않는다. 액체 중의 각 부분의 압력 강도는 그 깊이로 결정되고, 압력의 방향은 면(面)의 방향만으로 결정되기 때문이다. 그런데, 이 가정의 물체 P´는, 벽의 무게가 무시할 수 있을 정도로 가볍다고 한다면, 액체 중에 동질의 액체 집단이 있는 것과 마찬가지로 P´는 균형상태가 된다. 이 경우, P´ 내부의 액체의 무게 W를 지탱하는 힘은 벽에 외부의 액체가 가하고 있는 압력의 항력 F 이외에는 없다. 즉, F와 W의 크기는 같은 것이다. 그리고 이 압력의 효과는 원래의 물체 P에도 가해지고 있었을 것이다. 이것으로부터,

'유체 중의 물체는 그 물체가 배제하는 유체의 무게와 같은 크기로 연직상향(鉛直上向)의 부력을 받는다.'
고 하는 결론을 얻을 수 있다. 이것은 아르키메데스의 원리라고 불려지고 있다.

우리들이 물 속에 있을 때 뭔가 아래에서 잡아당겨 몸이 가벼워지는 듯이 느끼는 원인은 이 부력(浮力)을 받기 때문이다. 물체의 평균밀도가 주위를 메우는 유체의 밀도와 같을 때는 물체는 유체 중의 어디에서도 균형을 이룬다. 만일, 물체의 평균 밀도가 작다면 물체는 유체의 경계면으로 얼굴을 내밀고(유체 중에 들어 있는 체적×유체의 밀도) 물체의 무게와 같은 상태로 균형을 이룬다(그림 4—15a). 물체의 밀도가 크면 바닥까지 가라앉아, (부력＋바닥으로부터의 항력) 이 무게와 균형상태가 된다(c).

그런데 이것이 앞의 장난감의 움직임과 어떻게 연결될까. 처음 내부의 부력은 평균밀도가 외부의 액체와 거의 같거나 조금 작은

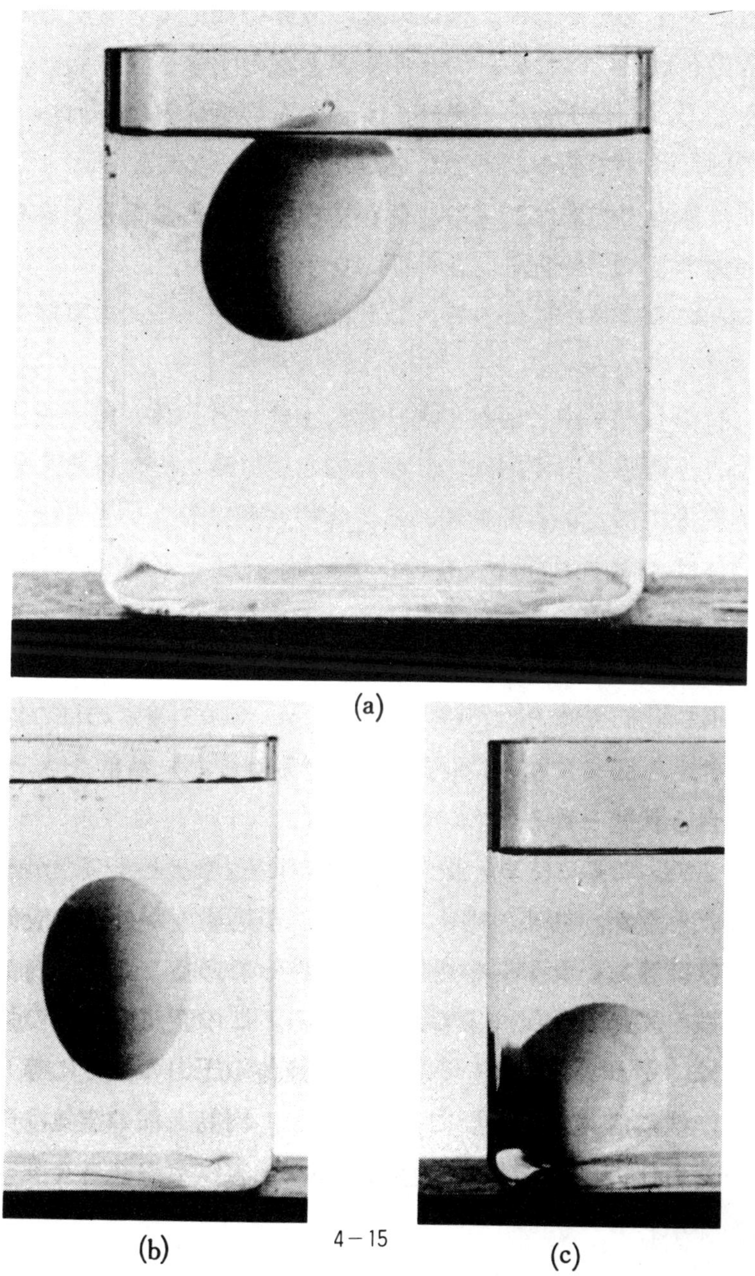

4 — 15

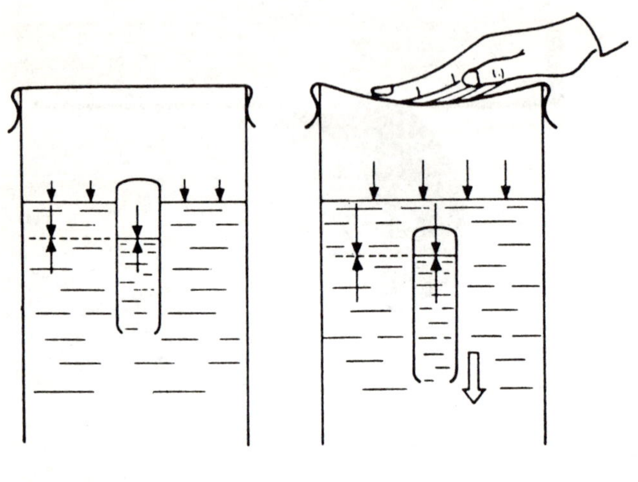

4 – 16

정도로 만들고 있다. 이것은 내부에 남아 있는 공기의 양으로
조절할 수 있다. 이 공기의 압력의 강도는 그것이 떠 있는 위치에
서의 액체 압력의 강도와 같다. 다음에, 고무막에 압력을 가하면
원통 상부의 공기는 압축되어 압력은 증가한다. 액면에 가해진
압력은 그 강도를 변함없이 액체내의 각 부분에 전달한다. 이것은
당연 부대 내부의 액체의 압력 증가와 연결되어 부대 안에 남아
있던 공기도 압축된다. 이 결과, 부대가 배제하는 액체의 체적은
감소하고 부력이 작아져 균형은 무너지고 가라앉는다(그림 4—
16). 고무막을 누르던 것을 멈추면 부대 내부의 공기도 체적을
늘리고, 부력이 증가해서 상승하기 시작한다고 하는 것이다. 정지
유체 내의 압력의 특성이 교묘하게 이용되고 있다고 말할 수 있을
것이다.

〈속·**부력의 장난**〉

지금 화제에서 다룬 '부대'에 대해서도 조금 더 생각해 보기로
하자.

물이 들어간 원통의 입구를 막은 고무막에 힘을 가해서 수면상
의 공기를 어느 정도 압축하고, 그 압축을 늘리면 부대는 가라앉
기 시작한다. '부대' 자신의 무게는 0.5 g, '부대'를 이루고 있는
유리의 두께는 무시할 수 있을 만큼 얇고, 내부가 같은 굵기의
원통형을 하고 있다고 한다. 지금 '부대'의 상부가 수면상에 2mm
나오고, '부대' 속의 수면이 밖으로부터 10mm 내려간 상태로 떠
있었다고 하자(그림 4—17). 이 '부대'를 가라앉히기 위해서는

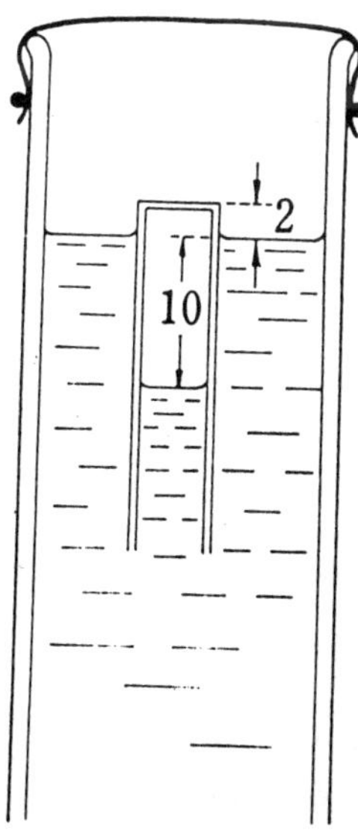

4 — 17

원통 상부의 공기 압력을 몇 기압 이상으로 늘리면 될까, 계산해 보자. 처음 공기는 1기압이었다고 한다.

(힌트. '보일 법칙'을 잊어버린 사람을 위해서, 전항에서 기체는 압력을 받으면 줄어든다고 했지만, 동일한 기체에서는 온도가 변하지 않으면 체적은 압력에 반비례한다)

이렇게 해서 한 번 가라앉기 시작한 '부대'는 상면에 가한 압력을 그 이상 증가시키지 않아도 차츰 계속 가라앉아, 그냥 두면 원통 바닥까지 도달해 버린다. 왜 그럴까.

보통은, 이 상태에서 원통 입구의 고무막을 누르는 것을 멈추면 다시 '부대'는 수면까지 되돌아온다. 그러나 원통이 매우 깊다면 두 번 다시 떠오르지 않는 경우도 있다. 조금 전 보인 형태나 무게의 '부대' 경우에 대해서 구해 보면, 그 '두 번 다시 되돌아올 수 없는 위험한 깊이의 한도'는 어느 정도일까.

(힌트. 수면 밑에 들어왔을 때의 압력은 약 10 m 마다 1기압 증가한다)

〈답〉

수면상에 떠 있는 상태에서 이 '부대'가 밀어 내고 있는 물의 체적은, '부대'의 단면적×10mm이다(수면상의 2mm분은 이 때는 수중에 없기 때문에). 아르키메데스의 원리에 의하면 이 체적과 같은 체적의 물의 무게가 이 때의 '부대'가 받고 있는 부력이며, 그 값이 '부대'의 무게 0.5 g 과 같기 때문에 균형이 유지되고 있다. 그러나 '부대'의 내부에 다시 물이 진입해서 공기의 길이가 10mm 이하가 되는 상태가 발생하면 부력은 '부대'의 무게를 지탱하지 못하고 가라앉기 시작한다.

　현재, '부대'의 내부에는 길이 12㎜ 분의 공기가 있고, 그 압력은 1기압이다. 수면에 가해진 압력은 '부대'의 내부에도 똑같이 가해지므로, 보일 법칙으로부터,

$$\frac{12}{10} = \frac{P}{1}$$

에서 구해진 P=1.2기압까지 가압하면 '부대'가 수면에 달락말락 할 때까지 가라앉게 된다.

　사실, 지금과 같은 '부대'의 조건에서는 0.2기압도 지나치게 가압해서 겨우 가라앉기 때문에 사소한 반응이 되지만, 보통은 그 정도의 가압을 필요로 하지 않고 곧 부력이 무게보다 작은 상황이 발생해서 균형은 깨지기 때문에 가라앉기 시작한다. 단지, 도중에서 상부의 압력을 내리고 '부대' 속의 공기를 팽창시켜, 정확히 부력=무게인 상태까지 되돌리면 그 위치에 멈추게 하는 것은 가능하다.

　그러나 우리들은 액체의 내부에서는 깊은 곳일수록 그 액체로부터의 압력이 증가한다는 사실을 알고 있다. 따라서, 수면하에서의 '부대'의 내부 공기의 압력은 수면상의 압력+물에 의한 압력과 같다. 후자는 가라 앉으면 가라 앉을수록 증가하기 때문에, 가라 앉은만큼 '부대' 속의 공기는 압축되고 부력은 감소해서, 지금 주의했듯이 도중에서 상면의 부력을 바꾸지 않으면 가라앉는 운동은 가속되는 한편, 마침내는 물바닥까지 이르고 만다. 이 상태로 수면의 기압이 1기압으로 되돌아와도 수압이 0.2기압을 넘으면 '부대'에는 1.2기압 이상의 압력이 가해져, 부력은 중력

을 극복할 수 없게 되고, 이 '부대'는 두 번 다시 떠오를 수 없게 된다. 그러나 0.2기압의 수압을 발생시키는 깊이는 약 2m이기 때문에, 조금 전 조건의 '부대'를 보통 원통을 사용해서 놓고 있는 장면의 경우는 우선 걱정할 일은 없을 것이다.

〈계란의 역학〉

① 계란이 싱싱한지, 오래된 것인지를 구별하는 한 가지 방법에 소금물에 넣어보는 것이 있다. 그것은 싱싱한 것은 엷은 소금물(밀도가 작은 소금물)에서도 뜬다고 하기 때문이다. 뭔가, 이유가 있을까.

② 생계란인지, 삶은 계란인지를 쪼개지 않고 비교하는 방법은 있을까. 부드러운 책상이나 접시 위에서 회전시켜 놓고 잠깐 손가락으로 눌렀다 곧 떼어 보면, 생계란의 경우는 계속해서 회전하지만, 삶은 계란일 경우는 정지한 채 있다고 한다. 왜 그럴까. 기회가 있으면 각각 시험해 보는 것은 어떨까.

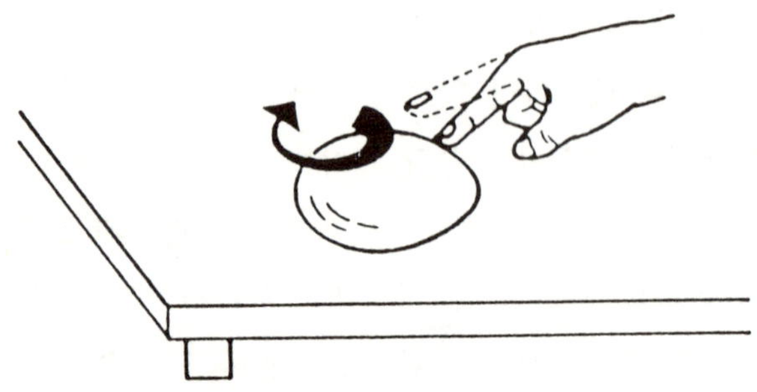

〈**답**〉

① 계란의 둥근 끝부분에는 공기실(空氣室)이 있는데, 시간이 지남에 따라서 공기는 감소하고, 공기실은 좁아진다. 따라서 계란의 평균 밀도는 증가해 가서 짙은 소금물이 아니면 떠오를 수 없게 된다.

② 생계란일 때는 계란의 내부는 유동성이 있기 때문에, 한 번 회전하기 시작하면 껍질을 외부로부터 눌러서 정지시켜도 내용물은 아직 잠시 동안 원래의 방향으로 계속 회전한다. 따라서 곧 손을 떼면, 이번에는 내부의 회전에 이끌려서 외부의 껍질까지 회전하기 시작하는 것이다. 그러나 전부가 고체로 된 후에는 그렇게 되지 않는다.

A
B

Ⅳ—5. 흐름 속의 압력

지금까지는 전체적으로 정지하고 있는 기체, 액체에 대해서 몇 가지의 문제를 다루어 보았다. 그것에 비하면 좀 어려운 문제가 되겠지만, 운동하고 있는 유체, 즉 기체, 액체의 흐름에 대한 법칙을 본고의 마지막으로써 한두 가지 다루어 두겠다.

왼쪽 페이지의 사진은, 옛날부터 있는 '분무'의 원리를 보이는 실험으로, 사진의 왼쪽에 보이는 관A에서 공기를 강하게 내뿜으면 그 출구에 서 있는 관B 속으로 물이 올라가는 것을 알 수 있다. 상부 공기의 흐름이 충분히 빨리지면 물은 관 선단까지 올라가서 A로부터의 공기에 불어날려서 안개가 된다. 이와 같이 연직의 관B속을 물이 올라간다고 하는 사실은 마치 빨대로 물을 빨아 올릴 때와 같이 액면에 비해서 관B의 상단 부근의 공기 압력이 낮아지고 있음을 의미한다. 그러나 어느 곳에서도 상부의 공기를 빨아내고 있는 것은 없기 때문에, 이 원인은 옆으로부터의 공기 흐름에 있다고밖에 생각할 수 없다. 사실, 옆으로부터 공기를 내뿜은 관A의 위치가 이 효과에는 매우 관계가 있다.

이 현상이 일어나는 원인은, 단일(單一)하지는 않지만, 그 중에서도 중요한 것은 연직(鉛直)으로 서 있는 관구 부근에서의 공기 흐름 방법의 문제이다. 이 흐름을 매우 단순화해서 생각해 보아도 관B의 선단 부근에 부딪친 것 같이 된 공기는 그림 4—18 (b)와 같이 이것을 타고 넘어가서 진행한다. 그러나 관에 부딪치기 전, 혹은 그것을 통과한 후에는 흐름은 한결같아지고 있을 것이므로 관을 타고 넘어가기 위해서 커브한 부분은 그 외의 부분과 비교해서 큰 속도로 운동하고 있는 것이 된다.

그런데, 연속한 흐름의 내부에서는 속력이 빠른 부분의 경우, 속력이 느린 부분에 비해서 압력이 작다고 하는 사실이 알려져 있어, 수평 흐름에 관한 벨누이의 정리라고 불리고 있다. 그림 4—19의 사진은 물의 흐름을 사용해서 이 정리의 내용을 나타낸 것으로, 관의 굵은 부분은 가는 부분보다 유속(流速)이 떨어지고 있는 것은 분명하지만, 각각 부분의 압력은 측관내로 밀어 올려진

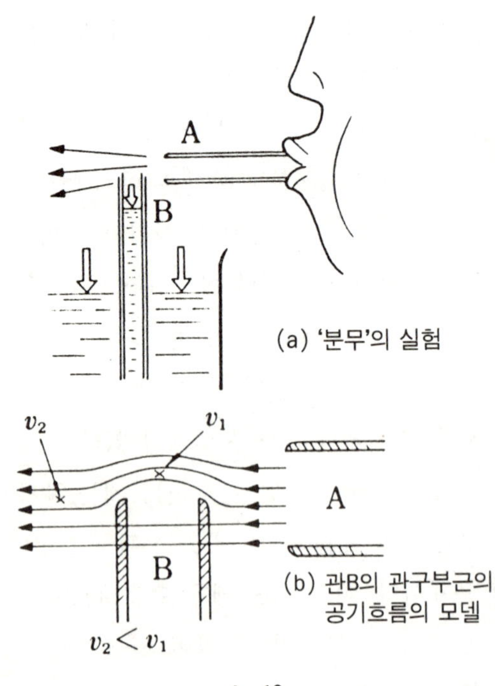

4−18

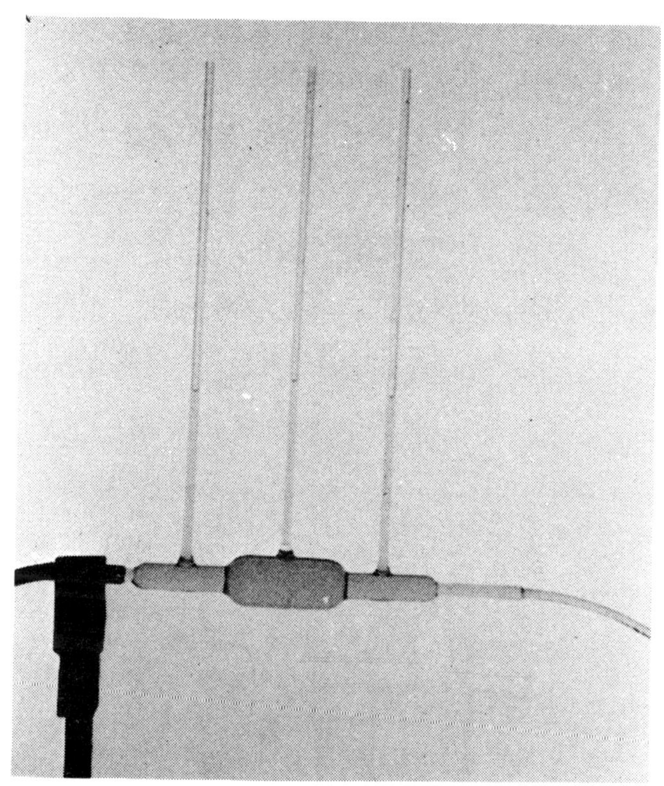

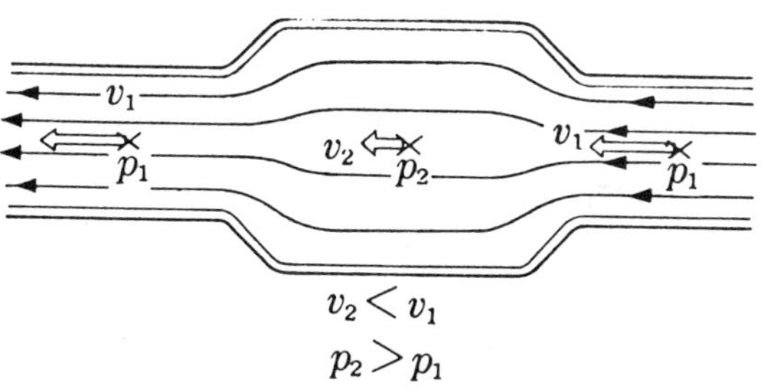

4－19

물의 높이로 나타내고 있다.

이와 같은 상태가 비압축성(즉, 밀도가 일정)으로, 점성(粘性)
*이 없는 유체의 수평한 정상류(흐름속의 각각 장소에서의 상태가
시간적으로 변하지 않는 흐름)로써 계산하면,

$$\frac{1}{2}\rho v^2 + p = 일정$$

이라고 하는 식으로 표시된다.

이 경우 ρ는 유체의 밀도, P는 속력 v의 흐름 속에서의 압력을

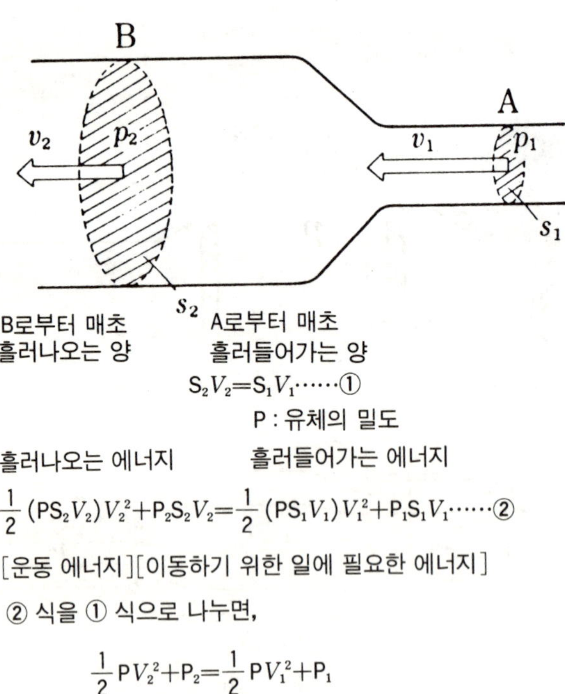

B로부터 매초 흘러나오는 양   A로부터 매초 흘러들어가는 양

$$S_2 V_2 = S_1 V_1 \cdots\cdots ①$$

P : 유체의 밀도

흘러나오는 에너지   흘러들어가는 에너지

$$\frac{1}{2}(PS_2 V_2)V_2^2 + P_2 S_2 V_2 = \frac{1}{2}(PS_1 V_1)V_1^2 + P_1 S_1 V_1 \cdots\cdots ②$$

[운동 에너지][이동하기 위한 일에 필요한 에너지]

② 식을 ① 식으로 나누면,

$$\frac{1}{2}P V_2^2 + P_2 = \frac{1}{2}P V_1^2 + P_1$$

4-20 벨누이의 정리를 이끌다.

나타내고 있다. 즉, 속력 v가 큰 부분에서는 P는 작아진다고 하는 사실의 수식화이다. 여기에서는 이 정리를 수학적으로 정확한 순서를 쫓아 설명하는 일은 하지 않겠지만, 기본적으로는, 정상류인 이상 어느 단면을 통해서 흘러들어오는 양과 동량의 유체가 동시간내에 다른 단면으로 흘러나가고 있을 것이라는 점, 또 어느 단면을 통해서 들어온 에너지와 동량의 에너지가 다른 단면으로부터 흘러나가고 있을 것이라는 점, 이 2가지의 사고방식에 근거해서 도출된 관계이다(그림 4—20).

　물론, 여기에서 화제로 하고 있는 '분무'의 경우는 공기의 흐름 속의 문제로, 비압축성이 아니고, 점성도 0이라고는 단언할 수

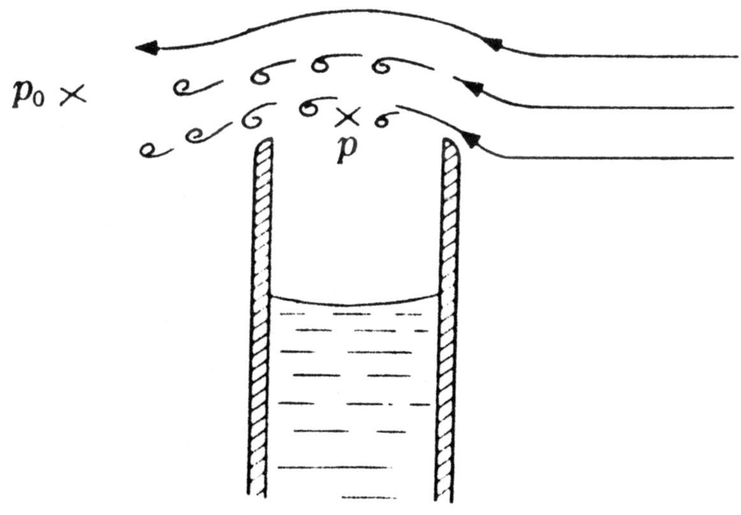

소용돌이가 생기고 있는 부분의 압력 P는
대기압 P_0보다 작다.

4-21 소용돌이가 있는 기체의 효과

없기 때문에, 압력차(壓力差) 등의 계산함에 있어 앞에 예로 든 식을 그대로 사용할 수는 없지만, '흐름이 빠른 곳일수록 압력은 작다'고 하는 경향을 설명하는데는 충분히 도움이 될 것이다.

수중에 연직(鉛直)으로 세운 관의 상부의 흐름의 내부 압력 P는, 그것을 넘어서 조용히 흐르고 있는 부분의 압력 P_0에 비하면 낮다. 그리고 P_0의 값은, 주위의 대기의 압력과 거의 같은 강도를 갖는다고 간주할 수 있다. 그렇게 되면, 컵의 액면에서의 압력과 비교해도 P는 작다. 그 차이에 해당하는 힘으로 물은 관속을 밀고 올라가 종종 관 상단까지 이르면 옆으로 내뿜어져서 안개가 되는 것이다.

*점성(粘性)이란, 문자에서 받는 느낌과 같이, 조금 과장해서 말하자면 용기의 벽이나 흐르고 있는 이웃 층에 달라붙어서 이들에 대한 상대적인 운동을 제지하려고 하는 성질이라고 해도 좋다. 따라서, 고체끼리의 접촉면에서의 마찰력과 마찬가지로, 운동에 대한 저항이나 에너지의 소모가 원인이 된다. 이것에 대해서는 다음 항에서도 언급하기로 한다.

유체, 특히 기체의 운동은 조금 속력이 증가하면 복잡한 양상을 띠게 되어, 예를 들면 관구를 탁 넘은 것 같은 운동의 경우, 작은 소용돌이가 흐름 속에 발생할 가능성이 강하다. 이와 같은 흐름은 이미 정상류가 아니므로, 지금까지의 의논은 일절 적용할 수 없다. 단, 결과적으로, 소용돌이가 생기고 있는 부분의 압력이 소용돌이가 없는 부분에 비해서 압력이 작아지기 때문에 이것도 관속으로 물을 빨아올리는데 도움을 주고 있다고 생각할 수 있다. '분무'의 작용은 이런 몇 가지의 효과가 중복된 결과이다.

〈**탁구공 2제**〉

불어올린 물의 흐름 속에 붙잡힌 채 달아날 수 없는 탁구공 (사진A). 탁구공은 흐름의 중앙에 있을 때, 바로 유체로부터의 압력이 중력과 균형을 이루어 조금 벗어나도 곧 그 위치로 되돌아간다.

사진 B는 거꾸로 된 것이 아니다. 위의 관으로부터 기세좋게 공기가 불어 나오고 있는 동안은 그곳으로 탁구공이 빨려 들어가

A
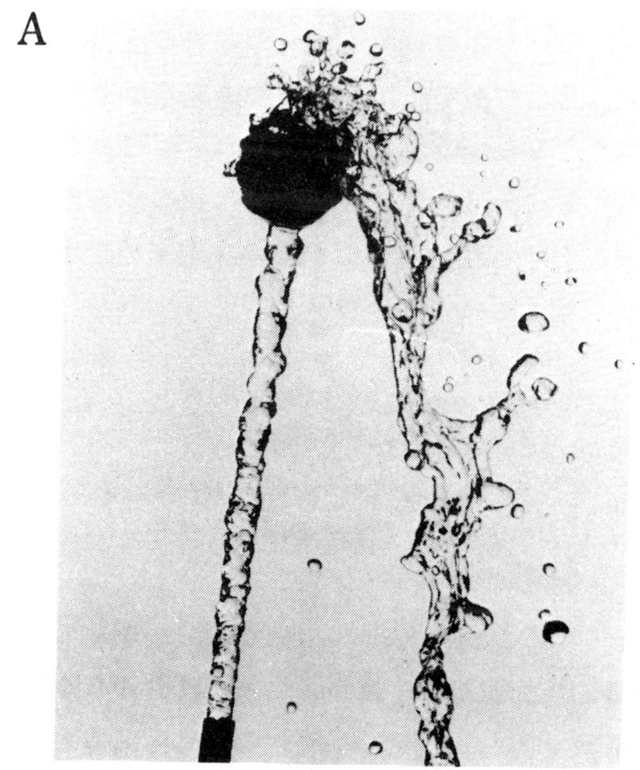

서 아래로 떨어지지 않는다. 이것 역시 빠른 흐름 속에서의 압력
은 작아진다고 하는 벨누이의 정리로부터 설명할 수 있다(본문
참조).

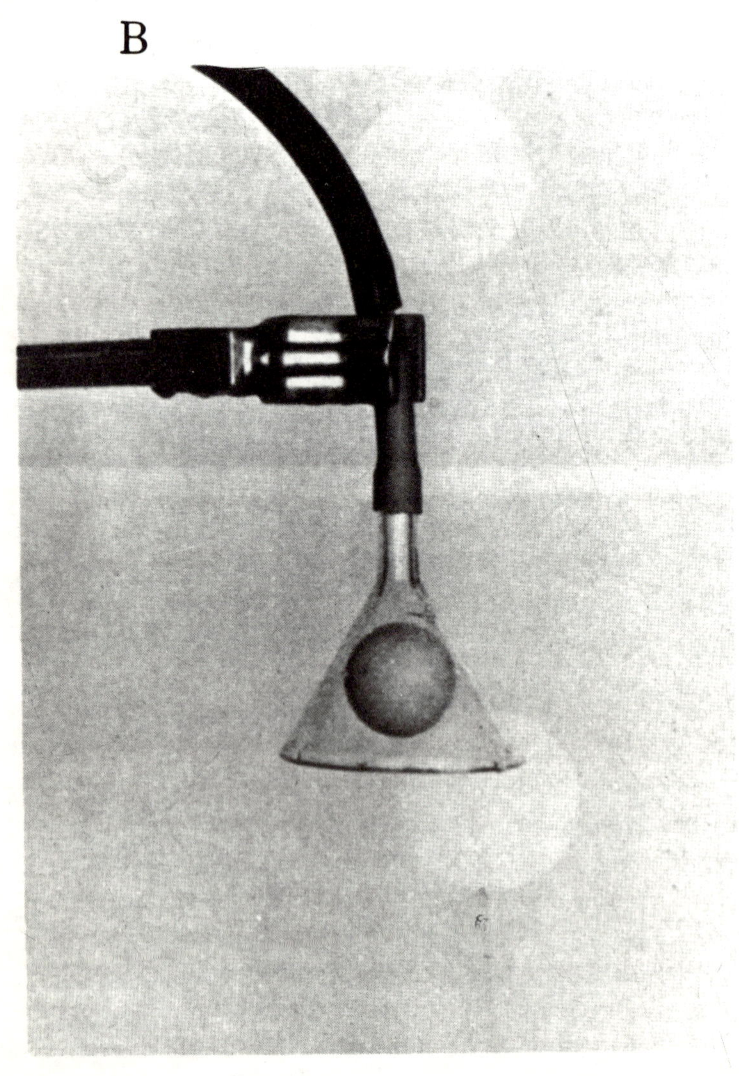

Ⅳ-6. 흐름과 저항

우리들이 한가로이 산책하는 정도의 속력으로 걷고 있을 때, 혹은 산들산들 봄바람이 볼을 어루만지고 갈 때에는 거의 느끼지 못하지만, 단거리 경주에서 전력질주하고 있을 때, 혹은 맹렬한 태풍의 바람을 견디며 서 있을 때에는 상당히 큰 힘을 받는다는 것을 온 몸으로 느낀다.

운동의 상대성(Ⅰ-1 참조)에서, 정지하고 있는 공기 속을 인간이 걸어갈 경우와, 정지하고 있는 인간의 주위를 바람이 불고 지나갈 경우와는, 상대적으로 속력이 같다면, 완전히 같은 조건으로써 취급할 수 있다. 즉, 유체(流體)에 대해서 운동하고 있는 물체는 유체로부터 저항력을 받고, 그 저항력의 크기는 운동의 속력이 빠를수록 커지기 때문이다.

이와 같은 저항력이 존재하는 것은 이미 제Ⅱ장에서 현실적인 물체의 운동과 관련해서 다루었지만(Ⅱ-7 참조), 여기에서는 새삼스럽게 이 저항력이 생기는 배경에 대해서 조사해 보기로 하겠다.

다음 페이지의 사진은 이런 물체 주위의 유체의 운동 상태를 포착한 것으로, 물의 흐름 속에 서 있는 원기둥의 경우에 대해서 나타내고 있다. 물의 각 부분의 움직임 그 자체를 포착하는 일은 어렵기 때문에, 수면상에 알루미늄 가루를 띄우고, 이것이 흐름을 타고 이동해 가는 경로를 느린 셔터스피드로 촬영한 것이다. 이렇

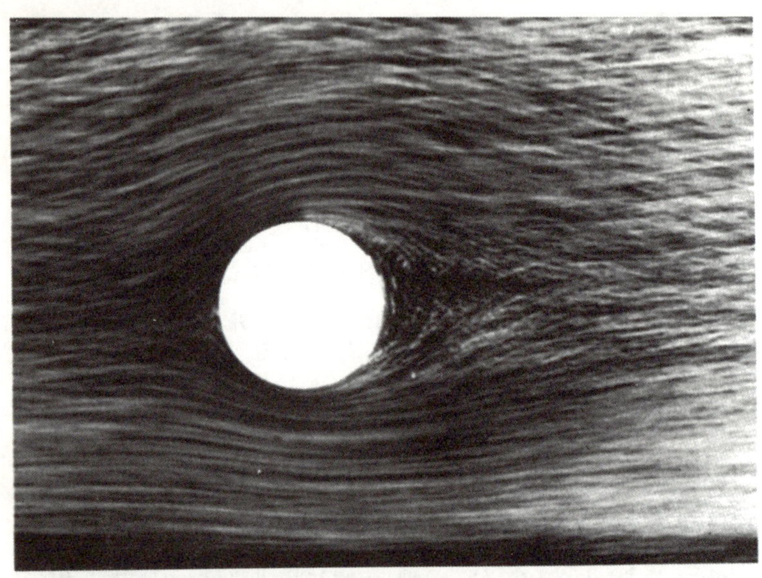

게 해서 나타내어진 곡선의 경로는, 가루가 물의 어느 부분과 항상 함께 움직이고 있었다고 하면 그 부분의 물의 운동 경로를 나타낸 것이 된다. 이와 같은 경로를 유선(流線)이라고 한다. 이런 유체중의 각 부분에 대해서 구한 유선의 분포 상태로부터 유체의 운동을 생각하는 중요한 실마리를 얻을 수 있는 것이다.

앞 페이지에서 위의 사진의 경우는 흐름이 그다지 빠르지 않지만, 이 상황을 더욱 이상화해서 그리면, 1개의 유선은 어디까지나 연속하고, 더구나 그 분포도 대칭적이다(그림 4—22① 참조). 이것에 대해서 아래 사진과 같이 흐름이 빨라진 경우는 소용돌이가 생겨 유선(流線)도 흐트러져 도중에서 끊어져 버린다고 하는 상태가 발생하고 있다(그림② 참조).

전자와 같은 흐름은 전항에서도 다룬 정상류(299 페이지)에 해당하고, 벨누이의 정리도 적용시킬 수 있다. 이 흐름에서도 장소에 따라 흐름의 속력이 다르기 때문에 압력의 강도도 다르다. 그러나 (a)의 경우와 같이 흐름이 완전히 대칭적이면 압력의 분포도 대칭적이기 때문에, 그 효과는 서로 상쇄되어 원기둥이 유체로부터 힘을 받는 근거는 될 수 없다. 실제로, 이 경우 저항력의 원인이라고 생각할 수 있는 것으로, 앞에서도 언급했던 점성(粘性)이라고 하는 문제가 있다. 물엿이라든가 낮은 온도의 기름과 같이 끈적끈적한 느낌이 없는 보통 액체라도 점성은 다 가지고 있다. 공기와 같은 기체조차 보통의 온도 1기압 이상의 압력 아래에서는 역시 점성의 효과를 무시할 수 없다.

예를 들면, 그림 4—23과 같이 천정에 매달린 양동이에 물을 넣고 정지하기를 기다린다. 정지한 것을 확인하고나서 물에 손을

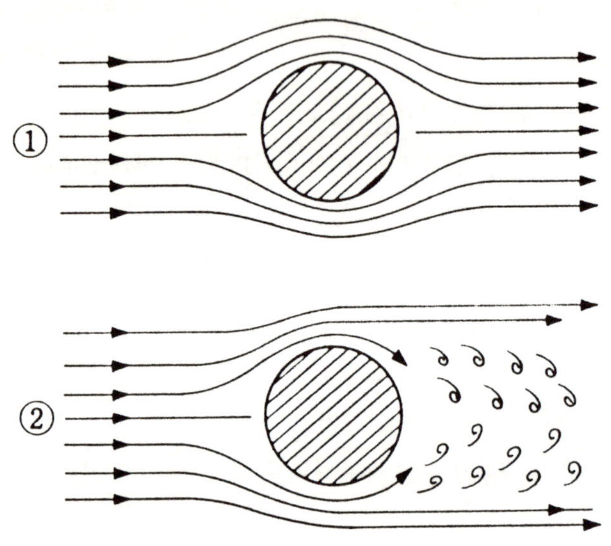

4-22 사진의 유선은 모델화한 것

넣고, 양동이에는 직접 닿지 않도록 주의하면서 한 쪽 방향으로 물을 회전시켜 본다. 양동이 속의 물이 전체적으로 한 방향으로 소용돌이를 그리게 되면, 그 사이 양동이도 물과 같은 방향으로 회전하기 시작한다. 그렇게 되면 다시 손을 넣고 이번에는 지금과 반대 방향으로 물을 휘젓는다. 순간 혼란한 물은 곧 반대 방향으로 회전하기 시작하는데, 그렇게 하면 양동이는 점차 회전을 늦춰 이윽고 새로운 물의 회전방향으로 돌기 시작한다.

이 경우에, 손은 직접적으로 양동이에 회전의 원인이 되는 힘을 가하고 있지 않기 때문에, 이와 같이 양동이를 돌리는 것은 이것과 직접 접촉하고 있는 물 이외에는 생각할 수 없을 것이다. 즉, 움직이기 시작한 물은 정지하고 있는 양동이이 벽을 자신이 운동

4-23 밧줄로 매단 양동이 속의 물만을 휘저어도……

하고 있는 방향으로 끌어 당겨 갔던 것이다. 이따금, 양동이가
물의 움직임과는 반대방향으로 움직이고 있으면, 여기에 브레이크
를 걸어 멈추고, 마침내는 자신의 운동방향으로 움직이게 해 버린
다. 이것이 물이 가지고 있는 점성(粘性)의 표현이다. 즉, 점성이
란, 원인은 다르지만 고체간의 마찰력의 경우와 마찬가지로 접촉
면간의 상대적인 어긋남을 줄이려고 하는 경향으로 작용한다.
이것은 고체와 액체의 접촉면 뿐만이 아니라, 액체의 내부로 생각
되는 층간에도 작용한다. 양동이의 중심 부분만을 휘젓고 있는

데 주변의 물까지 같은 방향으로 회전하기 시작한 것은 이 점성 때문인 것이다.

이와 같은 점성 때문에 흐름 속에 있는 고체는 흐름의 방향을 향하는 힘을 받고, 이것은 고체에 대한 저항력이 된다. 이와 같은 원인이 되는 저항력은 거의 흐름의 속력에 비례한다고 알려져 있다.

그런데 실재(實在)하는 유체(流體) 중에서 경험한 저항력의 대부분은 오히려 304페이지의 아래 사진의 경우와 같은 흐름의 혼란, 그것에 따르는 소용돌이의 발생에 원인이 있다.

이와 같은 소용돌이의 존재나 그 발생을 위한 조건의 검토는, 유체의 운동에 관한 연구의 비교적 빠른 시기부터 다루어져 수학적 취급도 진척되어 왔다. 그러나 그 성과는 본서가 지금까지 다루어 온 정도의 수학으로는 도저히 다 소개할 수 없고, 어중간한 설명은 오히려 오해를 불러일으킬지 모르기 때문에 이 이상의 연구는 그만두기로 했다. 간단히 결과만을 말하자면, 물체의 정면쪽으로부터 유체가 가하는 힘의 크기에 비해서 소용돌이가 발생하고 있는 뒷면쪽으로부터 유체가 가하는 힘은 훨씬 작아자기 때문에, 물체는 유체의 흐름과 같은 방향의 힘을 받게 된다. 이 원인에 의한 저항력의 크기는 동일한 물체에 대해서는 대개 흐름의 속력의 2승에 비례한다고 알려져 있다.

일반적으로는, 이런 흐름의 혼란으로 인한 저항은 속력이 어느 정도 이상으로 커지면 발생하게 되지만, 점성으로 인한 저항보다도 이런 저항의 효과가 강하게 나타나기 시작하는 속력은, 유체의 성질만으로 결정되는 것이 아니고, 저항을 받는 쪽의 물체의 형태

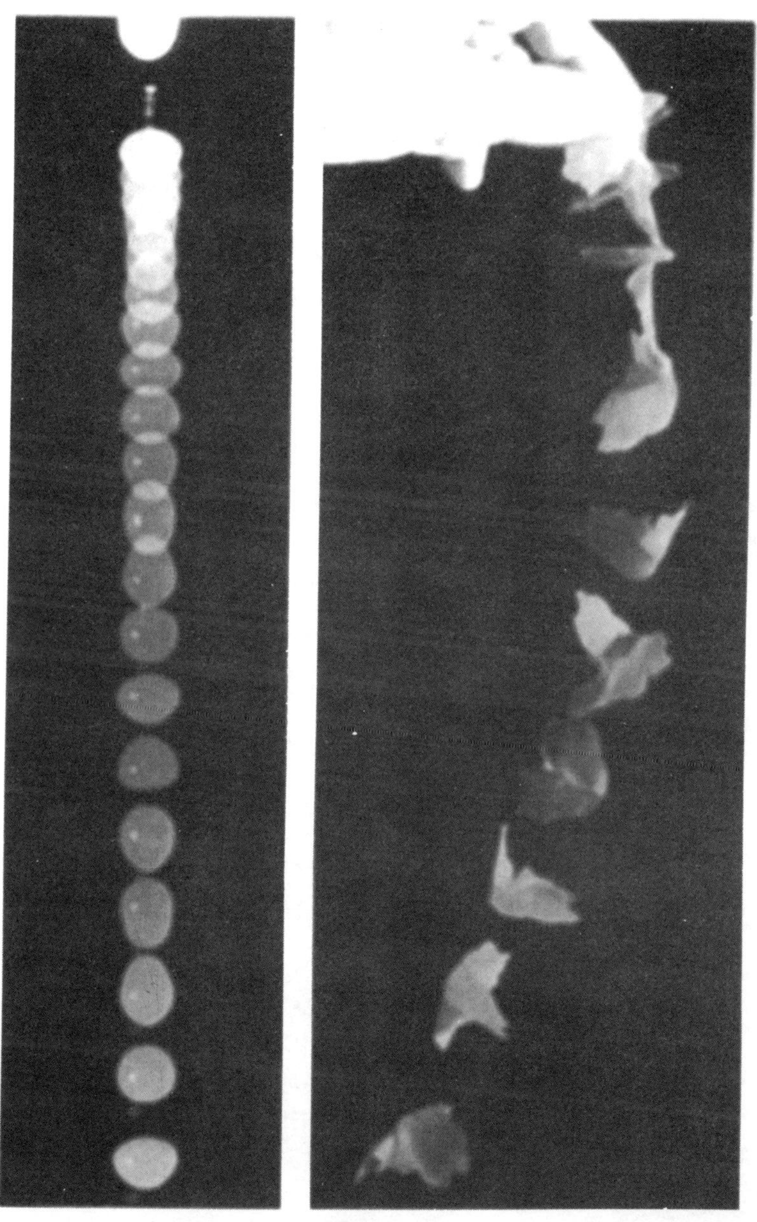

4-24 현실의 세계

나 표면상태 등에 따라 변화한다.

　이와 같이, 자연의 법칙 하나하나는 단순한 형태일지라도, 우리들이 현실적으로 사는 세계에서 현실적으로 일어나는 현상 중에서는 이런 법칙이 몇 가지나 서로 맞물려 있기 때문에, 우선 그 실마리를 풀어서 사물의 본질을 파악하는 것부터 출발하는 것이 중요해지고 있다.

즐거운 생물 탐구 여행

오오시마 다이로오 ● 원저
엄　기　환 ● 편역

　생물에 대한 관심을 인간인 우리가 갖는다고 하는 것은 지극히 당연한 일일 것이다. 이 세상의 모든 생명체가 갖는 삶의 역사를 다루는 학문이 바로 생물이라고 할 수 있다.

　살아 움직이는 이 세상의 모든 생명체를 연구한다는 것은 그리 쉬운 일만은 아니다.

　학창시절을 더듬어 보면 대부분의 학생들이 생물과목을 다른 이과 과목에 비해 그다지 싫어하지 않았던 것 같다. 그러나 생물과목을 좋아하고는 있으면서도 그 근본적인 학문의 깊이 속으로 빠져 들려고는 하지 않는 것 같다.

　그것은 생물과목이 갖는 그 나름대로의 깊이와 넓이의 중압감(부담감) 때문이 아닐까?

　아무튼 생물에 관한 한 우리 인간은 끊임없이 관심을 가져야 한다. 그럼으로써 우리의 삶을 보다 나은 방향으로 개선 시키고, 보다 인간다운 삶의 역사를 만들어갈 수 있기 때문이다.

　이 책은 그러한 의미에서 우리 모두가 생물을 좋아하고, 나아가 생물에 관한 인식을 새로이 할 수 있는 계기를 만들 수 있도록 기획되었다.

즐거운 과학 탐구 여행

호시노 요시로오 •지음
문　성　원 •옮김

　과학 하면 우리는 특별한 사람들(과학자)이나 하는 학문인줄로 착각하는 경우가 많다. 그러나 과학이란 처음부터 그렇게 대단하게 생각할 수 있는 학문이 아님을 강조해 두고 싶다. 인류가 달나라에나 가고 핵무기나 개발하여 세계를 공포의 도가니 속으로 몰아넣는 일 따위만이 과학의 전부는 아닌 것이다. 집안에서 세탁기가 작동되고, 공부하기 편리하게 책상 위에 스탠드가 놓여지는 단순한 일 조차도 엄청난 과학의 힘에 의해 이루어진 것이다.

　우리의 생활 속에서 과학은 참으로 다양하게 이용되고 있다. 그리 머지 않은 과거에 연필깎이가 개발되었을 때 수많은 학생들이 갈채를 보냈지만 지금은 그것도 샤프연필의 개발로 낡은 도구에 불과하게 되었다. 이처럼 과학은 우리의 생활 속에서 크고 작은 일들에 그 영향을 미치고 있는 것이다. 말하자면 과학은 우리의 생활과 떨어질래야 떨어질 수 없는 불가분의 관계에 있는 것이다.

　우리의 삶 그 자체와 유기적인 관계에 있는 과학의 생활화와 나아가 우리 모두가 다 과학자가 되겠다는 마음가짐으로 과학을 가까이 한다면 우리의 현재와 미래는 보다 나은 방향으로 발전해 나갈 수 있지 않겠느냐 하는 점이 이 책을 기획하여 독자 여러분에게 선보이고자 하는 가장 으뜸된 이유이다.

즐거운 화학 탐구 여행

사키가와 노리유끼 • 지음
최　　　인　　　원 • 옮김

　화학은 이과과목이다. 이과과목은 대부분 기초학문이다. 기초학문이라 함은 쉽게 말해서 우리 인간 생활에 없어서는 안되는 학문이라는 뜻이다. 말하자면 우리의 삶의 기초가 되는 학문을 말하는 것이다.

　기초학문이 없이는 우리의 삶은 올바로 영위될 수가 없을 것이다. 인간이 동물적인 영역으로부터 벗어날 수 있었던 것도 따지고 보면 이 기초학문 덕분이 아니었을까?

　아무튼 이번에 「즐거운 화학 탐구 여행」을 기획하여 우리말로 옮기게 된 배경에는, 이처럼 중요한 기초학문을 의외로 우리들이 기피하고 있는 경향이 두드러지고 있다는 점을 간과할 수 없었기 때문이다. 대개의 기초학문은 중요한 만큼 그 학문적인 내용의 깊이도 심원하여 얼핏 생각하면 아무나 가까이 접근할 수 없는 어려운 학문으로 인식되기 쉽다.

　문제는 우리가 이러한 학문에 얼마만큼 관심을 가지고 가까이 다가가느냐 하는 것이다. 말하자면 이 학문을 얼마만큼 좋아할 수 있느냐에 따라서 학문에 대한 정복도가 달라진다.

　그러므로 화학을 마스터하고 싶거든 화학을 잘하려고 하지 말고 우선 화학을 좋아할 수 있도록 하여야 한다. 무엇이나 좋아하면 스스로 잘할 수 있게 되기 때문이다.

　이러한 점에 착안하여 이 책을 기획한 것이다.

판권
본사
소유

물리을 잘하게 되는 책

즐거운 물리 탐구 여행

2000년 1월 15일 인쇄
2000년 1월 30일 발행

지은이/후지이 키요시
나까고메 하찌로오
옮긴이/문 형 준
펴낸이/최 상 일

펴낸곳 / 태을출판사
등록 / 제4-10호(1973. 1. 10.)
주소 / 서울특별시 강남구 도곡동 959-19

* 저작권은 본사가 소유하며, 인지의 첨부를 생략합니다.
* 파본은 교환해 드립니다.
* 값은 표지 뒷면에 표시되어 있습니다.

주문 및 연락처
우편번호 100-456
서울특별시 중구 신당6동 52-107(동아빌딩 내)
팩 스/2237-5577 전 화/2233-6166